面向新工科普通高等教育系列教材

机电控制技术基础
及创新实践

主编　袁明新　江亚峰
参编　金琦淳　申　燚

机　械　工　业　出　版　社

本书从培养学生专业业务能力出发，以项目制进行内容安排，讲解了机电控制技术。学生在实践过程中需要开展项目机械结构的设计、建模和制作；项目功能模块的电路设计、仿真和程序调试；项目整体电路设计、仿真、程序设计和实验测试等。书中的项目实践，不仅可以培养学生综合运用所学知识来解决实际工程技术问题的能力，而且能培养学生的创新意识和创新能力。

本书适合作为本科院校机械电子工程、机械设计制造及其自动化、机器人工程等相关专业和高职院校机电一体化、机械工程、自动化与智能制造等相关专业的创新实践、专业课程设计等实训教材，也可以作为单片机技术的培训用书。

图书在版编目（CIP）数据

机电控制技术基础及创新实践/袁明新,江亚峰主编. —北京:机械工业出版社,2020.12（2024.1重印）
面向新工科普通高等教育系列教材
ISBN 978-7-111-67319-4

Ⅰ.①机… Ⅱ.①袁… ②江… Ⅲ.①机电一体化-控制系统-高等学校-教材 Ⅳ.①TH-39

中国版本图书馆 CIP 数据核字（2021）第 015451 号

机械工业出版社（北京市百万庄大街 22 号 邮政编码 100037）
策划编辑：李馨馨 责任编辑：李馨馨 白文亭
责任校对：张艳霞 责任印制：单爱军

北京虎彩文化传播有限公司印刷

2024 年 1 月第 1 版·第 3 次印刷
184mm×260mm·15 印张·371 千字
标准书号：ISBN 978-7-111-67319-4
定价：59.00 元

电话服务 网络服务
客服电话：010-88361066 机 工 官 网：www.cmpbook.com
010-88379833 机 工 官 博：weibo.com/cmp1952
010-68326294 金 书 网：www.golden-book.com
封底无防伪标均为盗版 机工教育服务网：www.cmpedu.com

前　言

早在 2010 年，教育部就出台了《教育部关于大力推进高等学校创新创业教育和大学生自主创业工作的意见》，要求在高等学校开展创新创业教育。目前在工科院校的人才培养方案中都有课程设计、专业设计等相关综合性、设计性的创新实践课程，尤其在机械工程、电气、电信、计算机等相关学科，都有创新实训课程。但是目前市场上具有完全可操作性和指导详细的实践教材还很少。为此，教学团队结合多年来指导学生创新实践的经验和素材编写了本书。

本书特点如下。

1）在内容组织上，分为实践基本技术介绍和项目设计两部分，前者包括了STC89C52单片机基础与实践、Proteus 电路设计与仿真，以及常用电子模块基础应用；后者包括了电工电子基础综合项目（简易智能洗衣机、简易电子秤、智能粮仓温湿度控制、智能音乐喷泉）的设计，以及进阶阶段创新项目（智能灭火机器人、智能调度物料车、双足舞蹈机器人、智能家居）的设计。

2）在内容安排上，本书按照项目导向和任务驱动的理念进行设计。各个项目的实践内容包括机械结构的设计、建模和制作；功能模块的电路设计、仿真和程序调试；项目整体电路设计、仿真、程序设计和实验测试。项目内容涵盖了机械与电控、功能测试与项目集成调试。

本书由江苏科技大学袁明新、江亚峰担任主编，金琦淳、申燚参编。具体分工为：袁明新完成了本书第 1、3、6、8 章的编写；江亚峰完成了第 2、4、5、7 章的编写；金琦淳参与了第 4 章的编写；申燚参与了第 8 章的编写。全书由袁明新统稿。

本书在编写过程中参考了大量文献，在此向文献编著者们表示感谢和敬意。本书可作为机械类、电气类相关专业学生的创新实践、专业课程设计等实训教材，也可以作为单片机技术的培训用书。

为了配合教学，本书配有电子课件、教学大纲等资源，有需要的教师可登录机械工业出版社教育服务网（www.cmpedu.com）免费注册后下载，或联系编辑索取（微信：15910938545，电话：010-88379753）。本书还配有指导视频和制作文件，读者可在正文中扫描二维码观看指导视频，添加编辑微信可获取制作文件。

由于编写时间仓促，加之编者水平有限，书中难免存在错误和不足之处，敬请广大读者批评指正，对此我们表示诚挚感谢。

编　者

二〇二〇年八月

目　录

前言
第1章　STC89C52 单片机基础与
　　　　实践 ·················· 1
1.1　STC89C52 开发板资源简介 ·········· 1
　1.1.1　STC89C52 开发板硬件资源 ········ 1
　1.1.2　STC89C52 开发板原理图详解 ····· 4
　1.1.3　STC89C52 开发板软件资源 ······· 9
1.2　Keil 软件使用 ····················· 10
　1.2.1　Keil 软件简介 ················ 10
　1.2.2　Keil 工程文件的建立 ·········· 11
1.3　程序下载与调试 ·················· 17
　1.3.1　STC89C52 串口下载程序 ······· 17
　1.3.2　Keil 在线调试 ················ 18
1.4　STC89C52 基础实验 ·············· 21
　1.4.1　LED 闪烁实验 ················ 21
　1.4.2　流水灯实验 ·················· 23
　1.4.3　跑马灯实验 ·················· 24
　1.4.4　按键输入实验 ················ 25
　1.4.5　数码管显示实验 ·············· 27
　1.4.6　蜂鸣器实验 ·················· 29
　1.4.7　DS18B20 温度采集实验 ········ 30
　1.4.8　串口通信实验 ················ 36
1.5　STC89C52 单片机拓展实践 ········ 38
　1.5.1　设计任务 ···················· 38
　1.5.2　设计要求 ···················· 38
1.6　附录——STC89C52 单片机知识实践
　　　报告 ··························· 39
第2章　Proteus 电路设计与仿真 ········ 43
2.1　Proteus 概述 ···················· 43
　2.1.1　Proteus ISIS 及 ARES 概述 ····· 43
　2.1.2　Proteus ISIS 新工程创建 ······· 44
　2.1.3　原理图编辑窗口简介 ·········· 46
2.2　Proteus ISIS 原理图设计 ········· 48
　2.2.1　Proteus ISIS 仿真原理图设计
　　　　　流程 ······················ 48
　2.2.2　Proteus 程序仿真 ············· 51

2.3　Proteus 常用虚拟仪器 ·············· 53
　2.3.1　虚拟电压表和电流表 ·········· 54
　2.3.2　虚拟示波器 ·················· 54
　2.3.3　虚拟终端 ···················· 56
　2.3.4　虚拟信号发生器 ·············· 60
2.4　Proteus 基础仿真实例 ············ 61
　2.4.1　LED 流水灯电路仿真实例 ······ 61
　2.4.2　按键控制 LED 和蜂鸣器电路
　　　　　仿真实例 ·················· 62
　2.4.3　数码管显示电路仿真实例 ······ 66
　2.4.4　DS18B20 温度采集电路仿真
　　　　　实例 ······················ 68
2.5　Proteus 综合仿真实践 ············ 74
　2.5.1　设计任务 ···················· 74
　2.5.2　设计要求 ···················· 74
2.6　附录——Proteus 电路设计与仿真实践
　　　报告 ··························· 74
第3章　常用电子模块基础应用 ········ 77
3.1　输入/输出模块 ··················· 77
　3.1.1　矩阵键盘 ···················· 77
　3.1.2　数码管显示模块 ·············· 78
　3.1.3　LCD1602 液晶显示模块 ········ 78
3.2　无线电子模块 ···················· 79
　3.2.1　红外遥控模块 ················ 79
　3.2.2　WiFi 模块 ··················· 80
　3.2.3　蓝牙模块 ···················· 81
3.3　电动机驱动控制模块 ·············· 83
　3.3.1　直流电动机继电器驱动模块 ····· 83
　3.3.2　L298 直流电动机驱动模块 ······ 84
　3.3.3　步进电动机驱动模块 ·········· 85
　3.3.4　直流舵机控制 ················ 87
3.4　常用传感器模块 ·················· 88
　3.4.1　光电循迹模块 ················ 88
　3.4.2　超声波测距模块 ·············· 89
　3.4.3　红外火焰检测模块 ············ 90
　3.4.4　烟雾检测模块 ················ 91

3.4.5　颜色识别模块 ·············· 92
3.4.6　DHT11 空气温湿度采集模块 ······ 93
3.4.7　土壤湿度检测模块 ··········· 93
3.4.8　简易称重模块 ············· 95
3.5　常用电子模块基础应用实践 ······· 95
3.5.1　设计任务 ··············· 95
3.5.2　设计要求 ··············· 96
3.6　附录——常用电子模块应用实践
报告 ·················· 96

第4章　电工电子基础综合项目
设计 ·················· 100
4.1　简易智能洗衣机系统项目设计 ····· 100
4.1.1　系统功能及设计要求 ········· 100
4.1.2　系统组成及原理图设计 ······· 100
4.1.3　系统程序设计 ············ 102
4.1.4　系统仿真测试 ············ 105
4.1.5　系统实验测试 ············ 106
4.1.6　拓展训练 ·············· 109
4.2　简易电子秤系统项目设计 ······· 109
4.2.1　系统功能及设计要求 ········· 109
4.2.2　系统组成及原理图设计 ······· 110
4.2.3　系统程序设计 ············ 112
4.2.4　系统仿真测试 ············ 117
4.2.5　系统实验测试 ············ 118
4.2.6　拓展训练 ·············· 120
4.3　智能粮仓温湿度控制系统项目
设计 ·················· 121
4.3.1　系统功能及设计要求 ········· 121
4.3.2　系统组成及原理图设计 ······· 122
4.3.3　系统程序设计 ············ 123
4.3.4　系统仿真测试 ············ 128
4.3.5　系统实验测试 ············ 131
4.3.6　拓展训练 ·············· 133
4.4　智能音乐喷泉系统项目设计 ······ 134
4.4.1　系统功能及设计要求 ········· 134
4.4.2　系统组成及原理图设计 ······· 134
4.4.3　系统程序设计 ············ 136
4.4.4　系统仿真测试 ············ 137
4.4.5　系统实验测试 ············ 137
4.4.6　拓展训练 ·············· 141
4.5　附录——电工电子基础项目实践
报告 ·················· 141

第5章　智能灭火机器人系统项目
设计 ·················· 146
5.1　选题与设计分析 ············ 146
5.1.1　系统功能及设计要求 ········· 146
5.1.2　系统组成及设计思路 ········· 147
5.2　结构设计与制作 ············ 148
5.2.1　三维模型设计和运动仿真 ······ 148
5.2.2　关键结构件加工与装配 ······· 151
5.3　控制系统设计与分析 ·········· 152
5.3.1　控制系统仿真电路设计 ······· 152
5.3.2　模块仿真程序设计 ·········· 153
5.3.3　基于 Proteus 的系统仿真
测试 ·················· 155
5.4　系统实验测试 ············· 156
5.4.1　系统各模块实验测试 ········· 156
5.4.2　系统控制程序设计 ·········· 158
5.4.3　系统整体实验 ············ 160
5.5　拓展实践 ··············· 162
5.5.1　设计任务 ··············· 162
5.5.2　设计要求 ··············· 162
5.6　附录——智能灭火机器人系统实践
报告 ·················· 163

第6章　智能调度物料车系统项目
设计 ·················· 168
6.1　选题与设计分析 ············ 168
6.1.1　系统功能及设计要求 ········· 168
6.1.2　系统组成及设计思路 ········· 170
6.2　结构设计与制作 ············ 171
6.2.1　三维模型设计和运动仿真 ······ 171
6.2.2　关键结构件加工与装配 ······· 173
6.3　控制系统设计与分析 ·········· 175
6.3.1　控制系统仿真电路设计 ······· 175
6.3.2　模块仿真程序设计 ·········· 175
6.3.3　基于 Proteus 的系统仿真测试 ··· 176
6.4　系统实验测试 ············· 177
6.4.1　系统各模块实验测试 ········· 177
6.4.2　系统控制程序设计 ·········· 179
6.4.3　系统整体实验 ············ 182
6.5　拓展实践 ··············· 184
6.5.1　设计任务 ··············· 184
6.5.2　设计要求 ··············· 184
6.6　附录——智能调度物料车系统实践
报告 ·················· 185

第 7 章 双足舞蹈机器人系统项目

　　设计 …………………… 190

　7.1 选题与设计分析 …………………… 190

　　7.1.1 系统功能及设计要求 ………… 190

　　7.1.2 系统组成及设计思路 ………… 191

　7.2 结构设计与制作 …………………… 192

　　7.2.1 三维模型设计和机器人运动步态

　　　　设计 …………………… 192

　　7.2.2 关键结构件加工与装配 ……… 195

　7.3 控制系统设计与分析 …………… 198

　　7.3.1 控制系统仿真电路设计 ……… 198

　　7.3.2 模块仿真程序设计 …………… 198

　　7.3.3 基于 Proteus 的系统仿真测试 … 200

　7.4 系统实验测试 …………………… 201

　　7.4.1 系统各模块实验测试 ………… 201

　　7.4.2 系统控制程序设计 …………… 202

　　7.4.3 系统整体实验 …………………… 204

　7.5 拓展实践 …………………… 207

　　7.5.1 设计任务 …………………… 207

　　7.5.2 设计要求 …………………… 207

　7.6 附录——双足舞蹈机器人系统实践

　　报告 …………………… 208

第 8 章 智能家居系统项目设计 ……… 213

　8.1 选题与设计分析 …………………… 213

　　8.1.1 系统功能及设计要求 ………… 213

　　8.1.2 系统组成及设计思路 ………… 214

　8.2 结构设计与制作 …………………… 215

　　8.2.1 三维模型设计 …………………… 215

　　8.2.2 关键结构件加工与装配 ……… 217

　8.3 控制系统设计与分析 …………… 220

　　8.3.1 控制系统仿真电路设计 ……… 220

　　8.3.2 模块仿真程序设计 …………… 221

　　8.3.3 基于 Proteus 的系统仿真测试 … 222

　8.4 系统实验测试 …………………… 223

　　8.4.1 系统各模块实验测试 ………… 223

　　8.4.2 系统控制程序设计 …………… 225

　　8.4.3 系统整体实验 …………………… 227

　8.5 拓展实践 …………………… 227

　　8.5.1 设计任务 …………………… 227

　　8.5.2 设计要求 …………………… 228

　8.6 附录——智能家居系统实践报告 …… 229

参考文献 …………………… 234

第1章
STC89C52 单片机基础与实践

1.1 STC89C52 开发板资源简介

1.1.1 STC89C52 开发板硬件资源

STC89C52 开发板硬件资源如图 1-1 所示，开发板以 STC89C52RC 芯片为主控核心，板载资源如下。

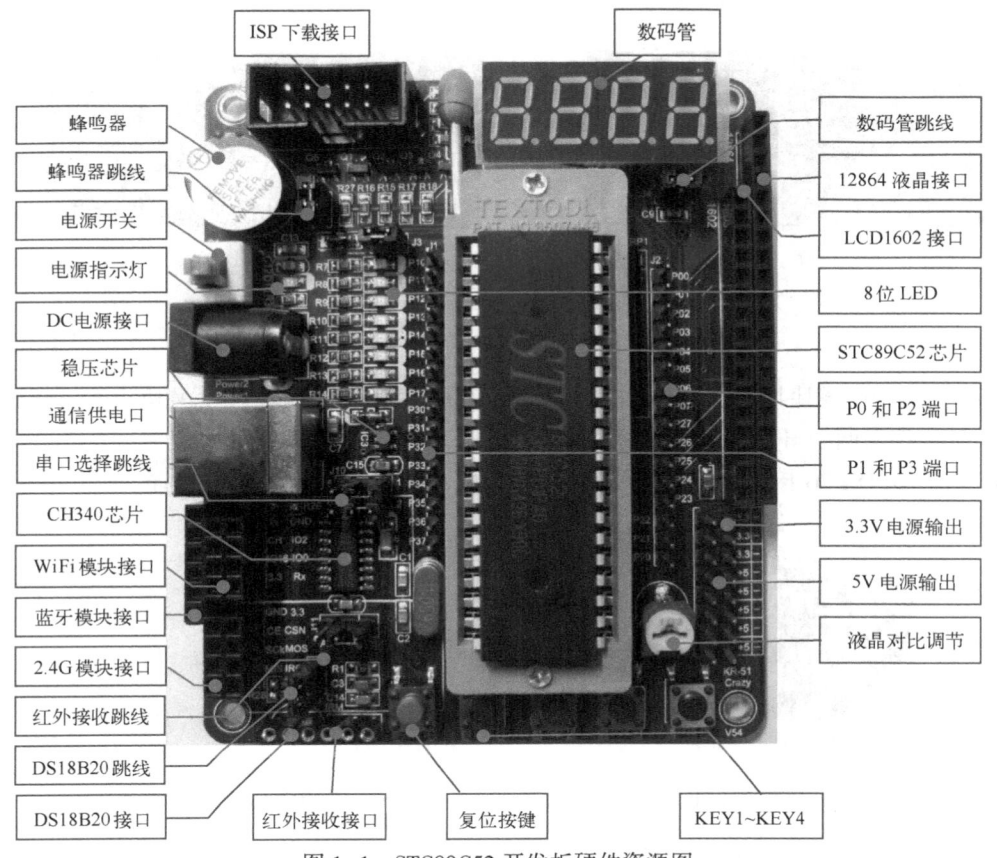

图 1-1 STC89C52 开发板硬件资源图

➤ CPU：STC89C52RC 芯片，DIP-40 封装，8 KB 内部 FLASH，512B 内部 RAM。

➤ 一个电源指示灯。

➤ 一个 ISP 下载接口。

➤ 一只有源蜂鸣器，使用时将蜂鸣器跳线短接，可实现简单的报警/闹铃。

➤ 一个电源开关。

➤ 一个 DC 电源接口，配合 DC 5V 电源适配器使用。

➤ 一个 MIC5219-3.3YM5 稳压芯片，稳压输出 3.3 V 电源。

➤ 一个通信供电：与 B 型 USB 接口连接，用于供电和串口通信。当用于串口通信时，需将串口选择跳线 1 和 3 短接、2 和 4 短接。

➤ 一个通信转换芯片：CH340 转换芯片，用于外部串口通信。

➤ 一个 WiFi 模块接口，可与如图 1-2 所示的 ESP8266-01S 模组直连，使用时，需将串口选择跳线 3 和 5 短接、4 和 6 短接。

图 1-2　ESP8266-01S 模组

➤ 一个蓝牙模块接口，可与如图 1-3 所示的 HC-05 蓝牙模块直连，使用时，需将串口选择跳线 3 和 5 短接、4 和 6 短接。

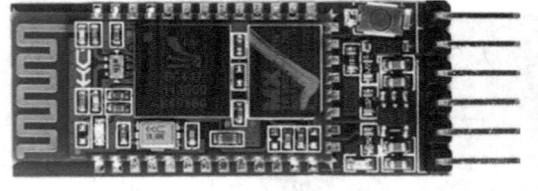

a)

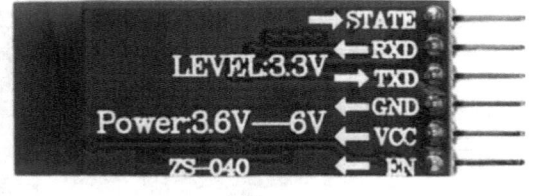

b)

图 1-3　HC-05 蓝牙模块

a）正面　b）反面

➤ 一个 2.4G 模块接口，可与如图 1-4 所示的 NRF24L01 无线收发模块直连，无线通信时，需要两块开发板和两个模块同时工作。

➤ 一个 DS18B20 接口，可与如图 1-5 所示的 DS18B20 温度传感器直连。

图 1-4　NRF24L01 无线收发模块　　　图 1-5　DS18B20 温度传感器

➤ 一个 4 位 8 段共阳极数码管，使用时需将数码管跳线帽接上。

➤ 一个 12864 液晶接口，可与如图 1-6 所示的 12864 液晶屏直连，使用时需将数码管跳线帽拔掉。

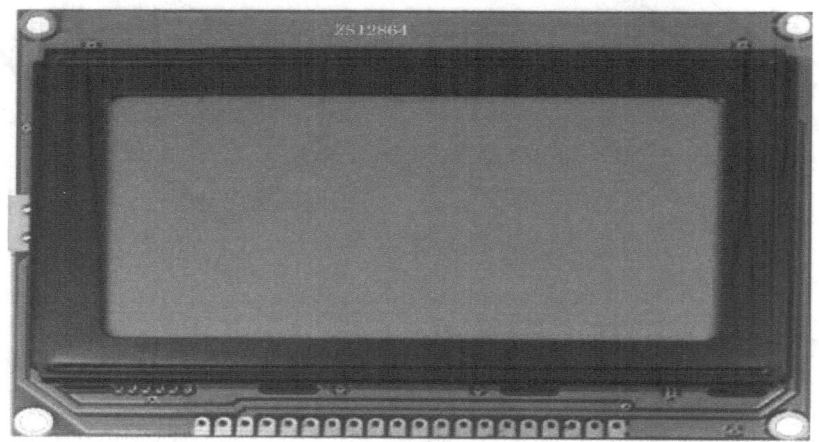

图 1-6　12864 液晶屏

➤ 一个 LCD1602 液晶接口，可与如图 1-7 所示的 LCD1602 液晶屏直连，使用时需将数码管跳线帽拔掉。

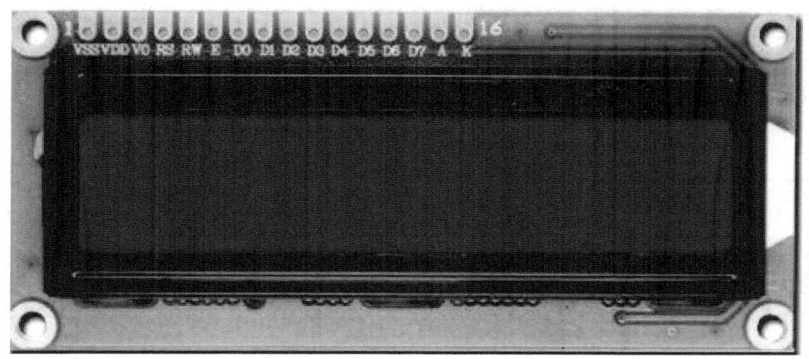

图 1-7　LCD1602 液晶屏

➤ 一个红外接收接口，可与如图 1-8 所示的 VS1838 红外接收管直连，实现红外遥控功能，使用时，需将红外接收模块上方的 J6 跳线帽接上。VS1838 红外接收管做近距离遥控实验时，可以与如图 1-9 所示的 38 kHz 调制频率的红外遥控器配合使用。

➤ 一个液晶亮度调节旋钮。

➤ 8 个高亮度红色 LED，使用时将 LED 上方的 J3 跳线帽插上。

➤ 3 路 3.3 V 电源输出接口。

➤ 5 路 5 V 电源输出接口。

➤ 一个复位按键，用于复位 MCU。

➤ 4 个独立按键。

图 1-8　VS1838 红外接收管　　　　　　　图 1-9　红外遥控器

1.1.2　STC89C52 开发板原理图详解

1. 开发板电源电路

STC89C52 开发板电源电路如图 1-10 所示，POWER1 接口为 USB-B 型母口，POWER2 为 DC JACK 电源接口，开发板输入电源为 DC 5V，由开关 SW1 控制其与稳压芯片 U2 输入端的导通，U2 为 MIC5219-3.3 稳压芯片，输出 DC 3.3V 电压。

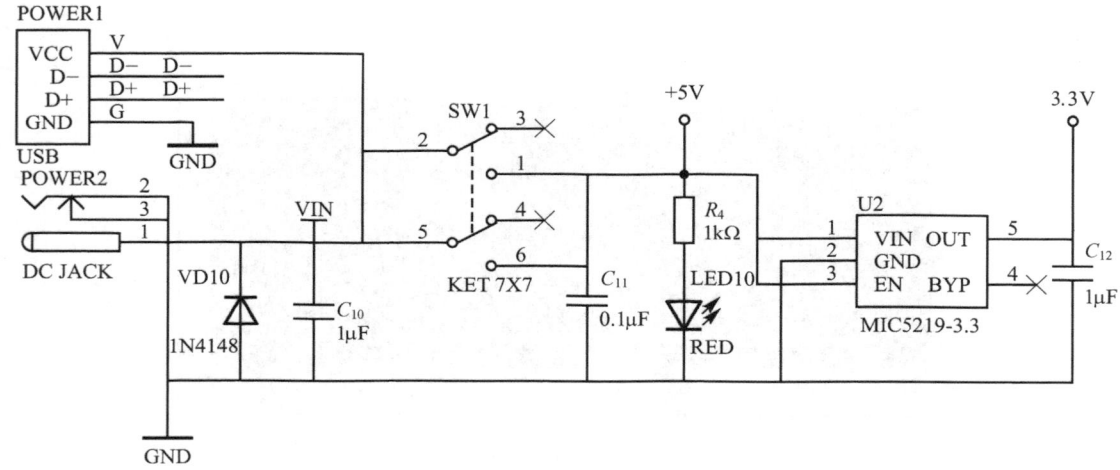

图 1-10　STC89C52 开发板电源电路

2. 最小系统电路

STC89C52 开发板最小系统电路如图 1-11 所示，包括 STC89C52RC 主控核心芯片、频率为 11.0592 kHz 的无源晶振、P0 端口的上拉排阻 R_1 和 R_2。STC89C52 主控芯片所有引脚均通过 JP1 和 JP2 排的公端子引出，便于连接外部电路。

3. 复位电路

STC89C52 开发板复位电路如图 1-12 所示，STC89C52 芯片复位引脚 RST 高电平有效，因此，当按下复位按键 SW3 后，STC89C52 芯片实现复位。

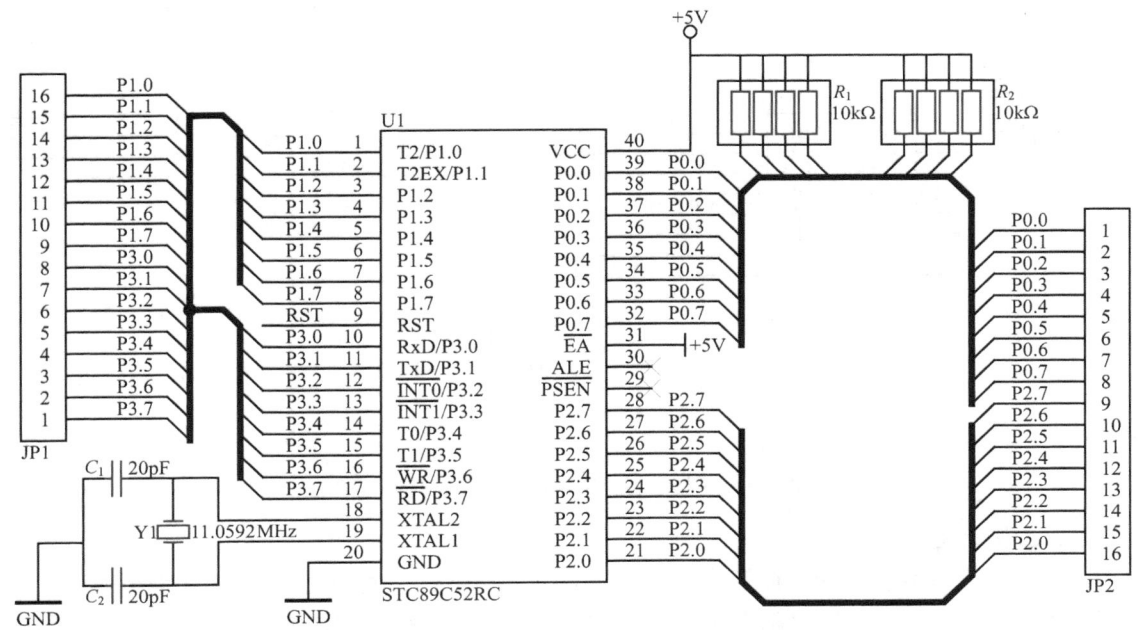

图 1-11　STC89C52 开发板最小系统电路

4. 按键输入电路

STC89C52 开发板设计有 4 个输入按键，如图 1-13 所示，STC89C52 主控芯片的 P3.2 ~ P3.5 引脚分别接入按键 KEY1 ~ KEY4 引脚的一端，而按键另一端接地。因此，使用时需将引脚配置成外部上拉模式。按键复位状态下，对应引脚为高电平，而当按键按下时，所有引脚被强制拉低成低电平，通过检测相应引脚的电平信号即可获取按键输入状态。

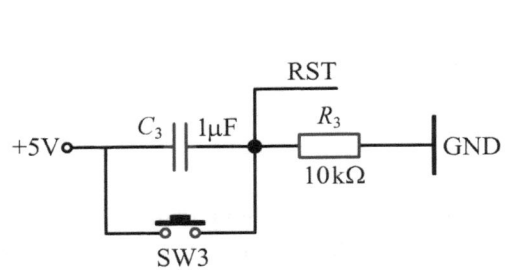

图 1-12　STC89C52 开发板复位电路

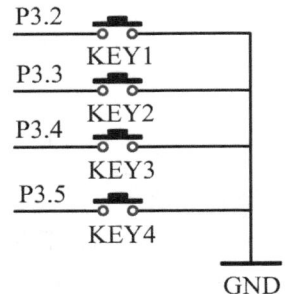

图 1-13　STC89C52 开发板按键电路

5. 串口通信电路

STC89C52 开发板板载串口通信电路如图 1-14 所示，USB 转 RS232_TTL 芯片为 CH340G，将 J10 排公端子 3 和 5 短接、4 和 6 短接时，可用于程序烧录；将 J10 排公端子 3 和 1 短接、4 和 2 短接时，可实现蓝牙模块、WiFi 模块的配置及调试。

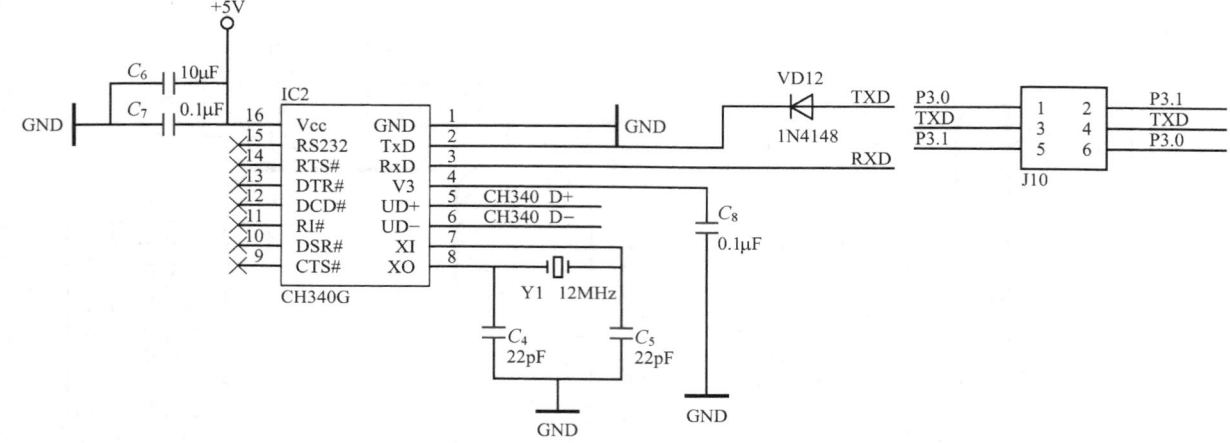

图 1-14   STC89C52 开发板板载串口通信电路

6. 二极管指示电路

STC89C52 开发板发光二极管指示电路如图 1-15 所示，使用时，将 J3 短路帽接上，8 只发光二极管正极经 1 kΩ 电阻上拉接入 5 V 电源。因此，单片机 P1.0~P1.7 端口输出低电平时，对应发光二极管点亮，反之，输出高电平时，对应发光二极管熄灭。

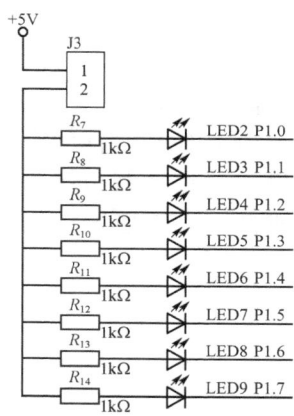

图 1-15   STC89C52 开发板发光二极管指示电路

7. 数码管显示

STC89C52 开发板数码管显示电路如图 1-16 所示，使用时需将 J2 短路帽接上。4 位共阳极 8 段数码管型号为 3641B，数码管 4 只阳极引脚分别受单片机 P2.0~2.3 端口控制，数码管 8 只段位引脚分别受单片机 P0.0~P0.7 端口控制。

8. 液晶显示

STC89C52 开发板液晶显示接口电路如图 1-17 所示，使用时需将 J2 短路帽去掉。当采用 LCD1602 液晶模组时，与 LDC1 接口直连，11 只数据引脚与单片机 P2.0~P2.2 端口、P0.0~P0.7 端口对应连接；当采用 LCD12864 模组时，与 LCD2 接口直连，12 只数据引脚与单片机 P2.0~P2.3 端口、P0.0~P0.7 端口对应连接。R_{29} 可调电位器用于调整液晶屏的亮度。

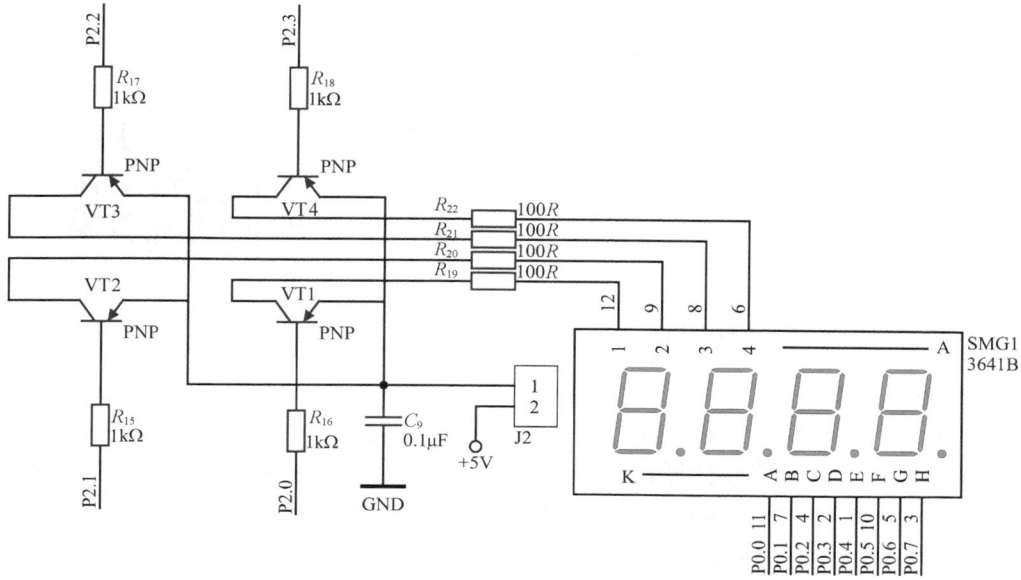

图 1-16　STC89C52 开发板数码管显示电路

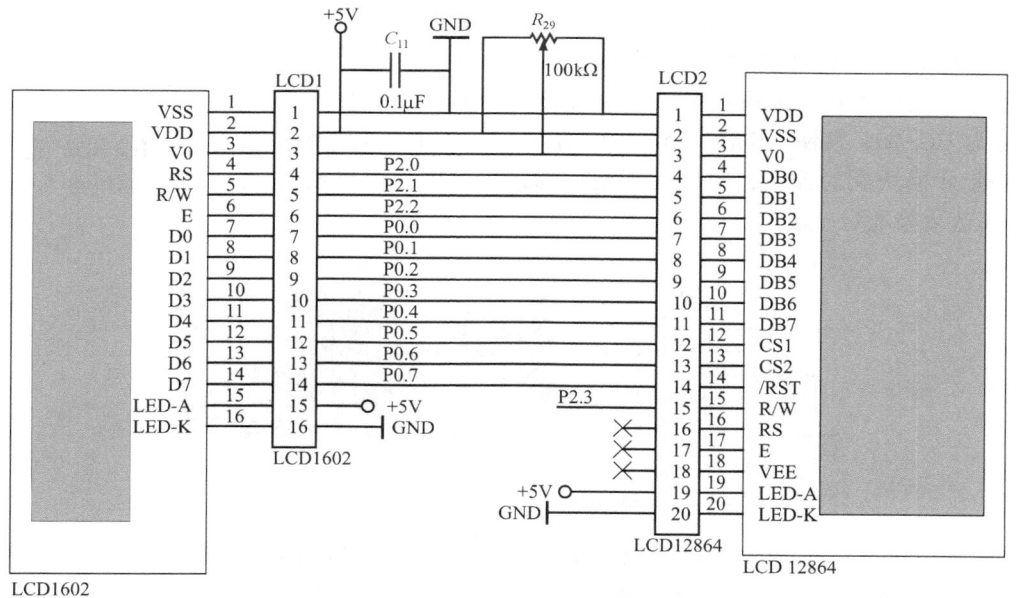

图 1-17　STC89C52 开发板液晶显示接口电路

9. 红外接收电路

STC89C52 开发板红外接收电路如图 1-18 所示，使用时将 J6 短路帽接上。红外接收晶体管型号为 VS1838B，其数据引脚与单片机 P3.2 引脚连接。

10. DS18B20 温度采集电路

STC89C52 开发板温度采集电路如图 1-19 所示，使用时，将温度传感器对应插入 IC4 引脚。温度传感器信号为 DS18B20，其数据引脚与单片机 P2.6 端口连接。

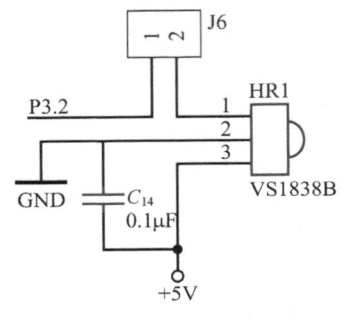

图 1-18　STC89C52 开发板红外接收电路

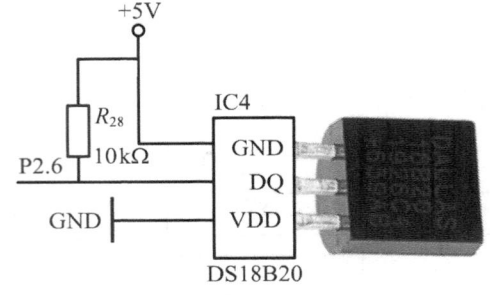

图 1-19　STC89C52 开发板温度采集电路

11. 蜂鸣器电路

STC89C52 开发板蜂鸣器电路如图 1-20 所示，使用时，将 J5 短路帽接上，蜂鸣器控制引脚与单片机 P2.5 端口连接，P2.5 输出低电平时，VT5 晶体管导通，蜂鸣器发出鸣响；反之 VT5 晶体管截止，蜂鸣器不发声。

12. 无线通信模块接口

STC89C52 开发板共有 3 个无线通信模块接口，即蓝牙模块、NRF24L01 无线通信模块接口和 WiFi 模块接口。

STC89C52 开发板蓝牙模块接口电路如图 1-21 所示，使用时，将蓝牙模块按引脚排列顺序对应接入 J3 排母端子。蓝牙模块型号为 HC-05，其输入电压为 5 V，通信方式为串口，可与另外一块蓝牙模块配对连接，组成无线通信通道，也可与手机蓝牙、PC 蓝牙等配对连接。

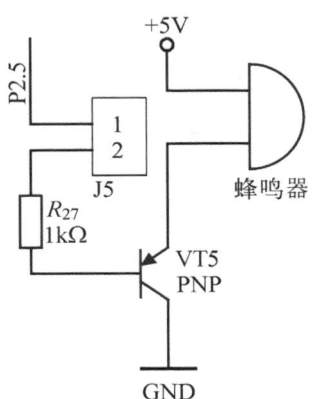

图 1-20　STC89C52 开发板
蜂鸣器电路

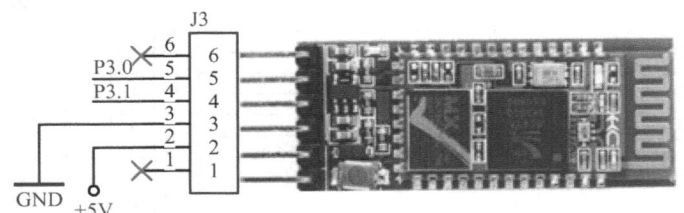

图 1-21　STC89C52 开发板蓝牙模块接口电路

STC89C52 开发板 NRF24L01 无线通信模块接口电路如图 1-22 所示，使用时，将 NRF24L01 无线通信模块按引脚排列顺序对应接入 M1 接口，其输入电压为 3.3 V，通信方式为 SPI，需要与另外一块同样配置的 NRF24L01 模块配对使用。

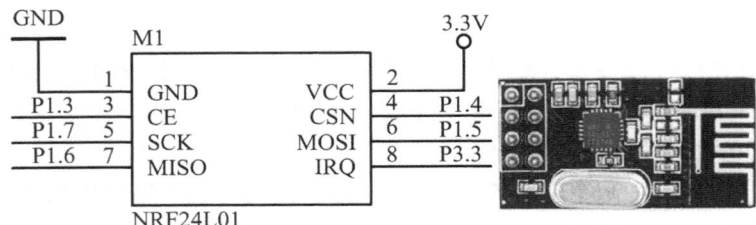

图 1-22　STC89C52 开发板 NRF24L01 无线通信模块接口电路

STC89C52 开发板 WiFi 无线通信模块接口电路如图 1-23 所示，使用时，将 WiFi 通信模块按引脚排列顺序对应接入 M2 接口，WiFi 模块型号为 ESP8266-01S，其输入电压为 3.3 V，通信方式为串口。

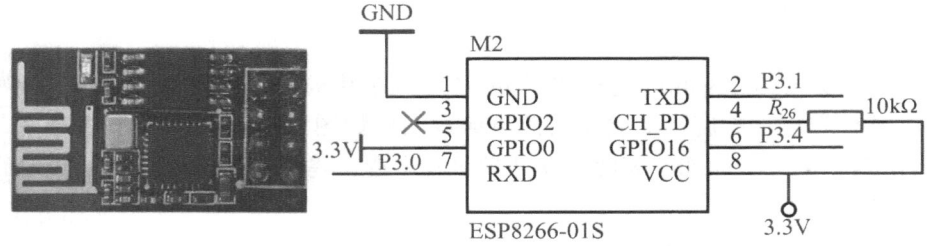

图 1-23　STC89C52 开发板 WiFi 通信模块接口电路

1.1.3　STC89C52 开发板软件资源

STC89C52 开发板基础例程见表 1-1，基本涵盖了 STC89C52 的所有内部资源，例程安排由简单到复杂，便于学习和掌握。

表 1-1　STC89C52 开发板基础例程

序　号	例 程 名 称	视 频 名 称
1	LED 闪烁例程	LED 闪烁.mp4
2	流水灯例程	流水灯.mp4
3	跑马灯例程	跑马灯.mp4
4	按键输入例程	按键输入.mp4
5	数码管显示例程	数码管显示.mp4
6	LCD1602 液晶显示例程	LCD1602 液晶显示.mp4
7	蜂鸣器例程	蜂鸣器.mp4
8	DS18B20 温度采集例程	DS18B20 温度采集.mp4
9	串口通信例程	串口通信.mp4

注：表中视频请扫描二维码 1-1~1-9 观看。

二维码 1-1　　二维码 1-2　　二维码 1-3　　二维码 1-4
LED 闪烁　　　流水灯　　　跳马灯　　　按键输入

二维码 1-5　　二维码 1-6　　　二维码 1-7　　二维码 1-8　　二维码 1-9
数码管显示　　LCD1602 液晶显示　蜂鸣器　　DS18B20 温度采集　串口通信

1.2 Keil 软件使用

1.2.1 Keil 软件简介

图 1-24 Keil 快捷启
动图标

Keil C51 是美国 Keil Software 公司出品的 51 系列单片机 C 语言开发系统。Keil 软件安装完成后，生成桌面快捷启动图标如图 1-24 所示。本书中所用 Keil 版本为 V4.0，为便于软件学习和掌握，建议初学阶段尽量选用该版本。

双击如图 1-24 所示的 Keil 快捷启动图标，软件启动，出现如图 1-25 所示界面。软件启动成功后进入编辑界面，如图 1-26 所示。软件编辑界面主要分为菜单栏、工具栏、工程文件目录窗口、代码编辑窗口、编译链接调试输出窗口五部分。

图 1-25 Keil 启动界面

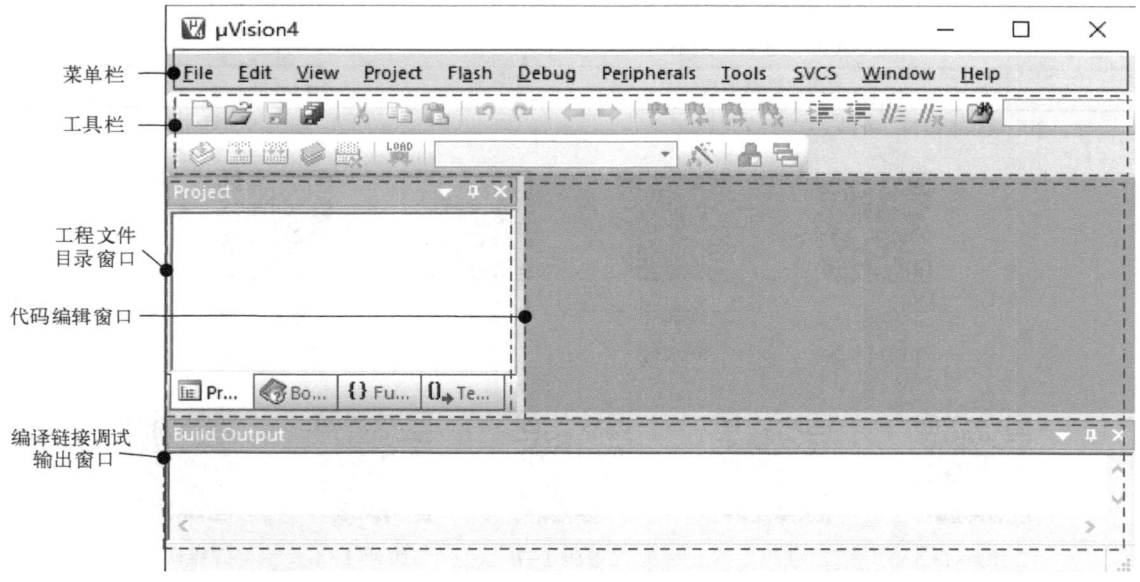

图 1-26 Keil 编辑界面

1.2.2　Keil 工程文件的建立

1. 建立新工程

如图 1-27 所示，单击菜单栏【Project】，选择【New μVision Project...】选项，随后弹出如图 1-28 所示的工程文件名称和保存路径设置窗口，例如保存至 "Hello_STC" 文件夹，工程文件名称为 hello_stc.uvproj，单击【保存】按钮，对应文件夹中出现 hello_stc.uvproj 工程文件。

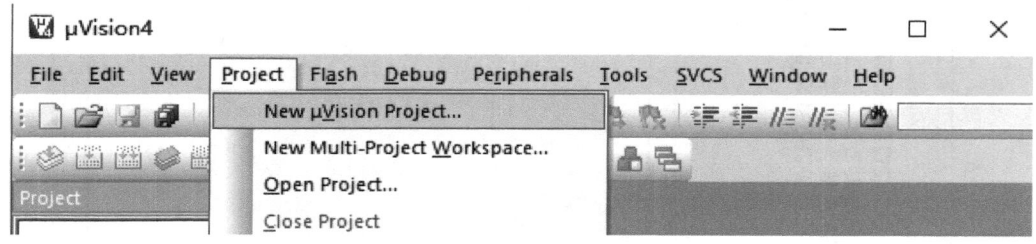

图 1-27　新建工程

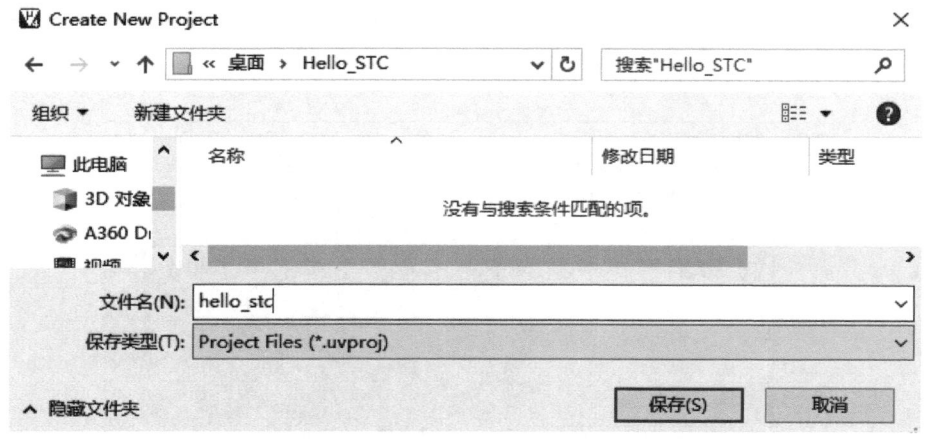

图 1-28　工程文件名称及路径设置

2. 选择芯片型号

上一步完成后，弹出单片机型号选择对话框，如图 1-29 所示。根据实际使用的单片机型号进行选择，如 STC89C52 开发板主控芯片为 STC89C52RC 芯片，因此选择 AT89C52 芯片，随后单击【OK】按钮。

3. 添加文件和代码

上一步完成后，工程文件编辑界面如图 1-30 所示，此时工程文件目录中没有任何源代码。单击图 1-30 菜单栏中的【新建】□图标后，代码编辑区出现 "Text1" 文件，如图 1-31 所示。单击图 1-31 菜单栏中的【保存】□图标，在如图 1-32 所示窗口中输入文件名称，如 main.c，然后单击【保存】按钮。注意，C 语言编写的程序扩展名称必须为 .c，但该工程源代码与工程仍没有关联。

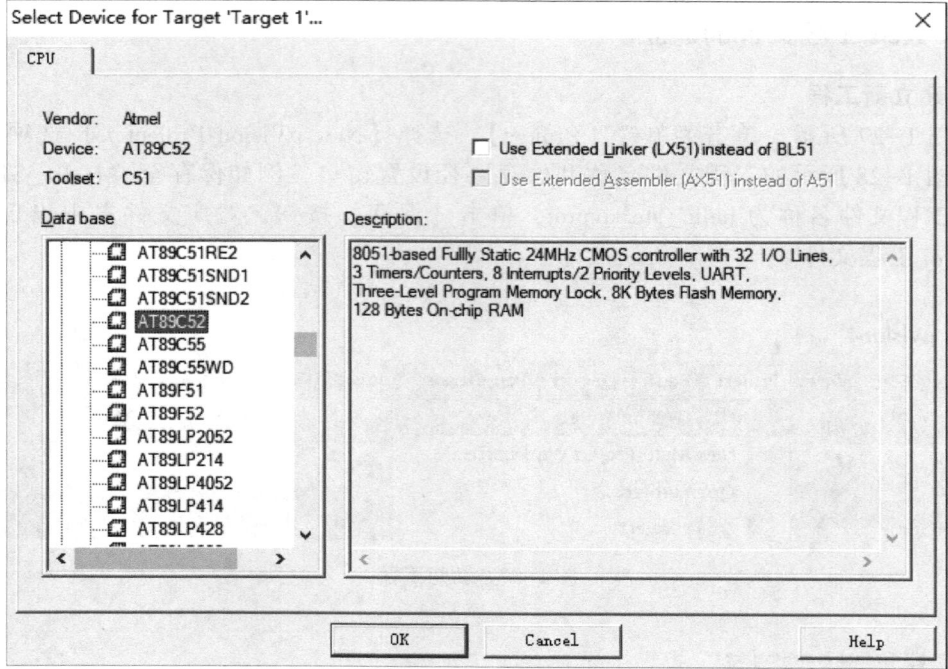

图 1-29　单片机型号选择

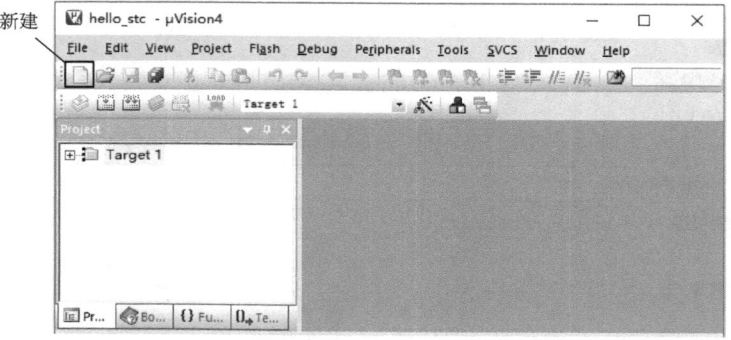

图 1-30　工程文件编辑界面

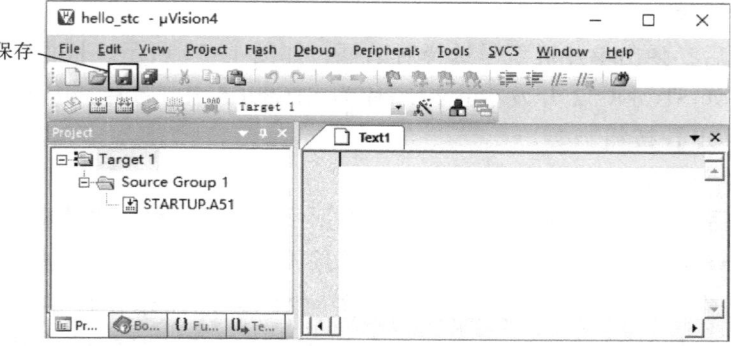

图 1-31　工程源代码添加界面

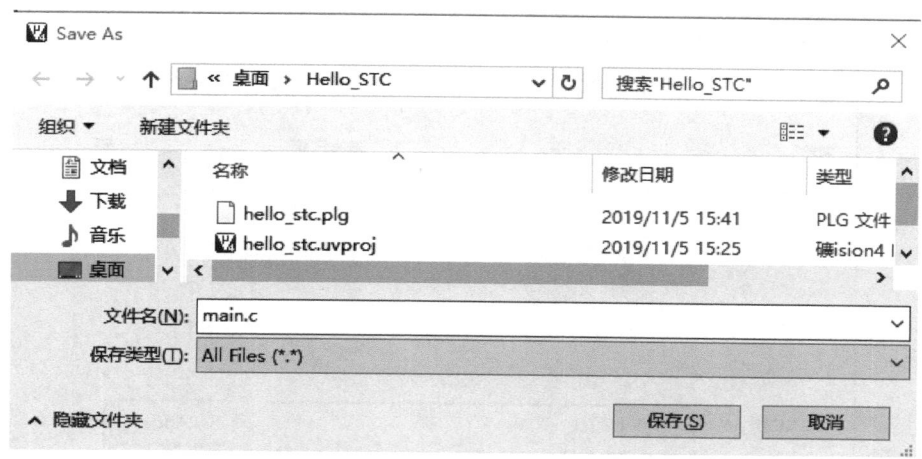

图 1-32　保存工程源代码

4. 工程源代码关联设置

上一步完成后，需将工程源代码与工程文件做关联设置。如图 1-33 所示，单击【Source Group 1】，右键选择【Add Files to Group 'Source Group 1'...】，弹出如图 1-34 所示对话框，选中工程代码 "main. c"，单击【Add】按钮，工程源代码与工程关联成功界面如图 1-35 所示。

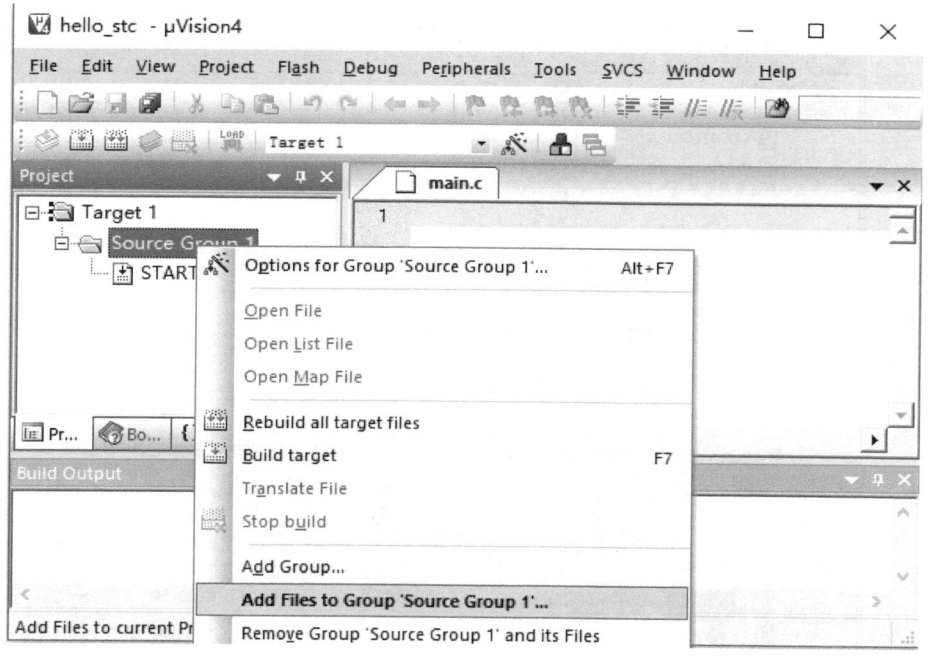

图 1-33　工程源代码关联设置

5. 设置工程属性

代码编写完成后，需对工程属性进行设置。如图 1-36 所示，单击【Target 1】，右键选择【Options for Target 'Target 1'...】，弹出如图 1-37 所示工程属性设置对话框。

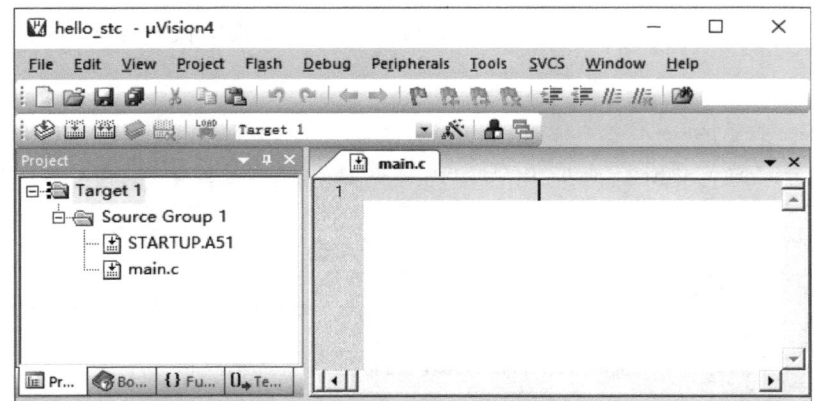

图1-34　选择被关联的工程源代码

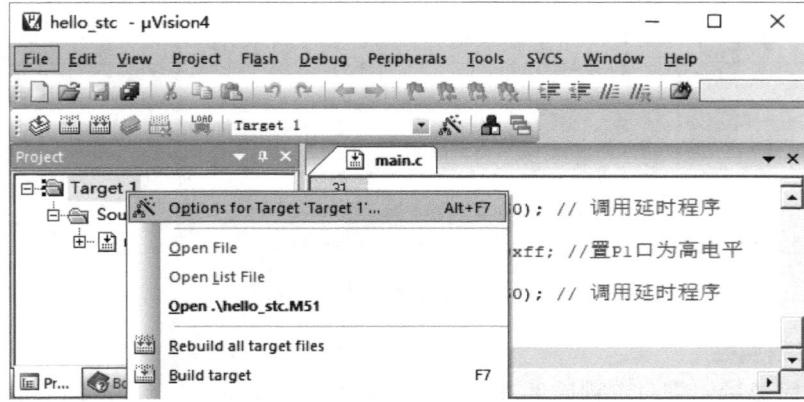

图1-35　工程源代码关联成功界面

图1-36　选择工程属性设置

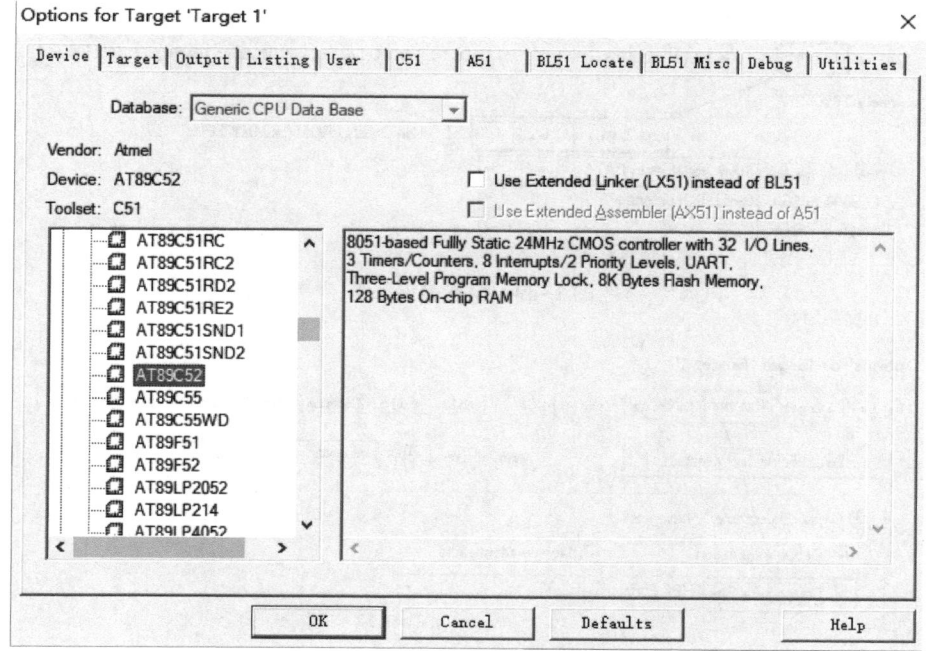

图 1-37　工程属性设置窗口

在【Device】选项卡中，选择单片机型号。如图 1-38 所示，单击【Device】标签，选择对应单片机型号，如本书选用 AT89C52，对应单片机 STC89C52RC。

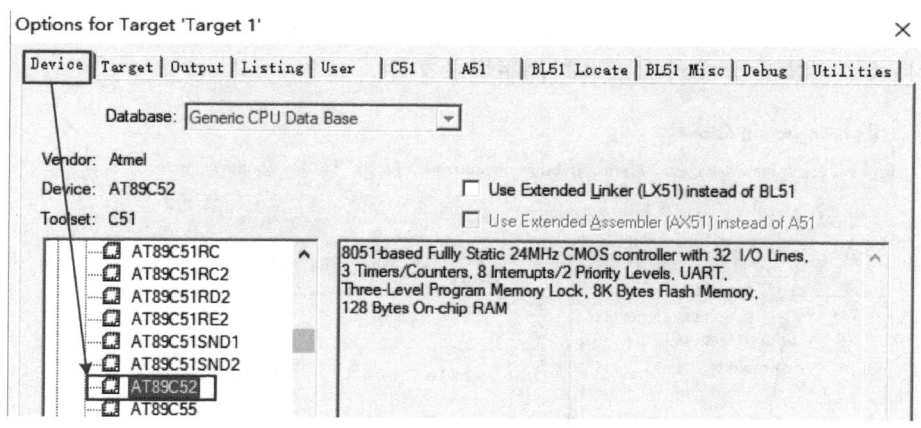

图 1-38　选择单片机型号

单片机的晶振频率在【Target】选项卡中设置。如图 1-39 所示，单击【Target】标签，在【Xtal(MHz)】文本框中输入对应晶振频率。

编译输出格式在【Output】选项卡中设置。如图 1-40 所示，单击【Output】标签，勾选 "Create HEX File" 选项，这样编译后才能生成二进制程序烧录文件。生成的二进制程序烧录文件默认保存在工程文件所在文件夹中，扩展名为 .hex。

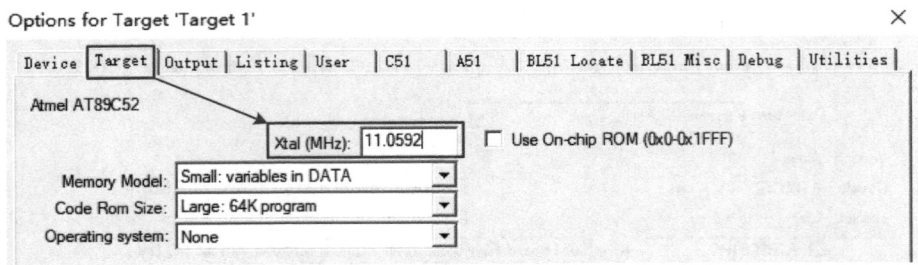

图 1-39　设置晶振频率

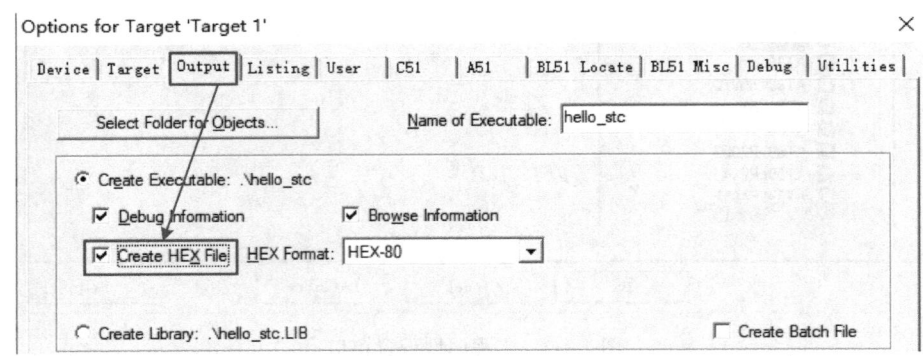

图 1-40　设置编译输出格式

6. 编译源代码

单击工具栏中【Rebuild】图标，启动编译。当程序有错误时，会在编译输出窗口给出提示，若仅显示"0 Error(s), 0 Warning(s)"，则表示编译通过，如图 1-41 所示。此时工程文件所在文件夹中生成对应二进制程序烧录文件。

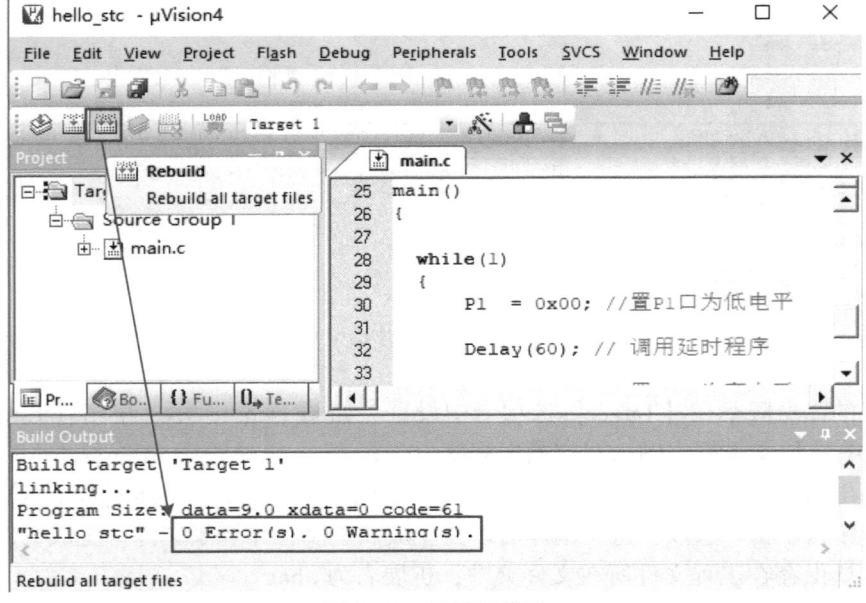

图 1-41　编译源代码

1.3　程序下载与调试

1.3.1　STC89C52 串口下载程序

1. 设备驱动安装

将 STC89C52 开发板与 PC 端 USB 连接，为保证设备能被 PC 识别，需在 PC 端安装设备驱动程序 CH340SER. exe。安装成功后，打开 PC 设备管理器，能找到对应设备 "USB-SER-IAL CH340(COM4)"，如图 1-42 所示。

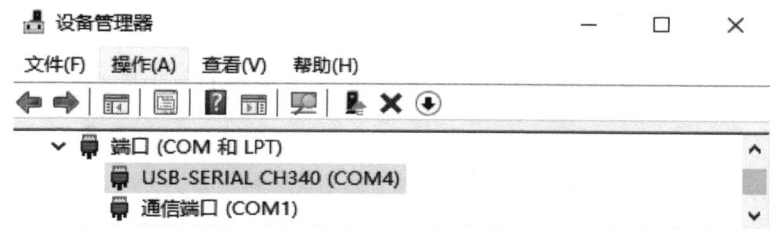

图 1-42　设备驱动安装成功界面

2. 程序下载软件参数设置

STC89C52 开发板串口程序下载软件为 "STC-ISP"，其可执行文件如图 1-43 所示。该软件不需要安装，直接双击打开即可。

程序下载软件打开后的界面如图 1-44 所示，选择【Keil 仿真设置】选项，单击【添加型号和头文件到 Keil 中】，随后弹出文件路径选择窗口，如图 1-45a 所示，选择 Keil 安装目录下的 UV4 文件，初次使用操作一次，以后不用重复操作。添加成功界面如图 1-45b 所示。

stc-isp-15xx-v6. 85.exe

图 1-43　串口程序下载软件图标

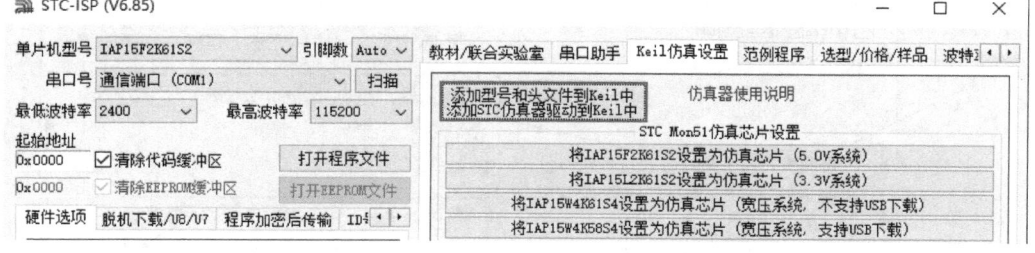

图 1-44　串口下载软件参数设置

3. 程序下载

通过 USB 连接线将开发板与 PC 相连，按以下步骤实现程序下载，如图 1-46 所示。

1）选择芯片型号，本书所用开发板对应芯片型号为 STC89C52。

2）选择设备对应 COM 口。

3）打开编译好的 . hex 文件。

4）将开发板电源断开，单击 "下载/编程" 按钮，约 2~3s 后打开电源，等待下载完成。

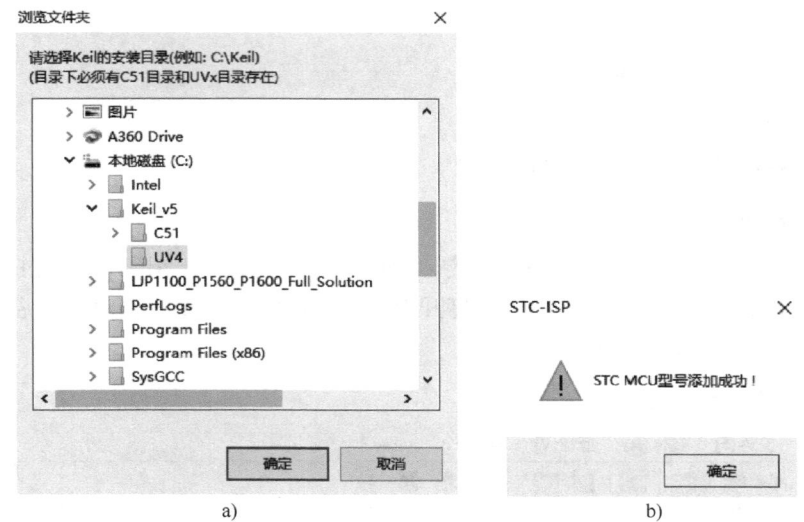

图 1-45　添加型号和头文件到 Keil 中

a）路径选择　b）添加成功

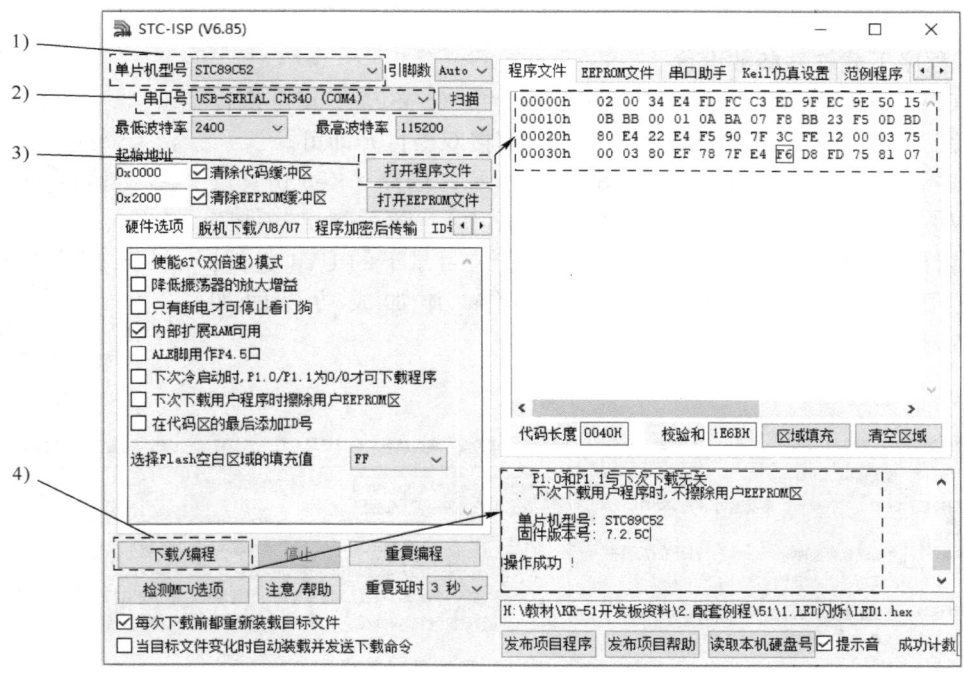

图 1-46　程序下载

　　程序下载成功后，对话框中会显示"操作成功！"，同时，可观察到开发板对应的实验现象。

1.3.2　Keil 在线调试

　　为便于观察程序的执行过程，理解程序算法，快速找出程序中存在的逻辑错误，可利用

Keil C51 的在线调试功能，即通过单步执行、设置断点等手段进行程序调试。

1. 调试状态的进入与退出

如图 1-47 所示，单击工具栏中【Start/Stop Debug Session】图标，即可进入调试模式。进入调试模式后，第二行将弹出调试工具栏。调试结束后，再次单击该图标即可退出调试模式。

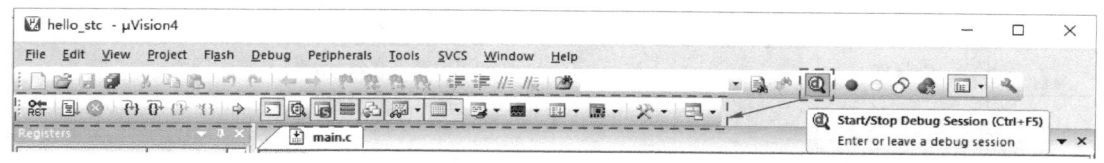

图 1-47　调试模式进入与退出

调试工具栏中常用调试工具功能见表 1-2。

表 1-2　常用调试工具功能

图　标	快　捷　键	功　能
	F10	单步调试程序
	F5	全速运行程序
	F11	进入函数内部单步执行
	Ctrl+F11	从被调函数内部返回主程序
	—	停止程序的运行
	Ctrl+F10	程序执行到当前光标所在行
	—	CPU 复位

2. 单步调试

进入调试模式后，如图 1-48 所示，单击调试工具栏中【Step Over】单步调试图标，或按下快捷键〈F10〉，即可执行单步调试，此时代码编辑区黄色箭头表示当前执行的程序语句。

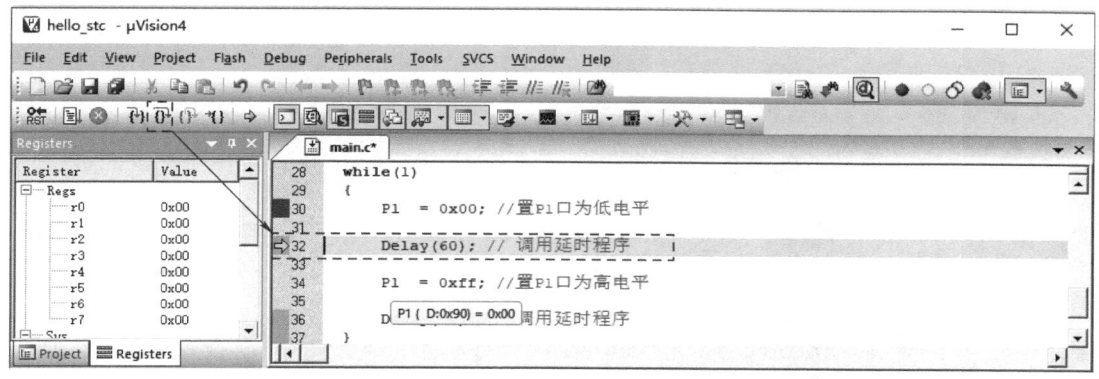

图 1-48　单步调试

3. 断点调试

对于大型程序，单步执行效率较低，此时，可通过设置断点，直接定位到需要停止运行的程序段。工具栏中常用断点调试工具功能见表1-3。

表1-3　常用断点调试工具功能

图　标	快　捷　键	功　能
	F9	插入断点
	Ctrl+F9	使能当前断点有效/无效
	—	所有断点使能无效
	Ctrl+Shift+F9	删除所有断点

如图1-49所示，调试模式下，将光标定位到需要观察的程序段，选择插入断点，此时对应程序段行代码出现实心红色圆角矩形。再单击全速运行程序按钮，程序便快速执行到当前程序段，此时可结合单步执行进行追踪调试。单个断点调试结束后，单击使能当前断点使其无效即可。

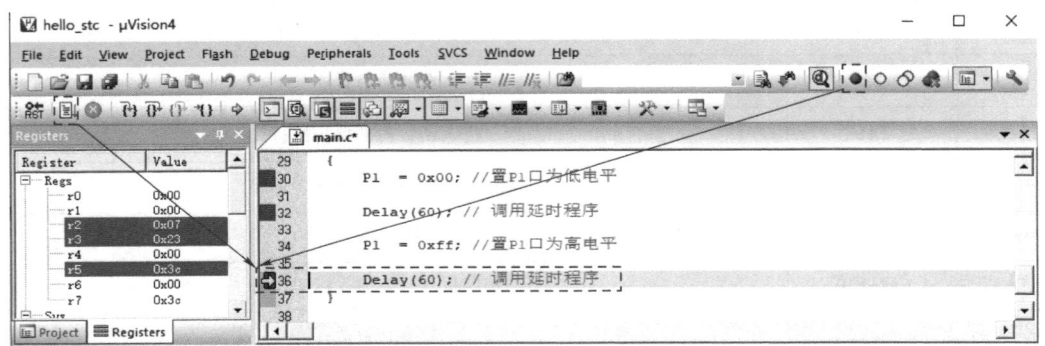

图1-49　断点调试

4. 监视寄存器、变量和端口的状态

单步调试、断点调试过程中，为了找出程序中存在的逻辑错误，需要对寄存器、变量和端口的状态进行实时监视，可通过以下3种方法实现。

1）如图1-50所示，将光标指向需要观察的变量名称P1，随后其下方窗口会显示对应变量寄存器地址和值。

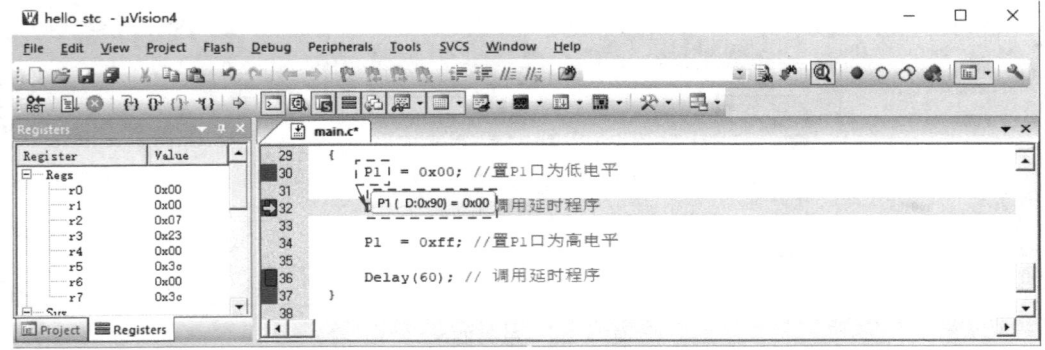

图1-50　断点调试

2）在左侧"Registers"寄存器状态窗口中，可观察到部分特殊功能寄存器的值。

3）单击菜单栏中【Peripherals】选项，可查看各中断、I/O 口、串口和定时器状态，如图 1-51 所示，当需要观察 P1 口输出状态时，单击选择【Peripherals】→【I/O-Ports】→【Port 1】，弹出 P1 口状态窗口，若需要模拟外部输入，将端口对应位打勾即可，如图 1-52 所示。

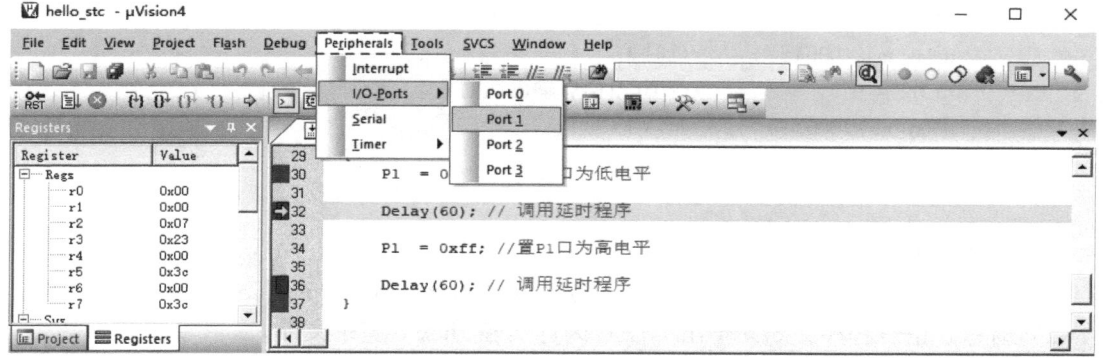

图 1-51　选择观察 P1 口状态

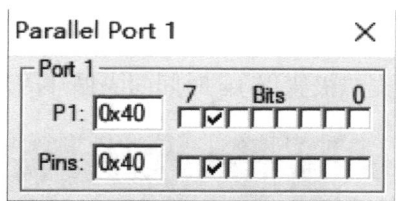

图 1-52　观察及设置 P1 口状态

1.4　STC89C52 基础实验

1.4.1　LED 闪烁实验

1. 实验目的

LED 闪烁实验主要针对 STC89C52 开发板上的 LED2 发光二极管，通过编写 LED 闪烁控制程序，控制单只二极管以 1s 的时间间隔顺序闪亮。

1）熟悉发光二极管的基础控制电路。

2）掌握 STC89C52 单片机引脚高低电平输出的编程控制方法。

3）掌握延时函数的编程及使用方法。

2. 实验原理

LED2 发光二极管与单片机 P1.0 引脚连接，当 P1.0 端口输出低电平时，发光二极管 LED2 被点亮，而当 P1.0 引脚输出高电平时，LED2 熄灭，其对应 C 语言关键程序段如下：

```
代码                        //注释
sbit LED2 = P1^0;           //位操作,令变量 LED2 等效于 P1.0 引脚
void main()                 //主函数
{
  while(1)
  {
    LED2 = 1;               //令 P1.0 引脚输出高电平
    delay_ms(1000);         //延时 1 s
    LED2 = 0;               //令 P1.0 引脚输出低电平
    delay_ms(1000);         //延时 1 s
  }
}
```

3. 实验步骤

1）在 Keil C51 中新建工程，工程名称为"LDE 闪烁实验.uvproj"。

2）编写 C 语言程序，编译输出"LED 闪烁实验.hex"烧录文件。

3）通过 USB 接口将开发板连接计算机，按下开发板的电源开关。

4）下载".hex"烧录文件至单片机。

5）观察实验结果。

4. 实验现象

如图 1-53 所示，LED2 发光二极管以 1 s 时间间隔循环闪烁。

图 1-53　LED 闪烁实验

🖋 **小试牛刀**

1）尝试编程实现其他 LED 发光二极管的闪烁控制。

2）尝试编程实现 LED 发光二极管闪烁时间间隔的控制。

1.4.2　流水灯实验

1. 实验目的

LED 流水灯实验主要针对 STC89C52 开发板上的 8 只 LED 发光二极管，通过编写流水灯控制程序，控制 8 只 LED 发光二极管以 1s 的时间间隔自上而下顺序点亮，形成流水般的动态效果。

1）熟悉 LED 流水灯实验原理。

2）掌握移位操作编程方法。

2. 实验原理

8 只 LED 发光二极管通过 P1 引脚控制。首先，设置 P1 口状态为 0xfe（1111 1110），对应 LED1 点亮；要实现循环点亮，用左移"<<"运算，令 P1<<=1，则 P1 口状态变为 0xfc（1111 1100），第一只 LED 和第二只 LED 灯同时点亮，依次循环。其对应 C 语言关键程序段如下：

```
代码                    //注释
void main()             //主函数
{
  P1 = 0xfe;            //首先点亮第一只 LED
  while(1)
  {
    if(i<8)             //8 只 LED 灯,循环 8 次
    {
      delay_ms(1000);   //延时 1s
      P1<<=1;           //左移一次,点亮下一只 LED
      i++;              //i 自增 1
    }
    if(i==8)            //若 8 只 LED 灯全部点亮,则重新初始化
    {
      i=0;              //i 清零
      P1=0xfe;          //点亮第一只 LED
    }
  }
}
```

3. 实验步骤

1）在 Keil C51 中新建工程，工程名称为"流水灯实验 . uvproj"。

2）编写 C 语言程序，编译输出"流水灯实验 . hex"烧录文件。

3）通过 USB 接口将开发板连接计算机，按下开发板的电源开关。

4）下载"流水灯实验 . hex"烧录文件至单片机。

5）观察实验现象。

4. 实验现象

如图 1-54 所示，单片机上电后，8 只 LED 灯按 1s 的时间间隔顺序依次点亮，循环往

复，形成流水般的动态效果。

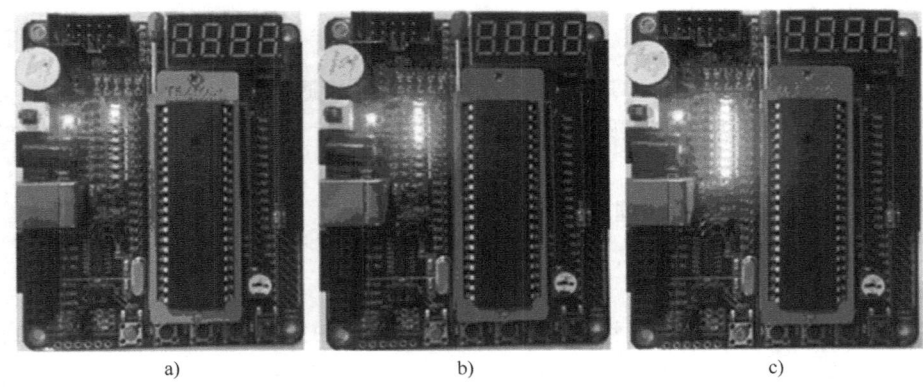

图 1-54 流水灯实验
a）状态 1　b）状态 2　c）状态 3

🖋 小试牛刀

1）尝试编程实现 8 只 LED 发光二极管形成"逆流而上"的流水灯效果。

2）尝试通过移位操作，编程实现 8 只 LED 按每次点亮两只的顺序形成流水灯。

1.4.3 跑马灯实验

1. 实验目的

针对 STC89C52 开发板上的 8 只 LED 发光二极管，通过编写跑马灯控制程序，实现 8 只 LED 按 1 s 的时间间隔顺序闪亮 1 次，即首先第一只 LED 点亮 1 s 后熄灭，随后第二只 LED 点亮 1 s，依次往复循环，形成 8 只 LED 按自上而下的顺序交替闪烁的效果。

1）熟悉跑马灯实验原理，以及跑马灯实验与流水灯实验的区别。

2）进一步掌握单片机普通 I/O 的时序控制。

3）掌握字符循环左移函数"_crol_"的用法，以及其他移位函数的使用方法。

2. 实验原理

8 只 LED 发光二极管通过 P1 引脚控制，首先，设置 P1 口状态为 0xfe（1111 1110），对应 LED1 点亮；接着运用左移函数"_crol_"实现 P1 口 8 位二进制数循环左移，第一次位移结果为 0xfd（1111 1101），依次循环，实现 8 只 LED 顺序单个点亮，其对应 C 语言关键程序段如下：

```
代码                         //注释
void main( )                 //主函数
{
   uchar LED;                //定义字符变量 LED
   LED = 0xfe;               // LED 赋初值
   P1 = LED;                 //点亮第一只 LED 灯
   while( 1 )
   {
```

```
    delay_ms(1000);          //延时 1 s
    LED = _crol_(LED,1);     //字符按位循环左移 1 位
    P1 = LED;                //更新 P1 口输出状态
  }
}
```

3. 实验步骤

1）在 Keil C51 中新建工程，工程名称为"跑马灯实验 . uvproj"。

2）编写 C 语言程序，编译输出"跑马灯实验 . hex"烧录文件。

3）通过 USB 接口将开发板连接计算机，按下开发板的电源开关。

4）下载"跑马灯实验 . hex"烧录文件至单片机。

5）观察实验结果。

4. 实验现象

如图 1-55 所示，单片机上电后，8 只 LED 按 1s 的时间间隔顺序闪亮 1 次，形成 8 只 LED 按自上而下的顺序交替闪烁的效果。

a)　　　　　　　　b)　　　　　　　　c)

图 1-55　跑马灯实验

a）状态 1　b）状态 2　c）状态 3

✎ **小试牛刀**

1）尝试利用字符循环右移"_cror_"函数实现反向跑马灯效果。

2）尝试改变移位操作位数，实现其他形式的跑马灯效果。

1. 4. 4　按键输入实验

1. 实验目的

按键输入实验主要针对 STC89C52 开发板上的按键 KEY1 和 KEY2，通过编写按键输入捕获程序，实现 8 只 LED 的整体开关的控制，即按下 KEY1 按键，LED 全部点亮，按下 KEY2 按键，LED 全部熄灭。

1）熟悉基础的按键控制电路。

2）掌握编程过程中按键输入捕获的判断方法。

3）掌握基本的 I/O 控制方法及编程实现。

2. 实验原理

STC89C52 开发板按键电路如图 1-13 所示，按键 KEY1 和 KEY2 分别与单片机 P3.2 和 P3.3 引脚连接，当按键按下时对应引脚为低电平，松开后为高电平。按下 KEY1，点亮 8 只 LED，按下 KEY2，熄灭 8 只 LED，其对应 C 语言关键程序段如下：

```
代码                           //注释
sbit KEY1=P3^2;                //位操作,令变量 KEY1 等效于 P3.2
sbit KEY2=P3^3;                //位操作,令变量 KEY2 等效于 P3.3
void main()                    //主函数
{
  P1=0xff;                     //初始化,关闭所有 LED
  while(1)
  {
    if(KEY1==0)                //判断 KEY1 是否按下
    {
      delay_ms(10);            //延时消抖
      if(KEY1==0)              //再次判断按键是否按下,两次判断的目的是为了消除误触产生的抖动
      {
        P1=0x00;               //点亮所有 LED 灯
      }
      while(KEY1==0);          //等待按键 KEY1 松开
    }
    if(KEY2==0)                // KEY2 按键判断方法与 KEY1 相同
    {
      delay_ms(10);
      if(KEY2==0)
      {
        P1=0xff;               //熄灭所有 LED
      }
    while(int2==0);
    }
  }
}
```

3. 实验步骤

1) 在 Keil C51 中新建工程，工程名称为"按键输入实验.uvproj"。

2) 编写 C 语言程序，编译输出"按键输入实验.hex"烧录文件。

3) 通过 USB 接口将开发板连接计算机，按下开发板的电源开关。

4) 下载"按键输入实验.hex"烧录文件至单片机。

5) 观察实验现象。

4. 实验现象

如图 1-56 所示，按下按键 KEY1 后，8 只发光二极管全部点亮，而按下按键 KEY2 后，

8 只二极管全部熄灭。

a)   b)

图 1-56   按键输入实验

a）KEY1 按下   b）KEY2 按下

小试牛刀

在上述功能的基础上，尝试编程实现以下功能。

1）按下按键 KEY3，切换到流水灯模式。

2）按下按键 KEY4，切换到跑马灯模式。

1.4.5 数码管显示实验

1. 实验目的

数码管显示实验主要针对 STC89C52 开发板上的 4 位 8 段数码管，通过编写数码管显示程序，实现数字的静态显示。

1）熟悉数码管的基础控制电路。

2）掌握数码管的位选和段选的编程控制方法。

3）掌握数码管静态和动态显示的编程方法。

2. 实验原理

数码管显示电路原理图如图 1-16 所示，数码管 4 只阳极引脚分别受单片机 P2.0~2.3 端口控制，数码管 8 只段位引脚分别受单片机 P0.0~P0.7 端口控制。以第一位数码管显示数字 "6" 为例，需要将位选引脚 P2.0 置低电平，其余位选引脚置高电平，令段选引脚 P0 赋值 0x82，则数码管第一位显示 "6"。同样，需要令第二位数码管显示数字 "8"，将位选引脚 P2.1 置低电平，其余位选引脚置高电平，控制第二个数码管，为段选引脚 P0 赋值 0x80，则第二位数码管显示数字 "8"，如此往复循环，形成 "68" 静态显示字样。其对应 C 语言关键程序段如下：

```
代码                    //注释
sbit   P2_0=P2^0;       //定义第一位选引脚
sbit   P2_1=P2^1;       //定义第二位选引脚
void main(void)         //主函数
{
   while(1)
```

```
      {
          P2_0 = 0;              //第一位选引脚置位
          P0 = 0x82;             //段选引脚设置,对应第一位数码管显示数字6
          delay_ms(5);           //第一位显示保持,延时5 ms
          P2_0 = 1;              //第一个位选引脚复位
          P2_1 = 0;              //第二个位选引脚置位
          P0 = 0x80;             //段选引脚设置,对应第二位数码管显示数字8
          delay_ms(5);           //第二位显示保持,延时5 ms
          P2_1 = 1;              //第一个位选引脚复位
      }
   }
```

3. 实验步骤

1）在 Keil C51 中新建工程，工程名称为"数码管显示实验.uvproj"。

2）编写 C 语言程序，编译输出"数码管显示实验.hex"烧录文件。

3）通过 USB 接口将开发板连接计算机，按下开发板的电源开关。

4）下载"数码管显示实验.hex"烧录文件至单片机。

5）观察实验现象。

4. 实验现象

如图 1-57 所示，单片机上电以后，4 位数码管的前两位显示静态数字"68"。

图 1-57　数码管显示实验

🐌 小试牛刀

在上述功能的基础上，尝试编程实现以下功能。

1）利用 4 位数码管静态显示自己学号的后 4 位。

2）单片机上电后，数码管动态循环显示数字 0~9999。

1.4.6　蜂鸣器实验

1. 实验目的

蜂鸣器实验主要针对 STC89C52 开发板上的蜂鸣器模块，编写蜂鸣器控制程序，控制蜂鸣器蜂鸣的开启和关闭。

1）熟悉发光蜂鸣器的基础控制电路。

2）掌握蜂鸣器开启和关闭的程序控制方法。

2. 实验原理

STC89C52 开发板蜂鸣器电路原理图如图 1-20 所示，蜂鸣器控制引脚与单片机 P2.5 引脚连接，令 P2.5 端口输出低电平时，蜂鸣器开启，而当 P2.5 引脚输出高电平时，蜂鸣器关闭，为直观展示蜂鸣器的开启和关闭，令 LED2 与其同步开启和关闭，对应 C 语言关键程序段如下：

```
代码                      //注释
sbit BUZZ = P2^5;         //位操作,令 BUZZ 等效于 P2.5 引脚
sbit LED2 = P1^0;         //位操作,令 LED2 等效于 P1.0 引脚
void main( )              //主函数
{
while(1)
 {
   BUZZ = 0;              //打开蜂鸣器
   LED2 = 0;              //打开 LED2
   delay_ms(2000);        //延时 2 s
   BUZZ = 1;              //关闭蜂鸣器
   LED2 = 1;              //关闭 LED2
 }
}
```

3. 实验步骤

1）在 Keil C51 中新建工程，工程名称为"蜂鸣器实验.uvproj"。

2）编写 C 语言程序，编译输出"蜂鸣器实验.hex"烧录文件。

3）将开发板通过 USB 接口连接计算机，按下开发板的电源开关。

4）下载"蜂鸣器实验.hex"烧录文件至单片机。

5）观察实验现象。

4. 实验现象

如图 1-58 所示，单片机上电后，蜂鸣器蜂开启，同时 LED2 点亮，2s 后，蜂鸣器与 LED2 同时关闭。

小试牛刀

1）尝试编程实现蜂鸣器控制引脚发送脉冲信号，观察蜂鸣器的输出音调。

2）改变脉冲信号频率，观察蜂鸣器输出音调的变化。

图 1-58　蜂鸣器实验

1.4.7　DS18B20 温度采集实验

1. 实验目的

温度采集实验主要利用 STC89C52 开发板连接 DS18B20 温度传感器，通过编写程序，实现温度的实时采集，并将温度数据通过数码管实时显示。

1）熟悉 DS18B20 温度传感器与单片机的连接方式。

2）熟悉 DS18B20 单总线协议，掌握 DS18B20 温度传感器的数据采集方法。

3）掌握数码管动态显示数字的编程方法。

2. 实验原理

DS18B20 温度传感器与开发板连接示意图如图 1-59 所示，其数据引脚与单片机 P2.6 引脚连接，通过 P2.6 引脚软件模拟 DS18B20 单总线协议，对传感器进行数据读写操作，获取温度数据，并通过数码管实时显示。

图 1-59　DS18B20 温度传感器与开发板连接示意图

为了描述 DS18B20 单总线协议，首先给出 DS18B20 单总线协议时序图中各总线的状态，如图 1-60 所示。DS18B20 单总线协议操作包括"初始化""读数据""写数据"。

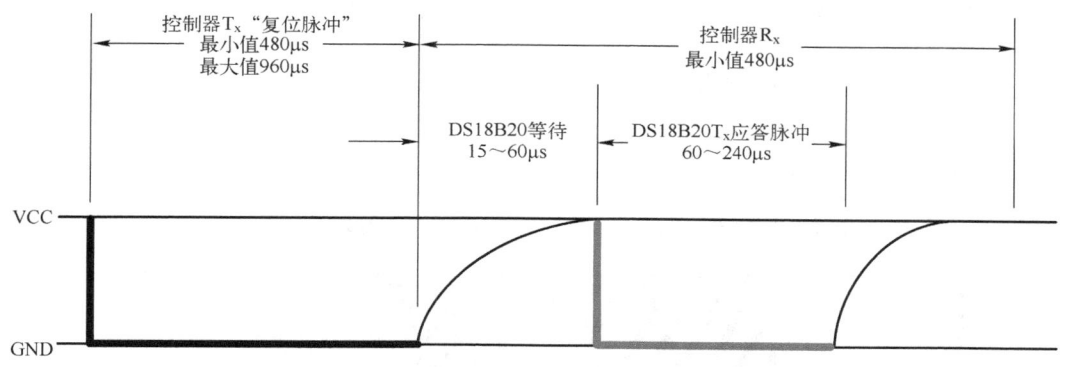

图 1-60　总线时序图中各总线的状态

（1）初始化

DS18B20 初始化总线时序图如图 1-61 所示。初始化过程包括以下步骤。

1）数据线拉至高电平 1。

2）延时一段时间。

3）数据线拉至低电平 0。

4）延时 480~960 μs。

5）数据线拉至高电平 1。

6）等待应答，若初始化成功，在 15~60 ms 内 DS18B20 会返回一低电平。

7）延时等待 CPU 读取返回的低电平。

图 1-61　初始化总线时序图

（2）写数据

DS18B20 写数据总线时序图如图 1-62 所示。以写入一个字节为例，写入数据过程包括以下步骤。

1）数据线拉至低电平 0。

2）延时 15 μs。

3）按从低位到高位的顺序发送数据，每次发送一位。

4）延时 45 μs。

5）数据线拉至高电平 1。

6）重复 1）~5）步，直到发送完一个字节。

（3）读数据

DS18B20 读数据总线时序图如图 1-63 所示。以读出一个字节为例，读数据过程包括以下步骤。

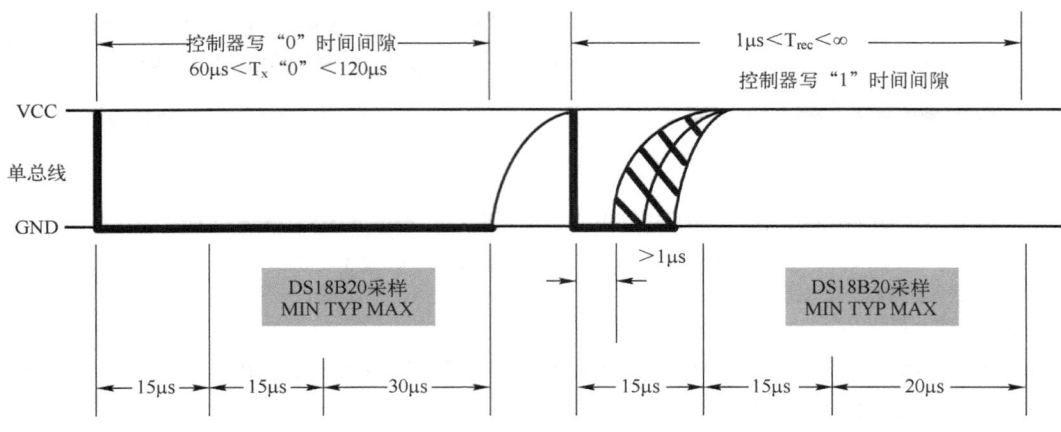

图 1-62　写数据总线时序图

1）数据线拉至高电平 1。

2）延时 2 μs。

3）数据线拉至低电平 0。

4）延时 6 μs。

5）数据线拉至高电平 1。

6）延时 4 μs。

7）从数据线上读出一个状态位，并进行数据处理。

8）延时 30 μs。

9）重复 1）~7）步，直到读取出 1 个字节。

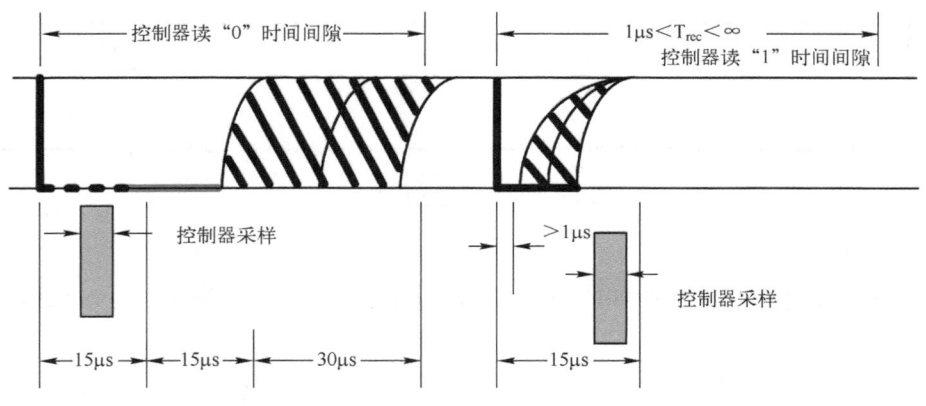

图 1-63　读数据总线时序图

以读取 DS18B20 温度数据，并通过数码管显示为例，其对应程序如下：

```
代码                        //注释
sbit DQ=P2^6;               //位操作，令符号变量等效于总线引脚 P2.6
sbit P2_0=P2^0;             //定义数码管第一位选引脚
sbit P2_1=P2^1;             //定义数码管第二位选引脚
sbit P2_2=P2^2;             //定义数码管第三位选引脚
```

```
unsigned chartx[3] = {0,0,0};        //定义符号数组,存储温度值
unsigned code table[] = {0xc0,0xf9,0xa4,0xb0,0x99,0x92,0x82,0xf8,0x80,0x90};        //0~9 对应
液晶段码字节
void Delay(int num)                //延时函数
{
    while(num--);
}
void Delay_ms(uint ms)             // *** ms 延时函数 ***
{
    uchar i,j;
    for(i=0;i<ms;i++)
    for(j=0;j<=148;j++);
}
void Init_DS18B20(void)            // *** 初始化 DS18B20 ***
{
    unsigned char x=0;
    DQ = 1;                        //拉高总线
    Delay(8);
    DQ = 0;                        //将 DQ 拉低
    Delay(80);                     //精确延时大于 480μs
    DQ = 1;                        //拉高总线
    Delay(14);
    x=DQ;                          //稍作延时,等待初始化成功
    Delay(20);
}
unsigned char ReadOneChar(void) // *** 读一个字节数据 ***
{
    unsigned char i=0;
    unsigned char dat = 0;         //临时变量,存储温度数据
    for (i=8;i>0;i--)              //读取 8 位数据
    {
        DQ = 0;                    //拉低总线
        dat>>=1;                   //变量右移一位,将读取的第一位数右移
        DQ = 1;                    //拉高总线
        if(DQ)
        dat|=0x80;                 //读取最低位
        Delay(4);
    }
    return(dat);
}
void WriteOneChar(unsigned char dat)    // *** 写一个字节 ***
{
    unsigned char i=0;
```

```
    for (i=8; i>0; i--)
     {
       DQ = 0;                          //拉低总线
       DQ = dat&0x01;                   //先从最低位写入
       Delay(2);
       DQ = 1;                          //拉高总线,保持写入数据的稳定,写入下一位
       dat>>=1;
     }
  }
  void ReadTemperature(void)           // *** 读取温度 ***
  {
    unsigned char a=0;                 //存放低8位数据
    unsigned char b=0;                 //存放高8位数据
    unsignedint temp;                  //存放温度
    Init_DS18B20();                    //初始化DS18B20
    WriteOneChar(0xCC);                //跳过读序号列号的操作
    WriteOneChar(0x44);                //启动温度转换
    Init_DS18B20();
    WriteOneChar(0xCC);
    WriteOneChar(0xBE);                //读取温度寄存器
    a=ReadOneChar();                   //读低8位
    b=ReadOneChar();                   //读高8位
    temp=b<<8;                         //对读取的温度进行处理
    temp|=a;
    temp=temp*0.0625*10+0.5;           //读取的温度扩大10倍,方便小数点后一位的运算
    tx[0]=temp/100;                    //读取温度十位
    tx[1]=temp%100/10;                 //读取温度个位
    tx[2]=temp%10;                     //读取温度小数位
  }
  void Display_SMG(void)               // *** 数码管显示函数 ***
  {
    unsigned char a;
    for(a=0;a<=50;a++)
     {
       P0=table[tx[0]];                //数码管第一位显示温度的十位值
       P2_0 = 0;
       Delay_ms (5);
       P2_0 = 1;
       P0=(table[tx[1]])&0x7f;         //数码管第二位显示温度的个位值
       P2_1 = 0;
       Delay_ms (5);
       P2_1 = 1;
       P0=table[tx[2]];                //数码管第三位显示温度的小数位
```

```
            P2_2 = 0;
            Delay_ms (5);
            P2_2 = 1;
        }
    }
    void main(void)
    {
        Init_DS18B20();                //初始化 DS18B20
        while(1)
        {
            ReadTemperature();         //读取温度
            Display_SMG();             //显示温度
        }
    }
```

3. 实验步骤

1）在 Keil C51 中新建工程，工程名称为"DS18B20 温度采集实验 . uvproj"。

2）编写 C 语言程序，编译输出"DS18B20 温度采集实验 . hex"烧录文件。

3）通过 USB 接口将开发板连接计算机，按下开发板的电源开关。

4）下载"DS18B20 温度采集实验 . hex"烧录文件至单片机。

5）观察实验现象。

4. 实验现象

如图 1-64 所示，单片机上电以后，实时采集当前环境温度，并通过数码管显示。

图 1-64　DS18B20 温度采集实验

✎ **小试牛刀**

1）尝试编程实现当温度超过 38℃时，蜂鸣器鸣响提示。

2）尝试编程实现 8 只 LED 发光二极管随温度实时变化的动态效果。

1.4.8　串口通信实验

1. 实验目的

串口通信实验主要针对 STC89C52 开发板与 PC 之间的通信，利用开发板 CH340G 板载 USB 转 TTL 芯片，实现 PC 与开发板之间的双向数据传输。

1）熟悉串口通信的基本原理。

2）掌握单片机与 PC 之间串口通信连接电路及通信格式的设置方法。

3）掌握串口数据发送与接收的编程方法。

2. 实验原理

STC89C52 开发板串口通信电路连接示意图如图 1-65 所示，PC 端需要安装 CH340 驱动以及串口调试助手，将开发板与 PC 连接成功后，选择对应的通信端口，设置通信格式如下：波特率为"9600"，传输数据位为"8"，奇偶校验位为"NONE"，停止位为"1"。

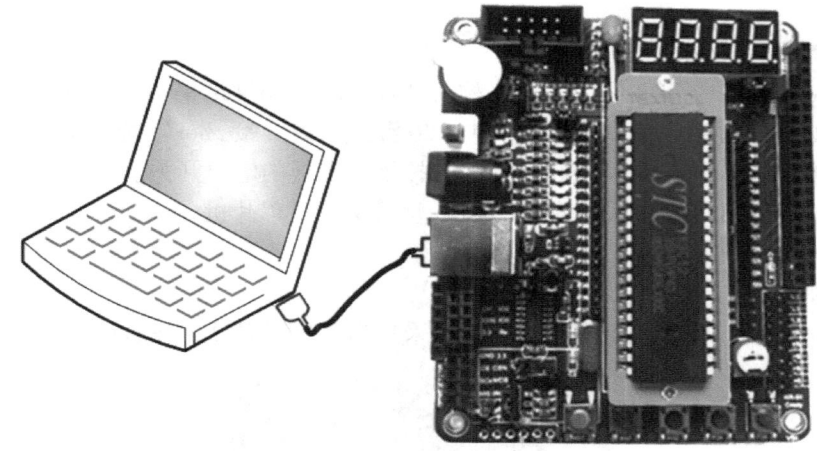

图 1-65　串口通信电路连接示意图

以按下按键 KEY1 后单片机向 PC 发送字符串"JUST"为例，编写控制程序如下：

```
代码                              //注释
#include <reg52. h>
#include <intrins. h>
typedef   unsigned charuchar ;
typedef   unsigned intuint ;
sbit KEY1 = P3^2;                 //位操作,变量名 KEY1 等于 P3.2 引脚
void delay_ms( uint ms)           // *** 延时函数 ***
{
  uchar i,j;
  for( i = 0;i<ms;i++)
  for( j = 0;j< = 148;j++) ;
}
void Com_Init( void)              // *** 串口初始化函数 ***
{
```

```
    TMOD = 0x20;                          //T1 工作模式 2
    PCON = 0x00;                          //波特率不倍增
    SCON = 0x50;                          //串口模式 1,允许接收
    TH1 = 0xFd;                           //波特率 9600 bit/s
    TL1 = 0xFd;
    TR1 = 1;                              //打开定时器
}
void main( )
{
    uchar data_send_flag = 0;             //定义数据发送标志位
    uchar code Buffer[ ] = "JUST\r\n";    //定义发送到 PC 的字符串
    uchar * str;                          //指针定义
    Com_Init( );                          //串口初始化
    str = Buffer;                         //指针指向字符串首地址
    while(1)
    {
     if( KEY1 == 0 && ( data_send_flag == 0 ) ) //判断按键 KEY1 是否按下
     {
      delay_ms(10);                       //延时消抖
      if( KEY1 == 0 )                     //判断按键 KEY1 是否有效按下
      {
       data_send_flag = 1;                //数据发送标志位置 1
      }
     }
     if( data_send_flag == 1 )
     {
      SBUF = * str;                       //取出指针指向的字符串地址中的字符并发送
      while( !TI )                        //等待发送完成
      {
       _nop_( );
      }
      str++;
      if( * str == '\0')
      {
       data_send_flag = 0;                //数据发送标志位复位
       TI = 0;
      }
      delay_ms(50);
     }
    }
}
```

3. 实验步骤

1) 在 Keil C51 中新建工程，工程名称为"串口通信实验.uvproj"。

2）编写 C 语言程序，编译输出"串口通信实验.hex"烧录文件。

3）将开发板通过 USB 接口连接计算机，按下开发板的电源开关。

4）下载"串口通信实验.hex"烧录文件至单片机。

5）观察实验现象。

4. 实验现象

如图 1-66 所示，单片机上电以后，按下按键 KEY1，发送字符串"JUST"至 PC。

图 1-66　串口通信实验

🖋 **小试牛刀**

在上述功能的基础上，尝试编程实现以下功能。

1）PC 向单片机发送字符串"hello"，单片机接收该字符串后回传至 PC。

2）PC 向单片机发送字符"A""B"，单片机接收字符"A"后点亮 LED，接收字符"B"后关闭 LED。

1.5　STC89C52 单片机拓展实践

1.5.1　设计任务

在第 1 章学习的基础上，完成 Keil C51 软件安装、CH340 驱动安装、开发板焊接与测试、基础例程阅读与实验验证，并最终完成综合拓展设计与实验。具体任务如下。

1）参照 STC89C52 开发板原理图，完成开发板上所有直插元器件的焊接，并用万用表点检是否存在虚焊。

2）阅读并理解基础例程，在焊接完成的开发板上进行实验测试，验证所有模块是否正常工作。

3）设计一个多功能按键计数器。

1.5.2　设计要求

多功能按键计数器具备基础功能和拓展功能，其中，基础功能为必做，拓展功能为选做。具体功能要求如下。

❏ **基础功能**

1）独立按键 KEY1 和 KEY2 分别实现计数间隔为 1 的增计数和减计数。

2）独立按键 KEY3 实现计数清零。

3）按下增计数、减计数按键时，对应二极管点亮，松开按键时则熄灭。

4）计数值小于 0 时，蜂鸣器发出警告。

❏ **拓展功能**

1）当前计数值在 4 位 8 段数码管实时显示。

2）当前计数值在 LCD1602 液晶屏实时显示。

3）当前计数值经串口实时发送至上位机，并通过串口调试助手实时显示。

4）断电后数据自动保存，下次开机时以当前值为初始值进行计数。

1.6　附录——STC89C52 单片机知识实践报告

STC89C52 单片机知识实践报告

专业：＿＿＿＿＿＿＿＿＿　　学号：＿＿＿＿＿＿＿＿＿　　姓名：＿＿＿＿＿＿＿＿＿

一、焊接实验

阅读原理图，完成 STC89C52 开发板焊接，给出焊接过程中的图片 1 张，焊接实践完成后的图片 1 张，粘贴在图 1 的方框中。

a)　　　　　　　　　　　　　　　　　b)

图 1　焊接实践图片

a）焊接过程中的图片　b）焊接完成后的图片

二、选题

☐ 基础功能（全部需要完成）。

☐ 拓展功能选择（至少选择1项，在对应选题前打勾）。

  ☐ 当前计数值在4位8段数码管实时显示。

  ☐ 当前计数值在LCD1602液晶屏实时显示。

  ☐ 当前计数值经串口实时发送至上位机，并通过串口调试助手实时显示。

  ☐ 断电后数据自动保存，下次开机时以当前值为初始值进行计数。

三、硬件电路分析

1. 根据选题，确定系统硬件电路组成，以STC89C52单片机为核心，在图2方框中画出其电气系统框图。

图2　电气系统框图

2. 根据选定的拓展功能，查阅相关资料，在图3方框中以图文并茂的形式，阐述其基本工作原理。

图3　拓展功能工作原理

四、程序设计

结合系统基本组成及其各功能模块的工作原理，思考其编程实现，设计并给出其程序流程图。

图 4　程序流程图

五、实践结果

根据所设计的程序流程图，在 Keil C51 中新建工程文件，编写 C 语言程序，实现所有基础功能和选定的拓展功能。选出能反映功能实现的代表图片，拍照并按顺序粘贴在图 5 中。

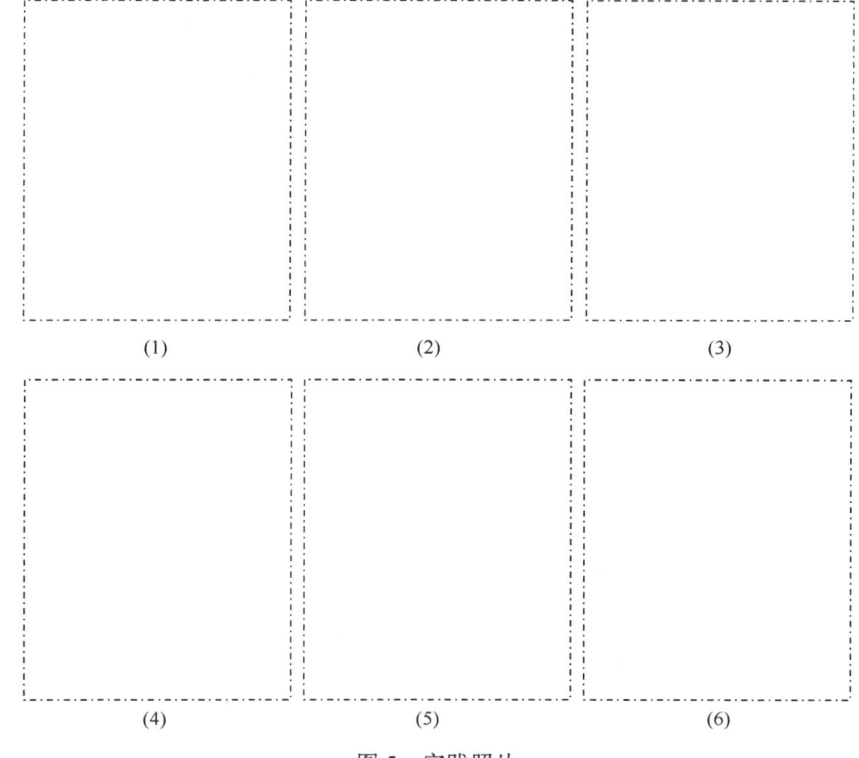

(1)　　　　　　　　(2)　　　　　　　　(3)

(4)　　　　　　　　(5)　　　　　　　　(6)

图 5　实践照片

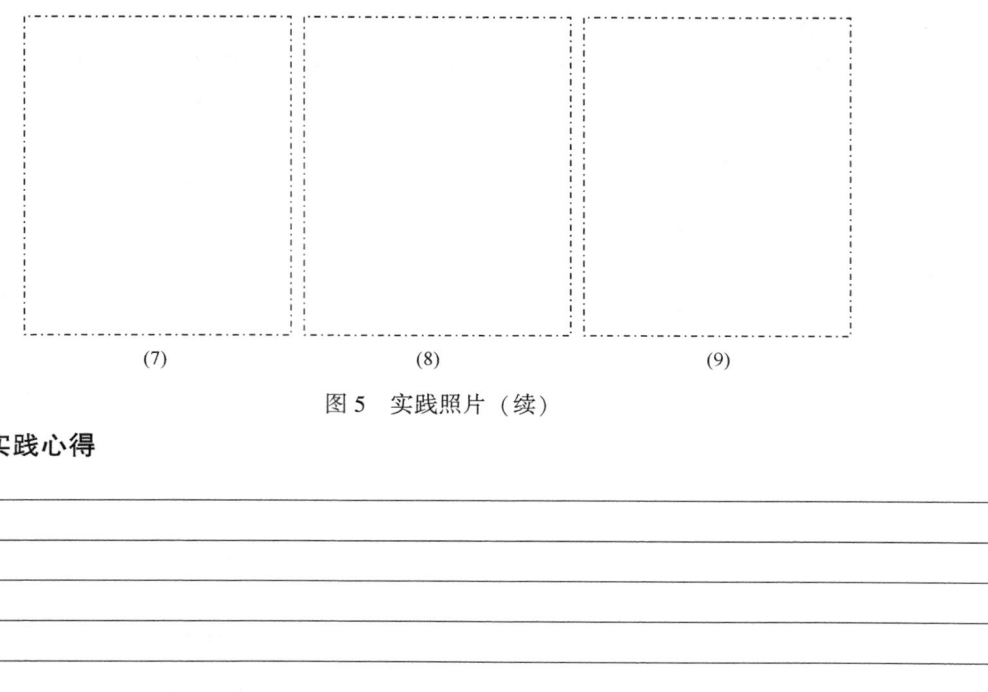

(7)　　　　　　　(8)　　　　　　　(9)

图 5　实践照片（续）

六、实践心得

_____
_____
_____
_____
_____
_____
_____
_____

第2章
Proteus 电路设计与仿真

2.1 Proteus 概述

2.1.1 Proteus ISIS 及 ARES 概述

Proteus 是由英国 Labcenter Electronics 公司开发的包括单片机、嵌入式系统在内的 EDA 工具软件,由 ISIS 和 ARES 两大功能模块构成。其中 ISIS 是一款便捷的电子系统仿真平台,通过 ISIS 软件中的虚拟仿真技术,用户可以对模拟电路、数字电路、模数混合电路以及基于微控制器的系统连同所有外围接口进行仿真。ARES 是一款高级的布线编辑软件,可用于 PCB 设计及仿真。本教材所使用的 Proteus 软件版本为 Proteus_8.6。

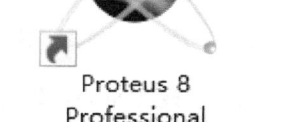

Proteus 8
Professional

图 2-1　Proteus 快捷启动图标

双击如图 2-1 所示 Proteus 快捷启动图标来启动软件,软件启动界面如图 2-2 所示,启动成功后的界面如图 2-3 所示。

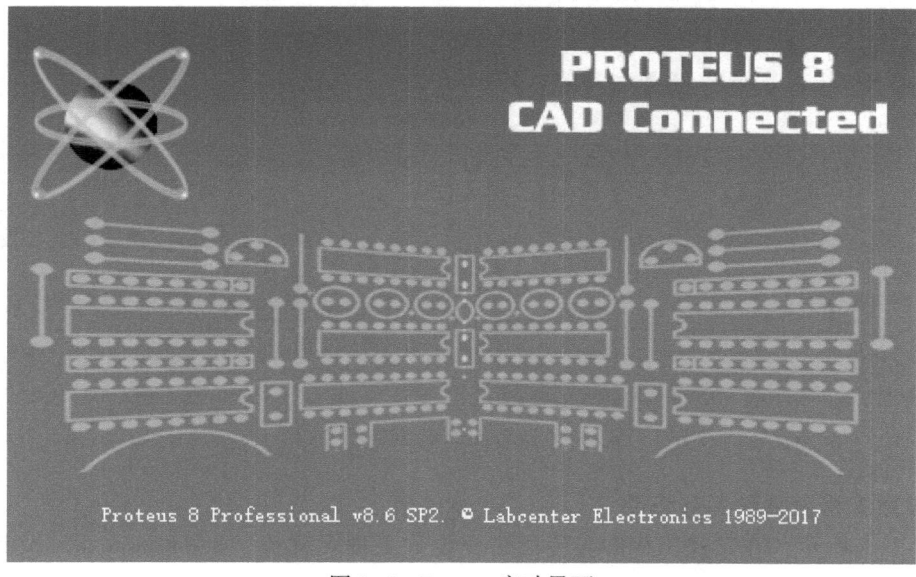

图 2-2　Proteus 启动界面

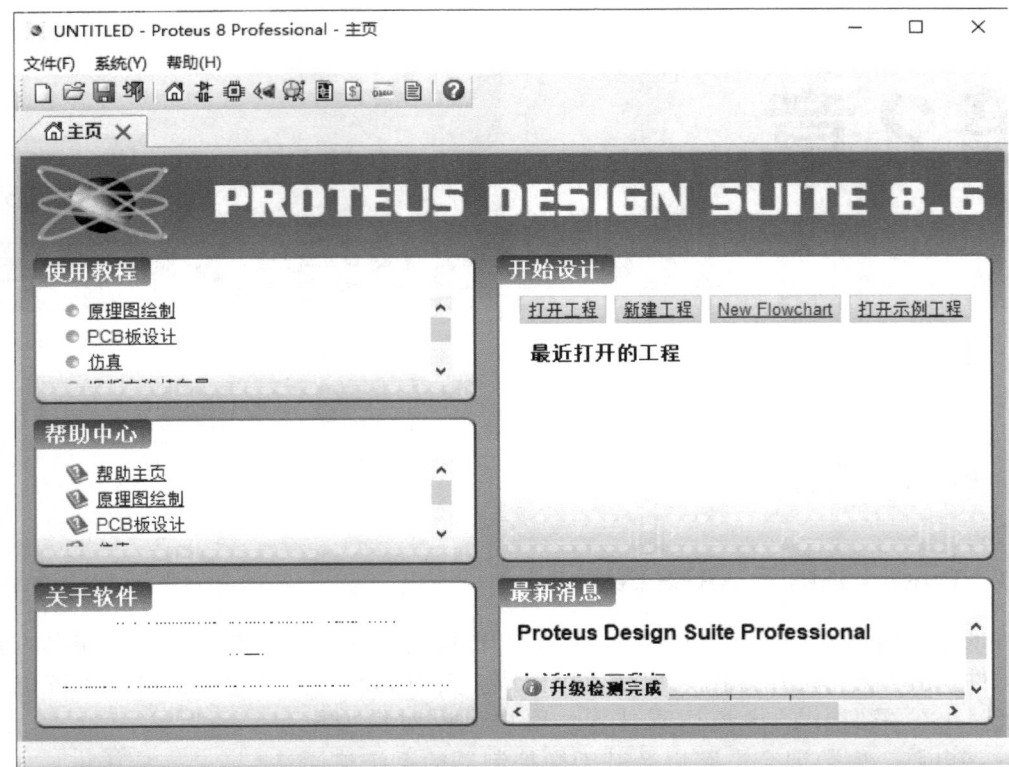

图 2-3　Proteus 启动后的界面

2.1.2　Proteus ISIS 新工程创建

1. 创建 Proteus ISIS 新工程

如图 2-4 所示，单击【新建工程】选项，准备新建 Proteus ISIS 工程文件。

图 2-4　Proteus ISIS 创建新项目

2. 设置工程名称和保存路径

如图 2-5 所示，在新建工程向导界面中，设置工程名称为"hello_proteus"及其保存路径，然后单击【下一步】按钮。

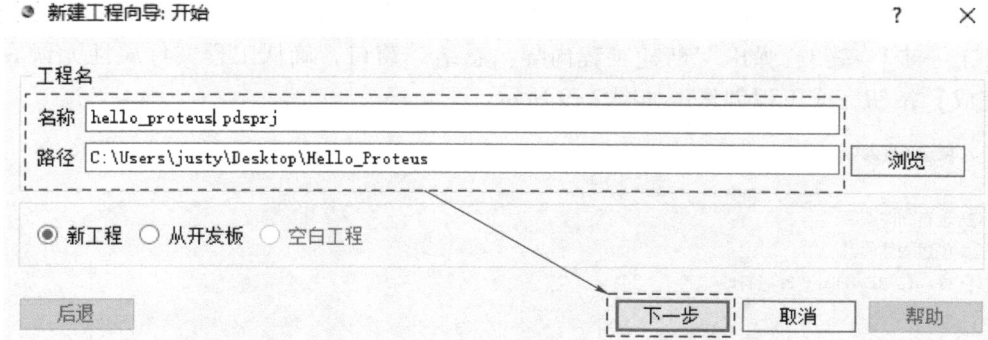

图 2-5　设置工程名及保存路径

3. 设置工程属性

上一步完成后，弹出原理图设计模板选择界面，如图 2-6 所示。选择"从选中的模板中创建原理图。"选项，并选择"DEFAULT"默认模板作为新建原理图模板，然后单击【下一步】按钮，弹出如图 2-7 所示的工程文件 PCB 包含属性设置窗口。若需要工程文件包含 PCB 设计，则选择"基于所选模板，创建 PCB 布版设计。"选项，并选择设计模板，否则选择"不创建 PCB 布版设计。"选项。本章仅涉及原理图设计及仿真，因此，选择"不创建 PCB 布版设计。"选项，然后单击【下一步】按钮。

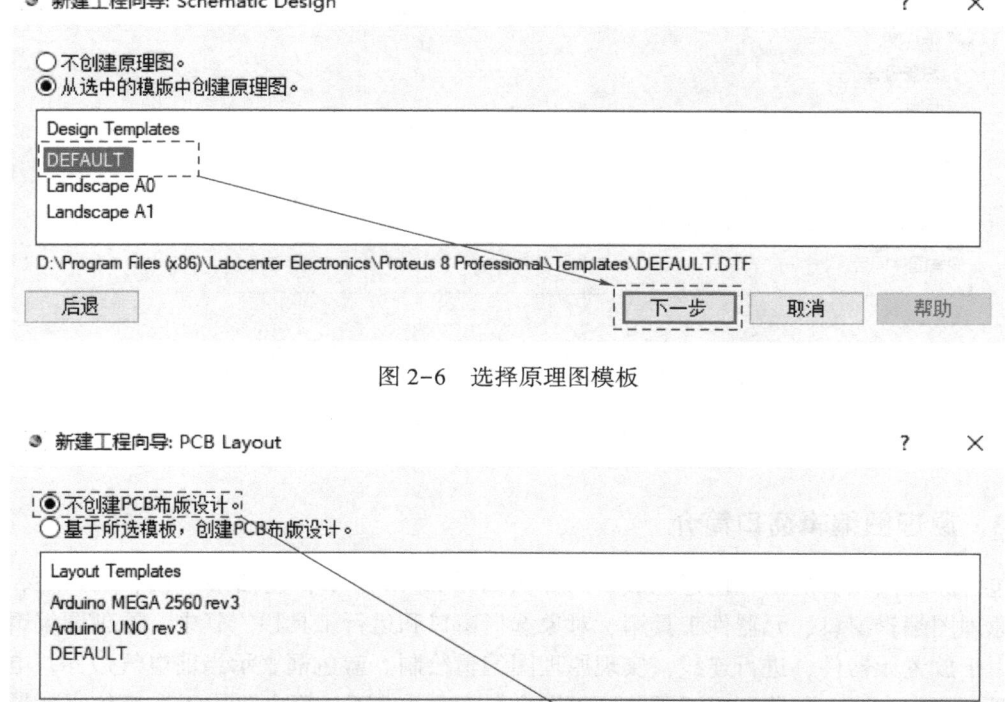

图 2-6　选择原理图模板

图 2-7　工程文件 PCB 包含属性设置

出现界面如图2-8所示，因为不需要创建PCB布版，所以选择"没有固件项目"选项，单击【下一步】按钮，弹出"新建工程向导：总结"窗口，确认工程文件属性无误后，单击【完成】按钮完成工程创建，如图2-9所示。

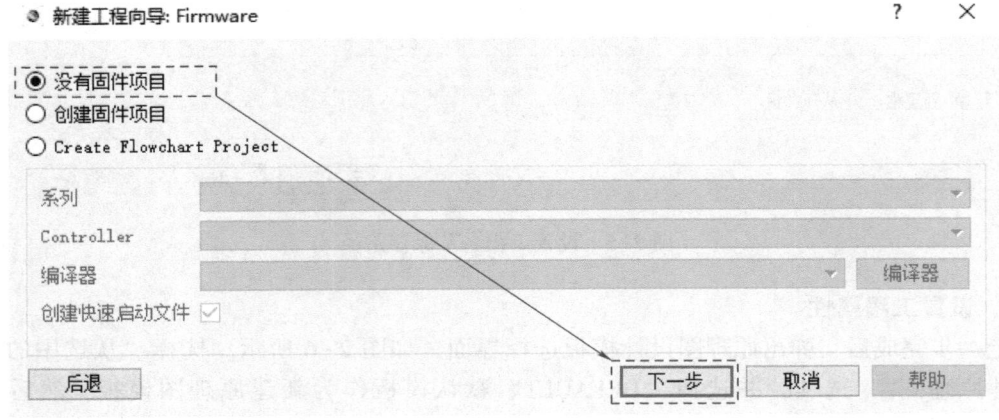

图2-8　选择"没有固件项目"

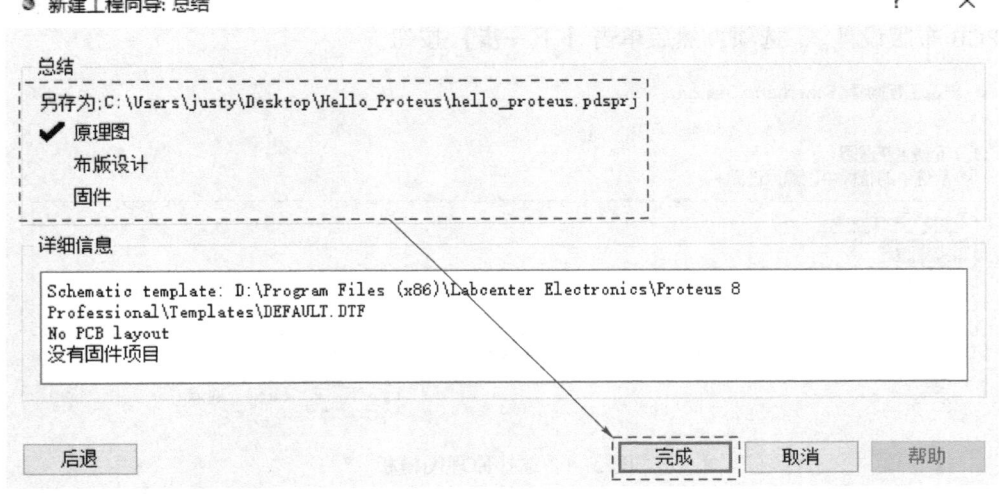

图2-9　完成工程创建

2.1.3　原理图编辑窗口简介

　　包含原理图项目的工程创建完成后的界面如图2-10所示，包括菜单栏、工具栏、预览区、原理图编辑窗口、元器件工具箱、对象选择窗口和运行工具栏。其中，原理图编辑窗口主要用于放置元器件，进行连线，实现原理图编辑绘制。蓝色框表示当前电气边界，电路设计需要在框内完成；预览区用于预览原理图全局。元器件工具箱主要用于选择仿真元器件和仿真工具。元器件工具箱中的常用仿真元器件图标、名称和功能见表2-1。对象选择窗口用于对具体仿真元器件或仿真工具进行搜索和对象选择；运行工具栏用于原理图仿真运行、暂停和停止等操作。

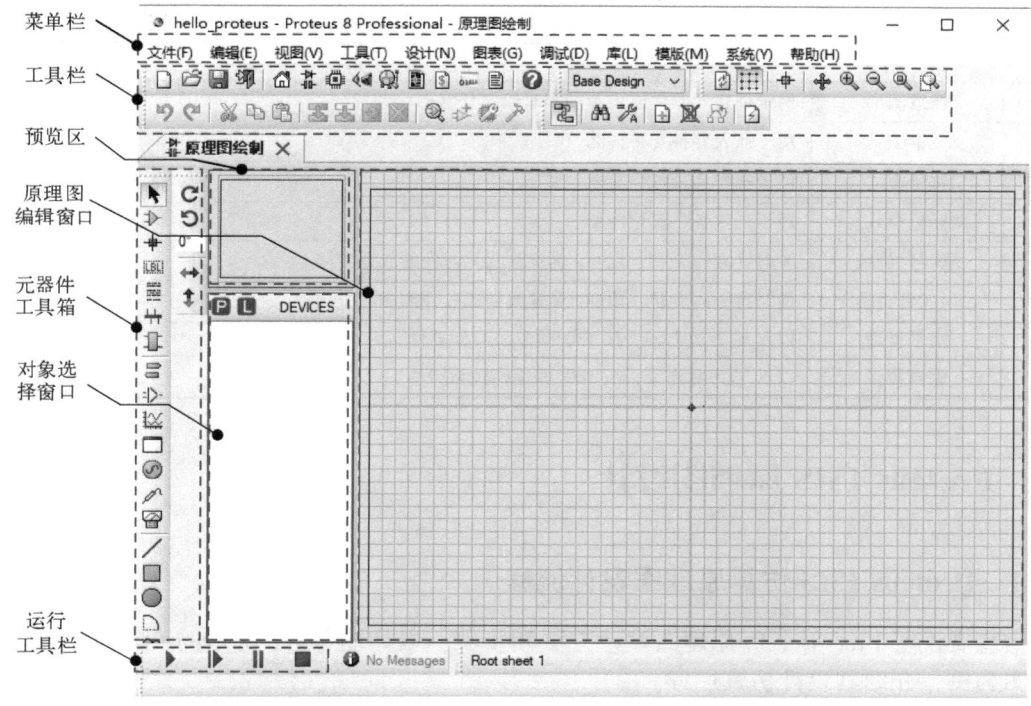

图 2-10   原理图编辑界面

表 2-1   元器件工具箱中的常用仿真元器件图标、名称和功能

图标	名　称	功　　能
	选择模式	单击元器件并编辑元器件的属性
	元器件模式	拾取元器件
	结点模式	放置节点，在原理图中标注连接点
	连线标号模式	标注线段或网络名
	文字脚本模式	输入文本
	总线模式	绘制总线和总线分支
	子电路模式	绘制电子块
	终端模式	在对象选择器中列出输入、输出、电源和地线等终端
	元器件引脚模式	在对象选择器中列出普通、时钟、反电压等各种引脚
	图表模式	在对象选择器中列出仿真分析所需的模拟、数字等各种图表
	调试弹出模式	对设计电路分割仿真
	激励源模式	在对象选择器中列出正弦、脉冲、指数等各种激励源
	探针模式	在原理图中添加电压、电流等探针
	虚拟仪表模式	在对象选择器中列出示波器、电压表、电流表等虚拟仪器
	直线	用于创建元器件或表示图标时画线
	方框	用于创建元器件或表示图标时绘制方框
	圆形	用于创建元器件或表示图标时画圆
	弧线	用于创建元器件或表示图标时绘制弧线

（续）

图标	名　称	功　能
∞	任意图形	用于创建元器件或表示图表时绘制任意形状图标
A	文本编辑	用于插入各种文字说明
⑤	符号模式	用于选择各种符号元器件
✛	标记模式	用于产生各种标记图标
↻	顺时针旋转	顺时针方向旋转，以90°偏置改变元器件的放置方向
↺	逆时针旋转	逆时针方向旋转，以90°偏置改变元器件的放置方向
↔	水平镜像	以 Y 轴为对称轴，按180°偏置旋转元器件
↕	垂直镜像	以 X 轴为对称轴，按180°偏置旋转元器件

2.2　Proteus ISIS 原理图设计

2.2.1　Proteus ISIS 仿真原理图设计流程

为直观说明 Proteus ISIS 原理图设计方法和步骤，以如图 2-11 所示的 LED 闪烁灯仿真原理图为例，介绍其设计仿真过程。

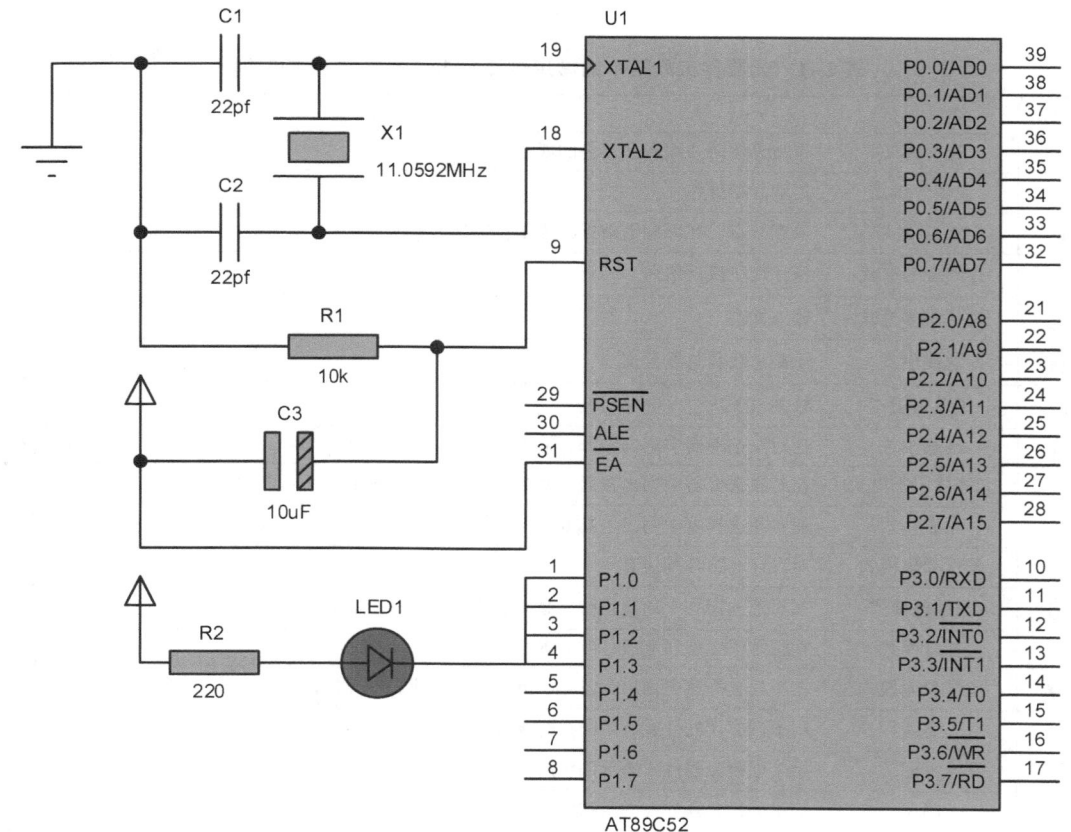

图 2-11　LED 闪烁灯仿真原理图

1. 新建原理图工程文件

参照 2.1.2 节新建原理图工程文件，得到如图 2-10 所示原理图编辑界面，在此界面中进行原理图设计。

2. 查找并添加元器件

如图 2-12 所示，单击对象选择器左侧【P】选项，弹出"元器件库浏览"对话框，并在【关键字】文本框中输入"AT89C52"，此时，结果区显示元器件库中所有包含该关键词的元器件。双击 AT89C52 器件，此时对象选择窗口出现 AT89C52 单片机器件。按上述方法依次拾取无极性二极管 CAP、有极性二极管 CAP-ELEC、无源晶振 CRYSTAL、黄色发光二极管 LED-YELLOW、电阻 RES。

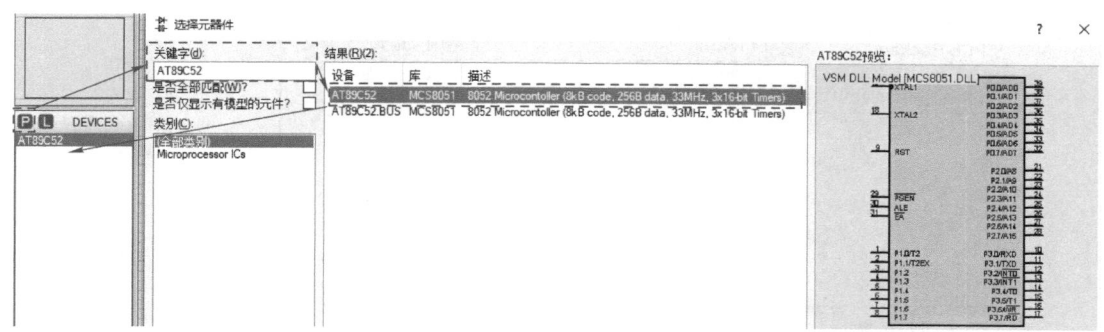

图 2-12　选取元器件

如图 2-13 所示，在拾取原理图创建所需元器件完成后，即可单击对象选择器中的元器件，然后在原理图编辑区相应位置单击放置，并调整所有元器件至合适位置。

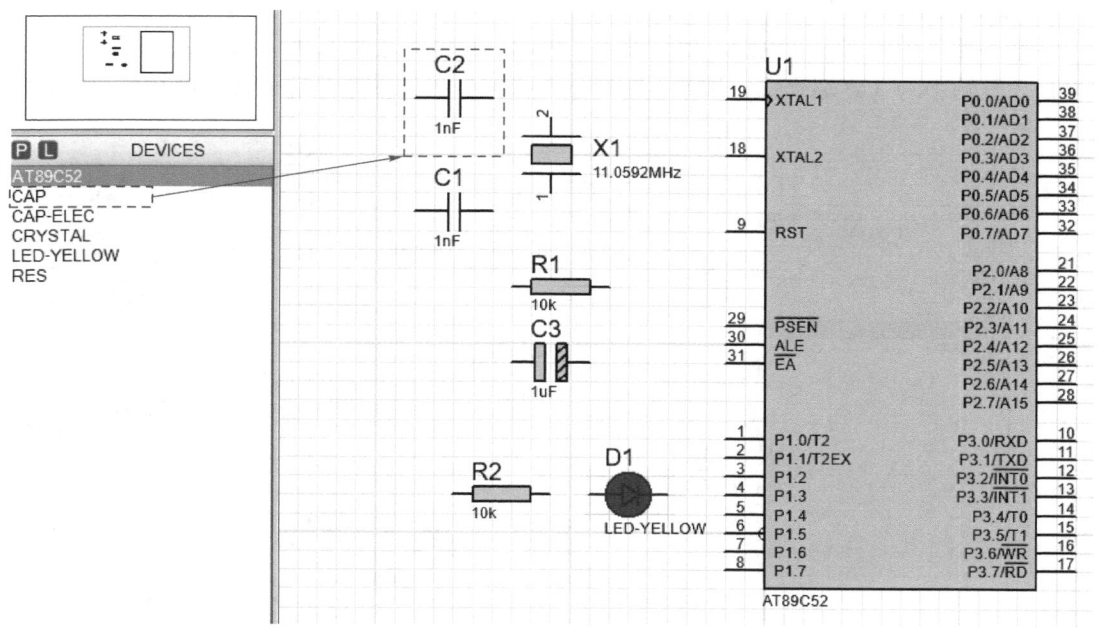

图 2-13　添加元器件至原理图

3. 编辑元器件属性

在原理图元器件添加完成基础上，若需对元器件属性进行编辑，则双击对应元器件，打开元器件属性编辑窗口。以 CRYSTAL 晶振属性编辑为例，如图 2-14 所示设置其晶振频率为11.0592 MHz，单击【确定】按钮完成属性编辑。

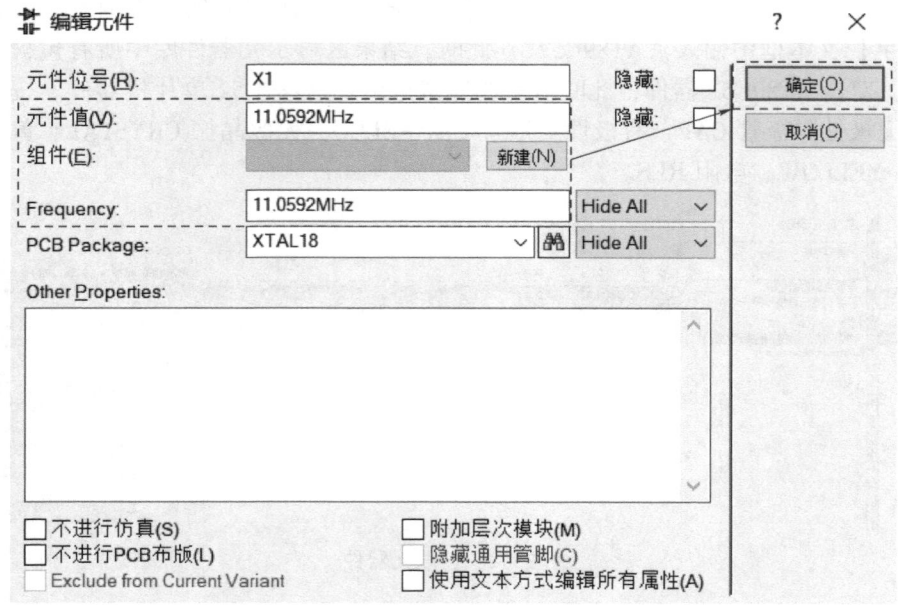

图 2-14　编辑 CRYSTAL 的属性

4. 添加连接端子

一般在原理图中需添加电源、地、输入、输出、总线等连接端子。如图 2-15 所示，单击元器件工具箱中的【终端模式】按钮，在对象选择窗口中选择电源端子【POWER】和地线端

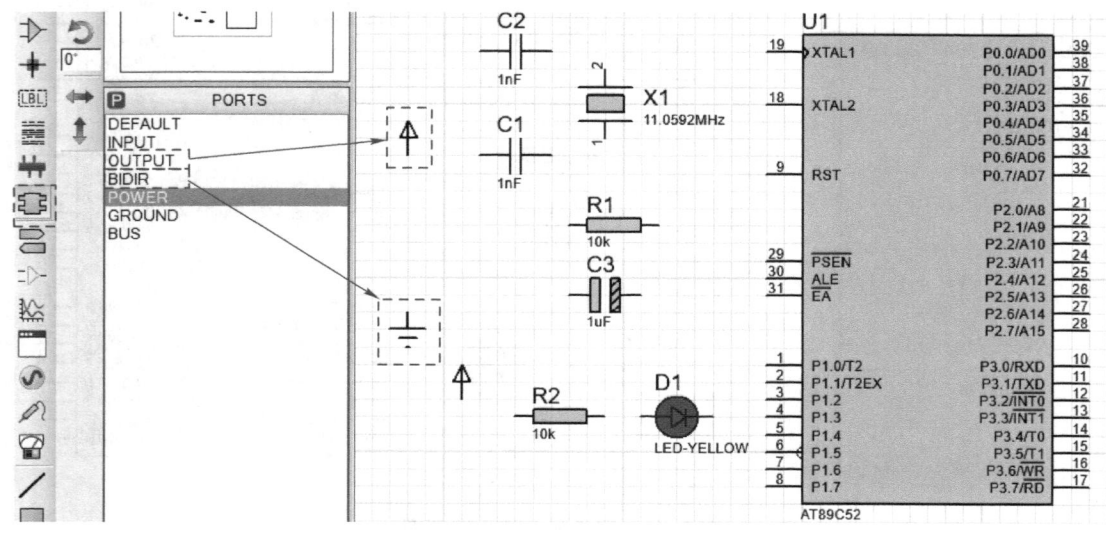

图 2-15　添加连接端子

子【GROUND】，并分别放置到原理图中相应位置，从而完成原理图编辑所需的所有元器件的添加。

5. 原理图连线

按元器件之间的电气连接关系，将光标移动至元器件待连接引脚的上方，出现高亮方块时单击放置连接线始端，鼠标移动路径即为电气连接线轨迹，到达目标元器件引脚，再次出现高亮矩形框时单击，单条连接线绘制结束。

如图 2-16 所示，原理图连线过程中，若出现错误连接需要删除连线，则移动鼠标至目标连线上方，出现高亮方块时右击，在弹出的快捷菜单中选择"删除连线"选项，即可删除该连线。

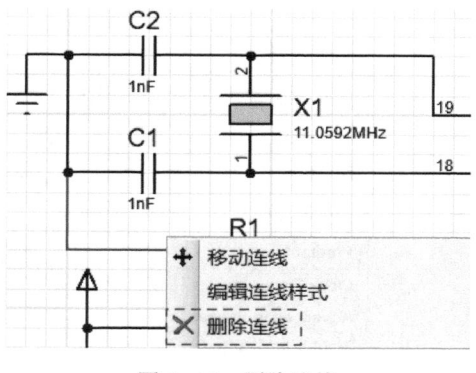

图 2-16　删除连线

完成所有元器件连线后的仿真界面如图 2-17 所示。

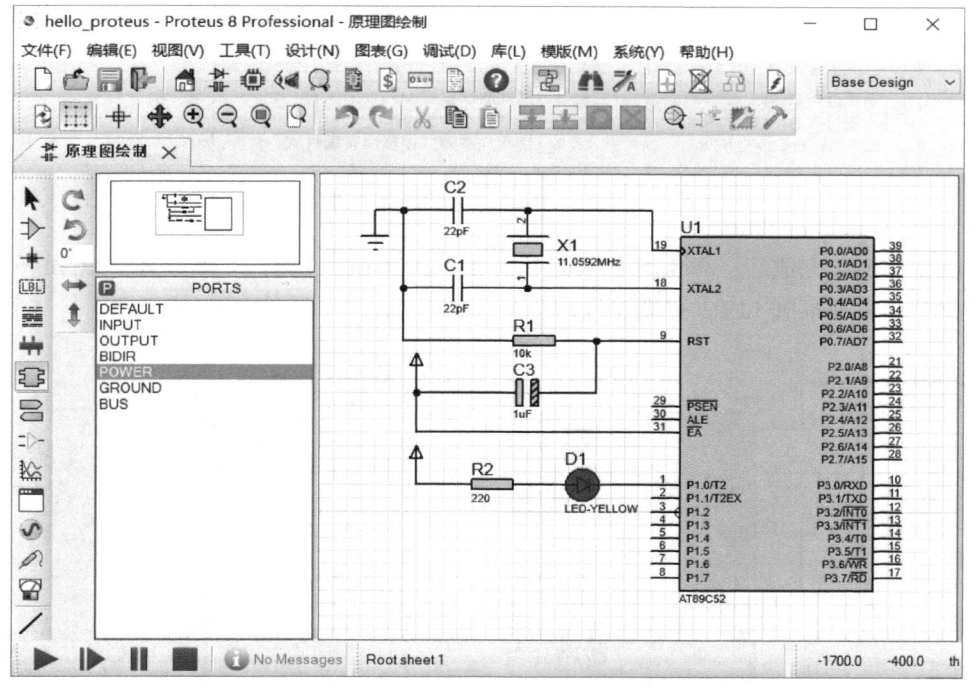

图 2-17　连线完成

2.2.2　Proteus 程序仿真

用户在 Keil 中编写好程序后，为了在脱离硬件的条件下直观地观察程序执行效果，可利用 Proteus 进行程序仿真。Proteus 实现 STC89C52 单片机程序仿真的方式有两种：一种为 Proteus 加载烧录文件仿真，另一种方式为 Proteus 与 Keil 联合仿真。下面以图 2-11 所示闪烁 LED 仿真为例，介绍两种仿真操作过程。

1. Proteus 加载烧录文件仿真

双击原理图编辑窗口中的 AT89C52 元器件，弹出其元器件属性编辑窗口，如图 2-18 所示。单击【Program File】选项右侧的 图标，在弹出的文件选项中，选择编译好的烧录文件并加载。

编辑元件		? ✕
元件位号(R):	U1	隐藏：☐	确定(O)
元件值(V):	AT89C52	隐藏：☐	帮助(H)
组件(E):		新建(N)	数据手册(D)
PCB Package:	DIL40	Hide All ∨	隐藏引脚(P)
Program File:	Keil C\闪烁的LED.hex	Hide All ∨	编辑固件(F)
Clock Frequency:	11.0592MHz	Hide All ∨	取消(C)
Advanced Properties:		
Enable trace logging ∨	No	Hide All ∨
Other Properties:		

☐ 不进行仿真(S)　　☐ 附加层次模块(M)
☐ 不进行PCB布版(L)　☐ 隐藏通用管脚(C)
☐ Exclude from Current Variant　☐ 使用文本方式编辑所有属性(A)

图 2-18　Proteus 加载烧录文件

烧录文件加载完成后，单击【仿真运行开始】▶按钮，如图 2-19 所示，在程序编写正确的基础上，可观察到 LED1 有规律地闪烁。

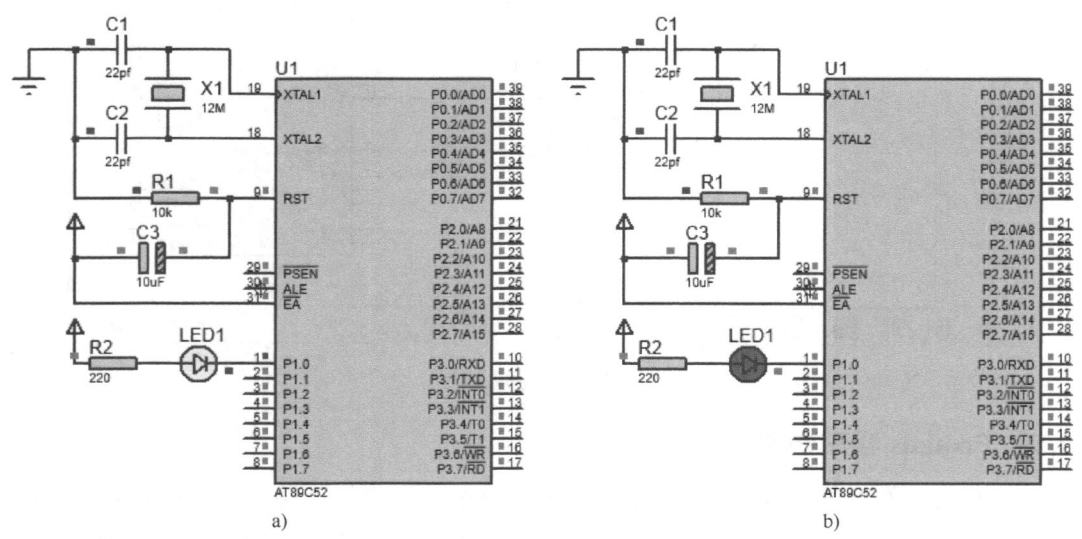

图 2-19　Proteus 加载烧录文件仿真结果
a）LED1 亮　b）LED1 灭

2. Proteus 与 Keil 联合仿真

要实现 Proteus 与 Keil 的联合仿真，首先要保证用户计算机系统中安装有 TCP/IP 协议。

在仿真设置过程中，当计算机防火墙出现拦截提示时，应选择"解除阻止"，允许其正常通信；其次，Keil 端需要在工程属性设置窗口中对仿真工具进行选择，如图 2-20 所示。在工程属性设置窗口【Debug】选项卡中，选择"Use：Proteus VSM Simulator"；最后，在 Proteus 端设置仿真模式为远程调试，即勾选"调试"菜单下拉选项中的"启动远程编译监视器"。

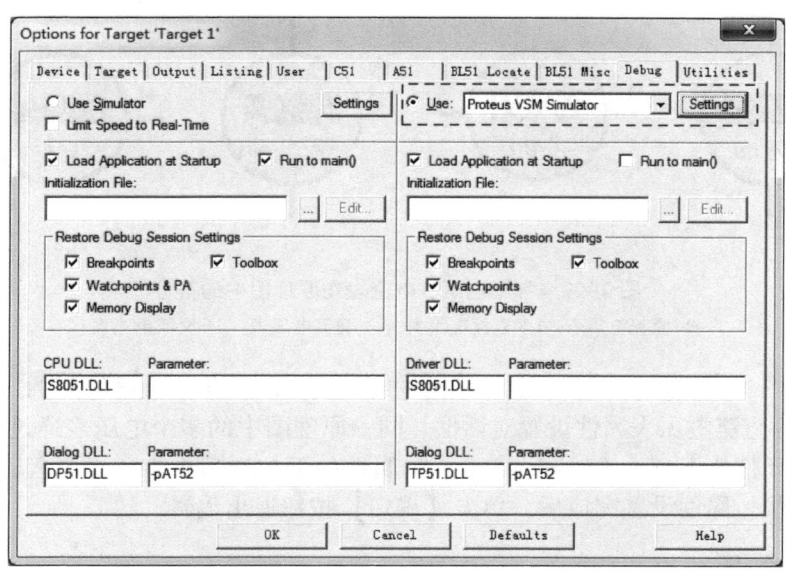

图 2-20　Keil 端 Debug 仿真工具选择

完成上述设置后，在 Keil 中启动调试，执行单步调试、断点调试、全速运行程序，会在 Proteus 中看到对应实验现象，当 Keil 调试停止后，Proteus 中的仿真运行自动停止。

2.3　Proteus 常用虚拟仪器

为便于用户在仿真过程中产生逻辑信号、监视电路电压、电流、波形，以及对总线协议进行逻辑分析，Proteus 提供了多种虚拟仪器，如图 2-21 所示。单击工具箱中的【虚拟仪表模式】图标，随后在对象选择器中将调出所有的虚拟仪器。本教材选取常用虚拟仪器，阐述其功能及基本使用方法。

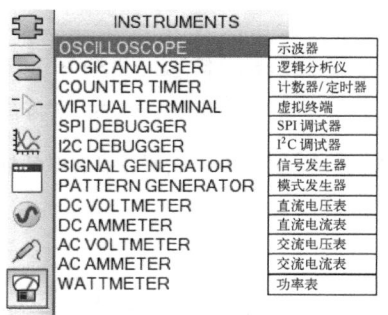

图 2-21　常用虚拟仪器调出

2.3.1　虚拟电压表和电流表

Proteus 提供了 4 种虚拟电压、电流表，分别是直流电压表、直流电流表、交流电压表和交流电流表，其在原理图中的符号如图 2-22 所示。

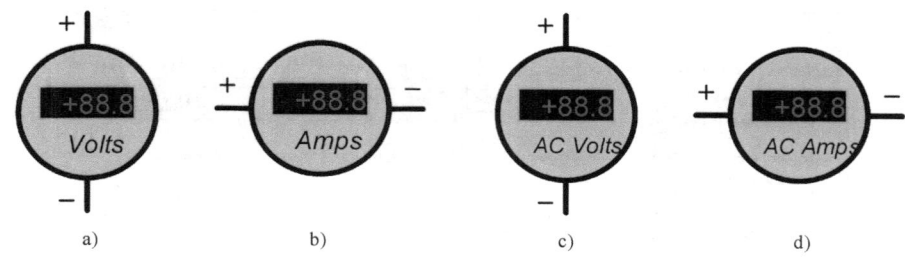

图 2-22　常用电压、电流表在原理图中的符号

a) 直流电压表　b) 直流电流表　c) 交流电压表　d) 交流电流表

双击原理图中的电表符号，可对其元件位号、元件值、量程等属性进行设置。如图 2-23 所示为直流电压表属性设置对话框。同一原理图中的多个电压表通过设置不同的元件位号区分，元件值不填，"Display Range" 属性的下拉选项中有 4 个量程，分别为千伏、伏、毫伏、微伏。属性设置完成后，单击【确定】按钮退出编辑。

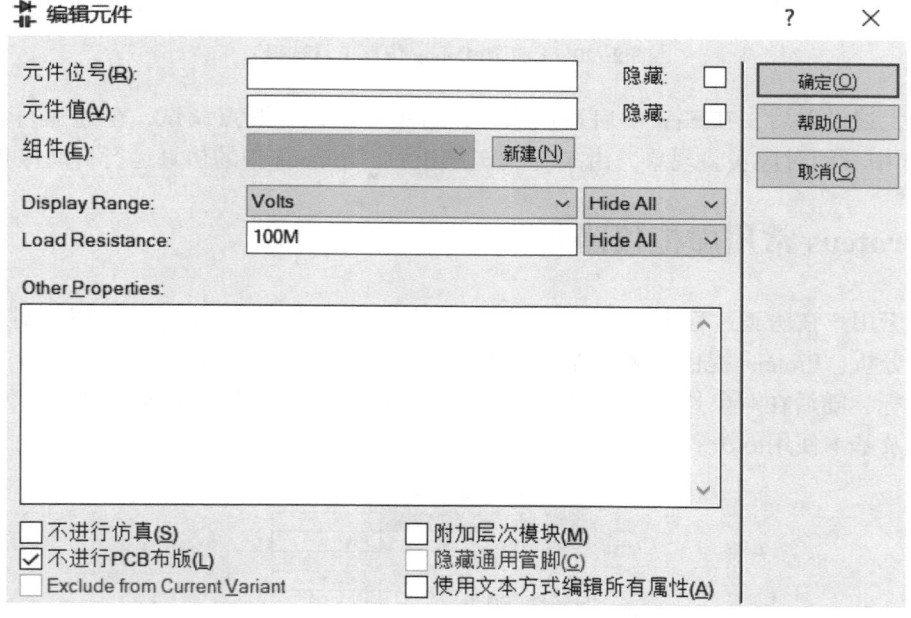

图 2-23　直流电压表属性设置对话框

2.3.2　虚拟示波器

单击工具箱中的 图标，随后在对象选择器中单击 "OSCILLOSCOPE" 示波器，单击放置到原理图中，示波器电气原理图符号如图 2-24 所示，该虚拟示波器可以同时观察 4 路

信号波形，A、B、C、D 分别对应连接 4 路输入信号。

为更直观地阐述示波器的基本用法，在示波器 C 通道施加正弦激励源，如图 2-25 所示。双击弹出其属性设置对话框，如图 2-26 所示，设置其信号幅值为 2、频率为 2000 Hz、相位差为 0。

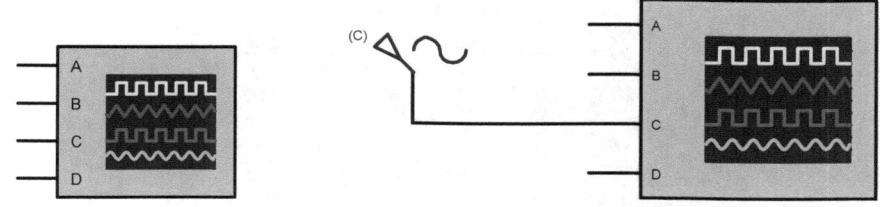

图 2-24 示波器电气原理图符号   图 2-25 示波器 C 通道信号测试原理图

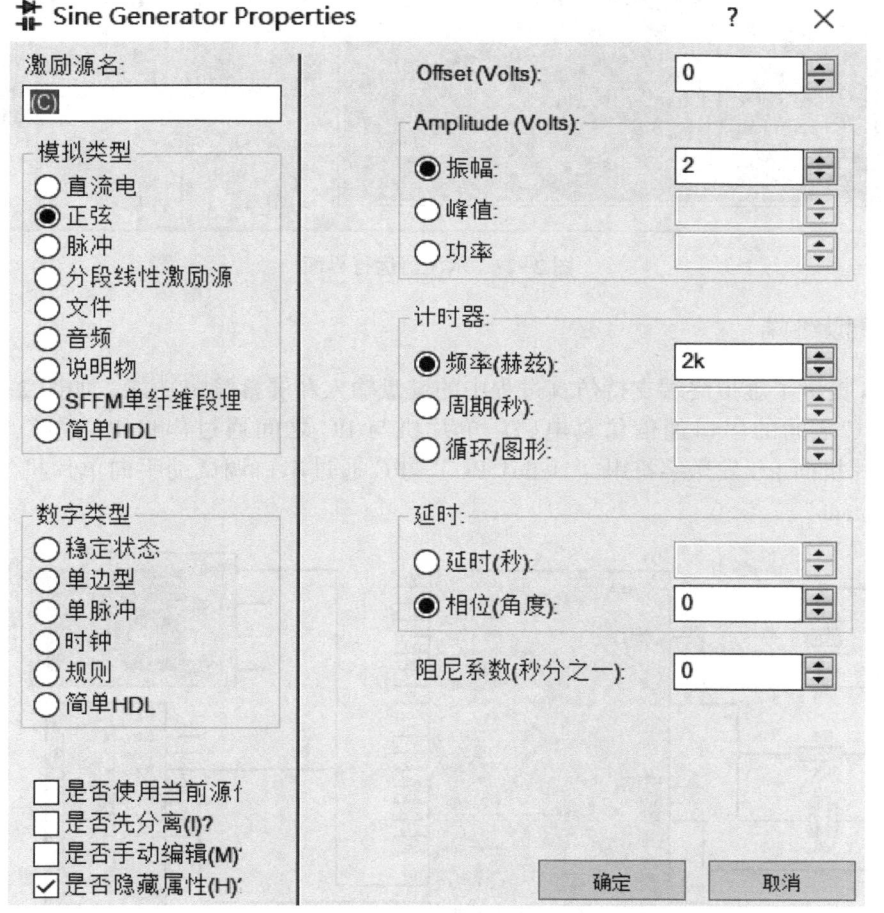

图 2-26 正弦信号属性设置

在完成上述原理图搭建的基础上，单击【仿真运行开始】▶按钮后，出现如图 2-27 所示的示波器运行界面。该界面与实物示波器界面相似，操作方式也类似。由仿真示波器运行界面可以看出，C 通道输入的为正弦波，幅值 2 V、频率 2000 Hz、相位差为 0。

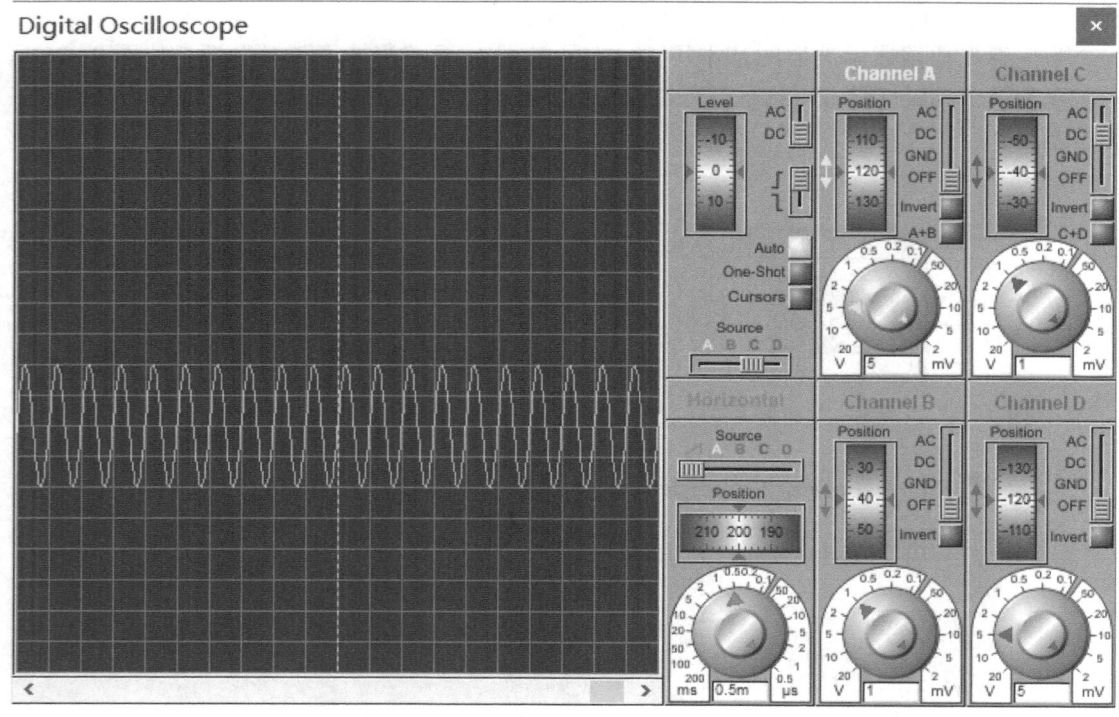

图 2-27 示波器运行界面

2.3.3 虚拟终端

Proteus 提供了虚拟终端支持仿真过程中的键盘输入和屏幕输出功能。如图 2-28 所示为单片机与 PC 之间的串口通信仿真电路。单片机与 PC 之间通过串口 P1 连接，按下按键 KEY1，单片机向 PC 发送字符串"Hello！PC"。PC 通过串口调试助手向单片机发送字符串"Hello！Proteus"。

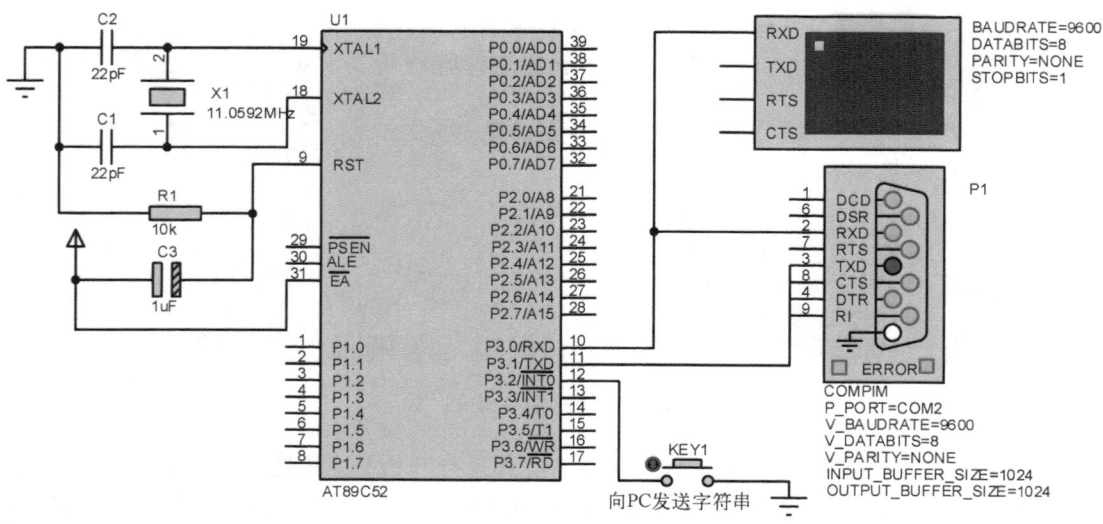

图 2-28 虚拟终端仿真电路

1. 电路搭建

按如图 2-28 所示虚拟终端仿真电路绘制电路原理图，若采用硬件流通信模式，需将 RTS 和 CTS 引脚连接到单片机引脚，此处不采用硬件流通信，因此 RTS 和 CTS 引脚悬空即可。因 Proteus 中的 max232 芯片不能实现内部电压转换的操作仿真，因此，单片机串口与 PC 之间的仿真连接采用直连方式。

2. 建立虚拟连接

为了在 Proteus 中建立单片机与 PC 之间的串口连接通道，需通过虚拟串口调试助手设置虚拟串口连接对。如图 2-29 所示，通过 "Virtual Serial Port Driver" 设置 "COM2" 和 "COM3" 为虚拟串口连接对。

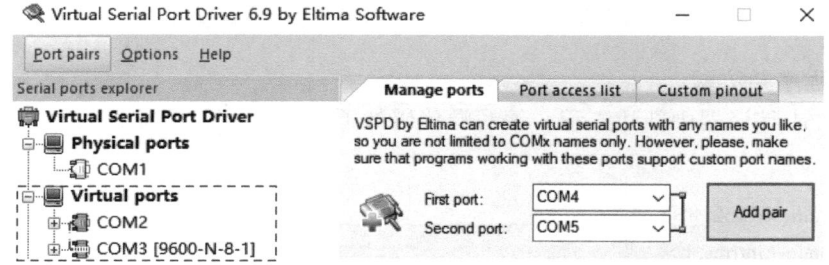

图 2-29　建立虚拟串口连接对

3. 通信参数设置

1）对 Proteus 端通信参数进行设置。双击图 2-28 中的虚拟串口 P1，弹出串口属性设置对话框，配置通信参数。如图 2-30 所示，设置通信串口为 "COM2"，通信波特率为 "9600"，传输数据位为 "8"，奇偶校验位为 "NONE"，停止位为 "1"，单击【确定】按钮完成设置并退出。

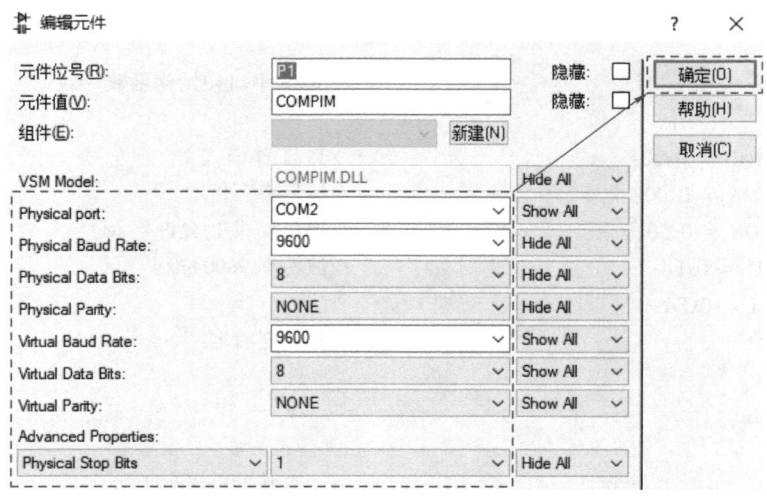

图 2-30　Proteus 端通信参数设置

2）对 PC 端串口调试助手通信参数进行设置。如图 2-31 所示，打开 PC 端串口调试助手，配置通信参数如下：设置通信串口为 "COM3"，波特率为 "9600"，数据位为 "8"，奇偶校验位为 "无"，停止位为 "1"。

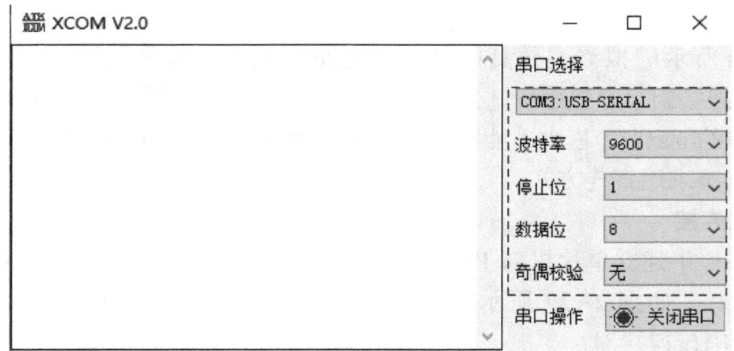

图 2-31   PC 端串口调试助手通信参数设置

4. 加载程序并仿真

在 Keil C51 编译器中新建工程，编写源代码如下：

```
代码                                    //注释
#include <reg52. h>
#include <intrins. h>
typedef   unsigned char uchar ;
typedef   unsigned int uint ;
sbit KEY1 = P3^2;                       //位操作,变量名 KEY1 等于 P3.2 引脚
void delay_ms( uintms)                  // *** 延时函数 ***
{
    uchar i,j;
    for( i = 0;i<ms;i++)
    for( j = 0;j< = 148;j++) ;
}
void Com_Init( void)                    // *** 串口初始化函数 ***
{
    TMOD = 0x20;                        //T1 工作模式 2
    PCON = 0x00;                        //波特率不倍增
    SCON = 0x50;                        //串口模式 1,允许接收
    TH1 = 0xFd;                         //波特率 9600 bit/s
    TL1 = 0xFd;
    TR1 = 1;                            //打开定时器
}
void main( )
{
    uchar data_send_flag = 0;           //定义数据发送标志位
    uchar code Buffer[ ] = "Hello!PC\r\n" ;   //定义发送到 PC 的字符串
    uchar * str;                        //指针定义
    Com_Init( );                        //串口初始化
    str = Buffer;                       //指针指向字符串首地址
    while(1)
```

```
    {
        if( KEY1 = = 0 && ( data_send_flag == 0) )      //判断按键 KEY1 是否按下
        {
            delay_ms(10);                     //延时消抖
            if( KEY1 = = 0)                   //判断按键 KEY1 是否有效按下
            {
                data_send_flag = 1;           //数据发送标志位置 1
            }
        }
        if( data_send_flag == 1)
        {
            SBUF = * str;                     //取出指针指向的字符串地址中的字符并发送
            while( !TI)                       //等待发送完成
            {
                _nop_();
            }
            str++;
            if( * str == '\0')
            {
                data_send_flag = 0;           //数据发送标志位复位
                TI = 0;
            }
            delay_ms(50);                     //虚拟仿真要加延时处理,否则发送出错
        }
    }
}
```

　　编译输出"串口 . hex"烧录文件,加载至单片机。单击【仿真运行开始】▶按钮,如图 2-32a 所示,在 PC 端串口调试助手数据发送窗口输入字符串"Hello! Proteus"并单击【发送】按钮,单片机接收到该字符串并通过虚拟终端界面显示,结果如图 2-32b 所示。

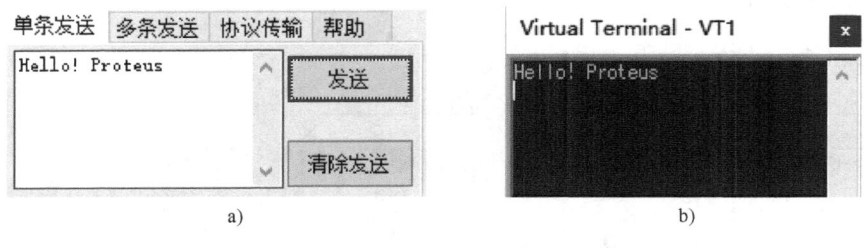

a)　　　　　　　　　　　　　　　　b)

图 2-32　PC 端向单片机发送字符串

a) PC 端发送数据　b) 单片机端接收数据

　　如图 2-33 所示,仿真运行过程中,按下 KEY1 按键,单片机发送字符串"Hello! PC",PC 端接收到该字符串并在串口调试助手输出窗口显示。

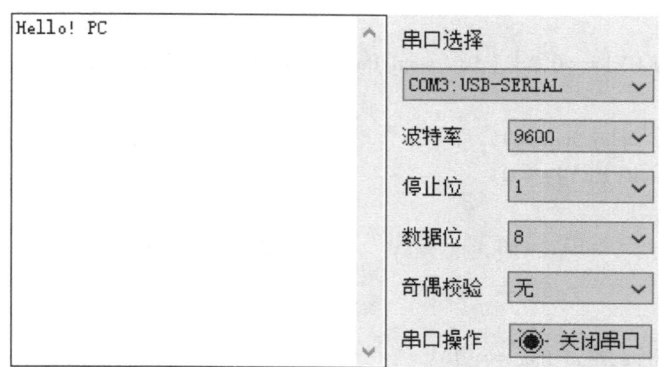

图 2-33   PC 端接收单片机字符串并显示

2.3.4   虚拟信号发生器

为实现仿真过程中的信号输入，Proteus 提供了虚拟信号发生器，可用于产生方波、正弦波、锯齿波和三角波。为了便于阐述虚拟信号发生器的基本用法，搭建如图 2-34 所示仿真电路，用虚拟信号发生器产生波形，并通过示波器显示。

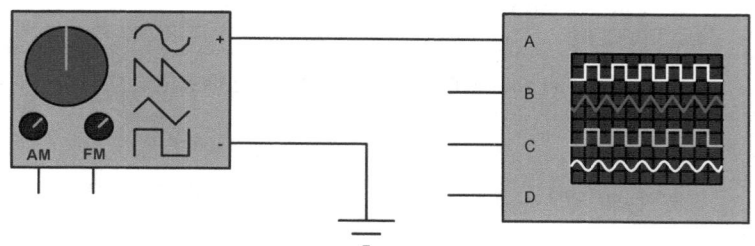

图 2-34   生成虚拟信号并显示

在完成仿真电路搭建的基础上，单击【仿真运行开始】▶按钮，弹出虚拟信号发生器调节窗口。如图 2-35 所示，单击【Waveform】按钮设置信号类型为正弦波；单击【Polarity】按钮设置信号为单端输入；单击频率调节旋钮，设置信号频率为 1 kHz；单击幅值调节旋钮，设置信号幅值为 10 V。

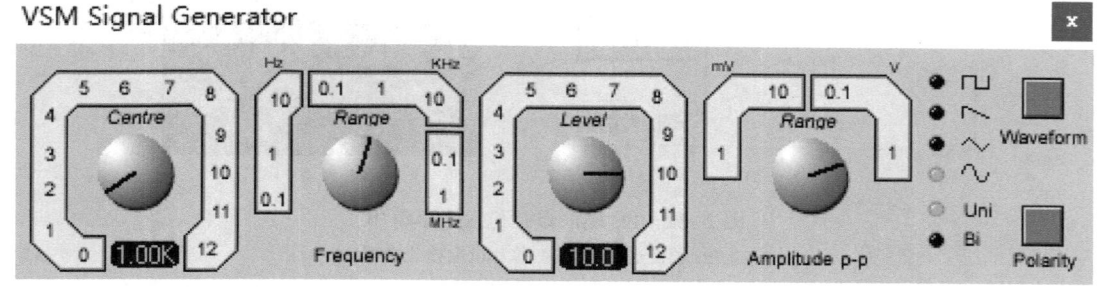

图 2-35   虚拟信号波形设置

同时，如图 2-36 所示，在示波器运行窗口中，可以观察到 A 通道输入一频率为 1 kHz、幅值为 10 V 的正弦波。

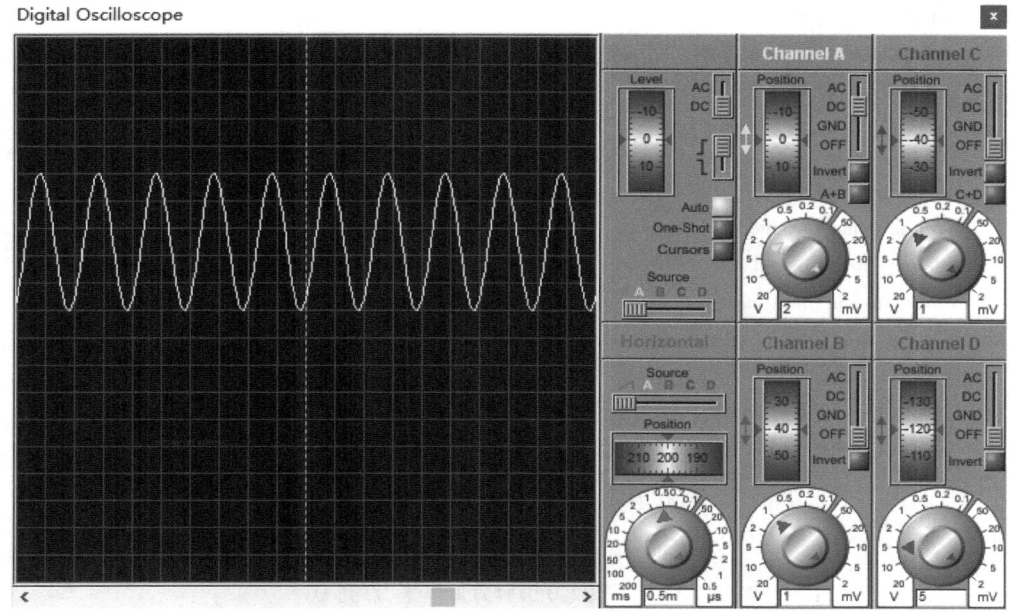

图 2-36　示波器输出结果

2.4　Proteus 基础仿真实例

2.4.1　LED 流水灯电路仿真实例

1. 原理图设计与分析

在 Proteus 仿真环境中搭建如图 2-37 所示的 LED 流水灯仿真电路，8 只 LED 发光二极管 D1~D8 阳极经 500Ω 电阻上拉与电源正极连接，阴极分别与单片机 P2.0~P2.7 端口连接，当单片机引脚输出低电平时，对应 LED 发光二极管导通点亮，反之，LED 发光二极管截止。

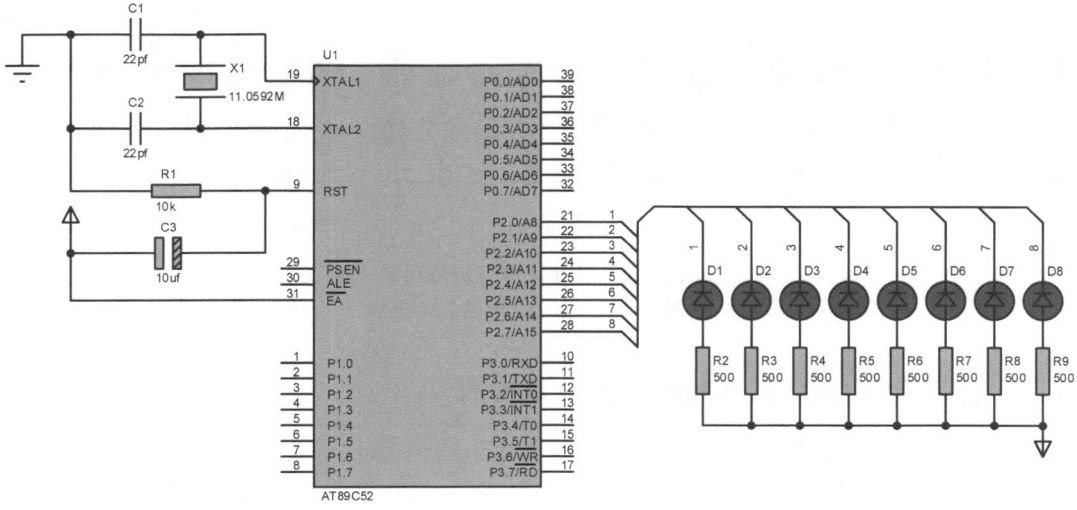

图 2-37　LED 流水灯仿真电路

2. 程序设计与分析

根据如图 2-37 所示仿真电路原理，以实现发光二极管 D1~D8 顺序点亮控制为例，在 Keil 环境中编写 C 语言代码如下：

```
代码                          //注释
#include <reg52. h>
#define uchar unsigned char
#define uint unsigned int
void delay_ms( uint ms)        // *** 延时函数 ***
{
    uchar i,j;
    for(i=0;i<ms;i++)
    for(j=0;j<=148;j++);
}
void main( )                   // *** 主函数 ***
{
    P2 = 0xfe;                 //P2.0 引脚置低电平,点亮 D1
    while(1)
    {
        P2 = _crol_(P2,1);     //P2 口的值向左循环移动
        delay_ms(200);         //延时 200 ms
    }
}
```

编译输出"LED. hex"烧录文件，在 Proteus 仿真电路中完成程序加载。

3. 仿真实验现象

单击【仿真运行开始】▶按钮后，LED 发光二极管 D1~D8 按时间间隔 200 ms 顺序循环闪亮，如图 2-38 所示。

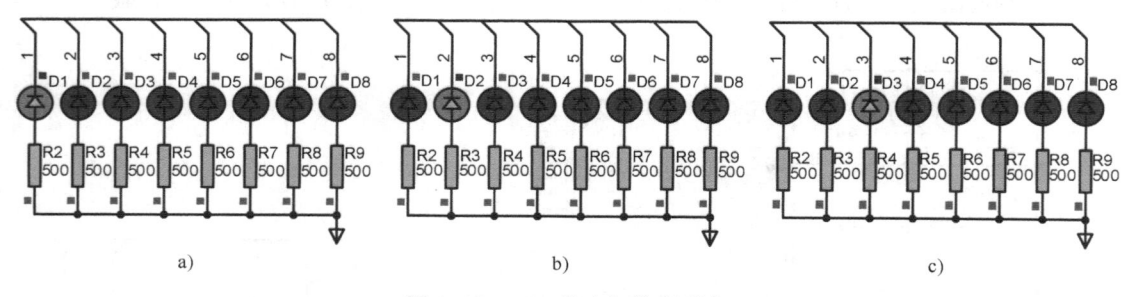

图 2-38   LED 流水灯仿真现象
a) D1 点亮   b) D2 点亮   c) D3 点亮

2.4.2   按键控制 LED 和蜂鸣器电路仿真实例

1. 原理图设计与分析

在 Proteus 中搭建如图 2-39 所示的按键控制 LED 和蜂鸣器仿真电路，发光二极管 D1、D2 和蜂鸣器控制引脚分别与单片机 P0.0~P0.2 引脚连接，按键 KEY1、KEY2 和 KEY3 分别

与 P1.5~P1.6 引脚连接。按下按键 KEY1，D1 长时点亮；按下 KEY2，D2 按 1 s 时间间隔闪亮，同时蜂鸣器发出 1 s 时间间隔的鸣响；按下按键 KEY3，D1、D2 熄灭，蜂鸣器停止鸣响。

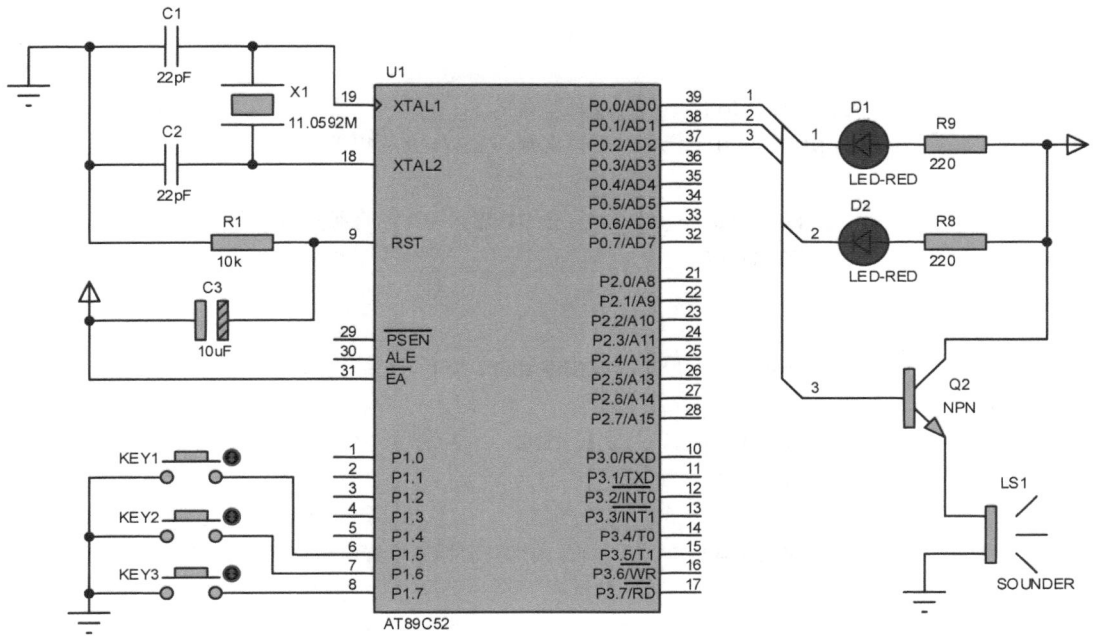

图 2-39　按键控制 LED 和蜂鸣器仿真电路

2. 程序设计与分析

根据如图 2-39 所示仿真电路原理，以实现按键控制发光二极管和蜂鸣器为例，在 Keil 环境中编写 C 语言代码如下：

```
代码                              //注释
#include <reg52. h>
#include <intrins. h>
#define uchar unsigned char
#define uint unsigned int
sbit KEY1 = P1^5;                 //位操作，令 KEY1 等于 P1.5 引脚
sbit KEY2 = P1^6;
sbit KEY3 = P1^7;
void delay_ms( uint ms)           // *** 延时函数 ***
{
        uchar i,j;
    for( i = 0;i<ms;i++)
    for( j = 0;j<= 148;j++);
}
void main( )                      // *** 主函数 ***
{
```

```
        uchar D2_flag = 0;              //设置 D2 闪烁开启标志位
        P0 = 0xfb;                      //熄灭 D1 和 D2,蜂鸣器关闭
        while(1)
        {
            if(KEY1 = = 0)             //按键 KEY1 按下
            {
                delay_ms(10);          //延时消抖
                if(KEY1 = = 0)         //再次判断 KEY1 是否按下
                {
                    P0 = 0xfa;          //点亮 D1,熄灭 D2,蜂鸣器关闭
                    D2_flag = 0;
                }
            }
            if(KEY2 = = 0)             //按键 KEY2 按下
            {
                delay_ms(10);
                if(KEY2 = = 0)
                {
                    D2_flag = 1;       //D2 闪烁开启标志位置位
                }
            }
            if(KEY3 = = 0)
            {
                delay_ms(10);
                if(KEY3 = = 0)         //按键 KEY3 按下
                {
                    P0 = 0xfb;          //熄灭 D1 和 D2,蜂鸣器关闭
                    D2_flag = 0;       //D2 闪烁开启标志位复位
                }
            }
            if(D2_flag = = 1)          //判断 D2 闪烁开启标志位是否置位
            {
                P0 = 0xfd;              //熄灭 D1,点亮 D2,蜂鸣器开启
                delay_ms(1000);        //延时 1 s
                P0 = 0xfb;              //熄灭 D2,蜂鸣器关闭
                delay_ms(1000);        //延时 1 s
            }
        }
    }
```

编译输出"KEY. hex"烧录文件,在 Protues 仿真电路中完成程序加载。

3. 仿真实验现象

单击【仿真运行开始】▶按钮后,当按键 KEY1 按下后,发光二极管 D1 保持常亮,如

图 2-40 所示。当按键 KEY2 按下后，发光二极管 D1 熄灭，D2 以 1 s 的时间间隔闪烁，蜂鸣器同样以 1 s 的时间间隔闪烁，如图 2-41 所示。当按键 KEY3 按下后，发光二极管 D1、D2 熄灭，蜂鸣器停止鸣响，如图 2-42 所示。

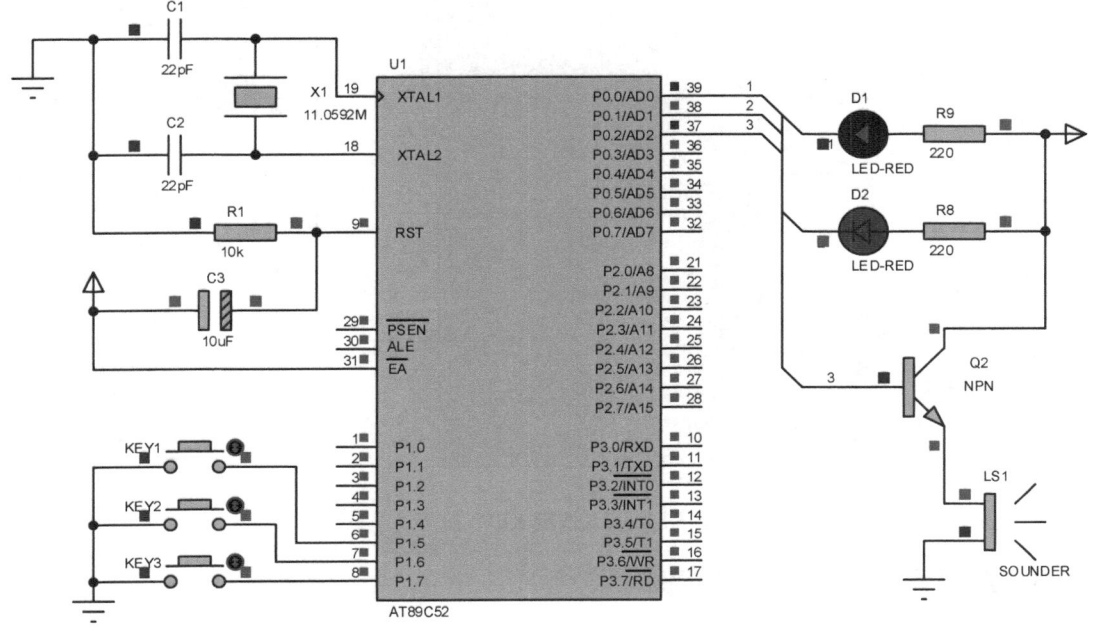

图 2-40　按键 KEY1 按下

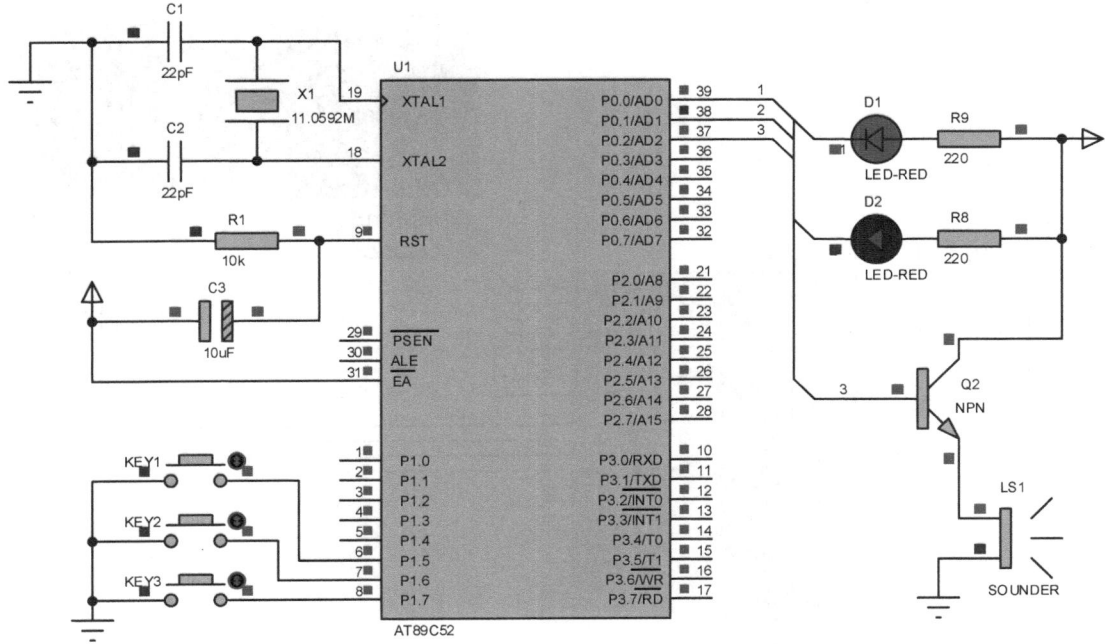

图 2-41　按键 KEY2 按下

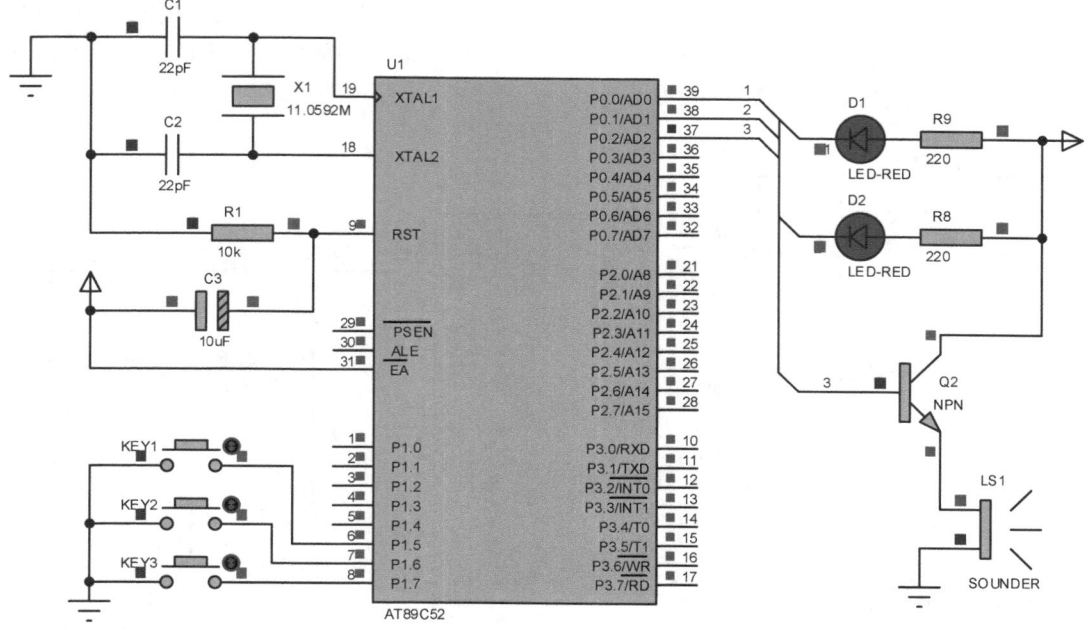

图 2-42 按键 KEY3 按下

2.4.3 数码管显示电路仿真实例

1. 原理图设计与分析

在 Proteus 中搭建如图 2-43 所示的数码管显示仿真电路。数码管规格为 4 位 8 段共阳

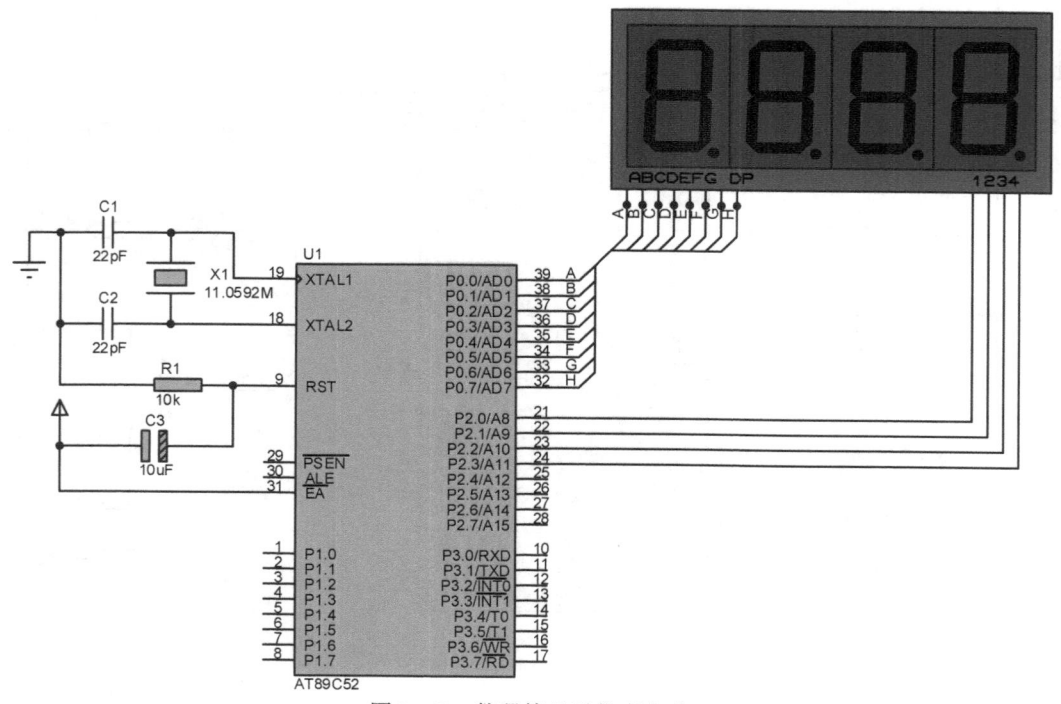

图 2-43 数码管显示仿真电路

极，4 个位选引脚与单片机 P2.0～2.3 引脚连接，8 个段选引脚与单片机 P0.0～P0.7 引脚连接。

2. 程序设计与分析

根据图 2-43 所示仿真电路原理，以 4 位数码管间隔 0.5s 顺序显示 0～9 为例，在 Keil 环境中 C 语言代码如下：

```
代码                                    //注释
#include <reg52.h>
typedef unsigned char uchar;
typedef unsigned int uint;
sbit P2_0 = P2^0;                        //位操作,令 P2_0 等同于 P2.0
sbit P2_1 = P2^1;
sbit P2_2 = P2^2;
sbit P2_3 = P2^3;
uchar code table[] = {0xc0,0xf9,0xa4,0xb0,0x99,
                      0x92,0x82,0xf8,0x80,0x90};   //共阳数字编码  0.1.2.3.4...9
void delay_ms(uint ms)                   // *** 延时函数 ***
{
    uchar i,j;
    for(i=0;i<ms;i++)
    for(j=0;j<=148;j++);
}
void main(void)                          // *** 主函数 ***
{
    unsigned int  a;
    P2_0 = P2_1 = P2_2 = P2_3 = 1;       //所有数码管位打开
    while(1)
    {
        P0=table[a];                     //段选 table[0],数码管显示 0
        delay_ms(500);                   //延时 0.5 s
        if(a<9)                          //从 0~9 顺序显示
            a++;
        else
            a=0;                         //大于或等于 9 时,数码管显示归 0
    }
}
```

编译输出"静态显示.hex"烧录文件，在 Protues 仿真电路中完成程序加载。

3. 仿真实验现象

单击【仿真运行开始】▶按钮后，4 位数码管以 0.5 s 的时间间隔顺序显示 0～9，如图 2-44 所示。

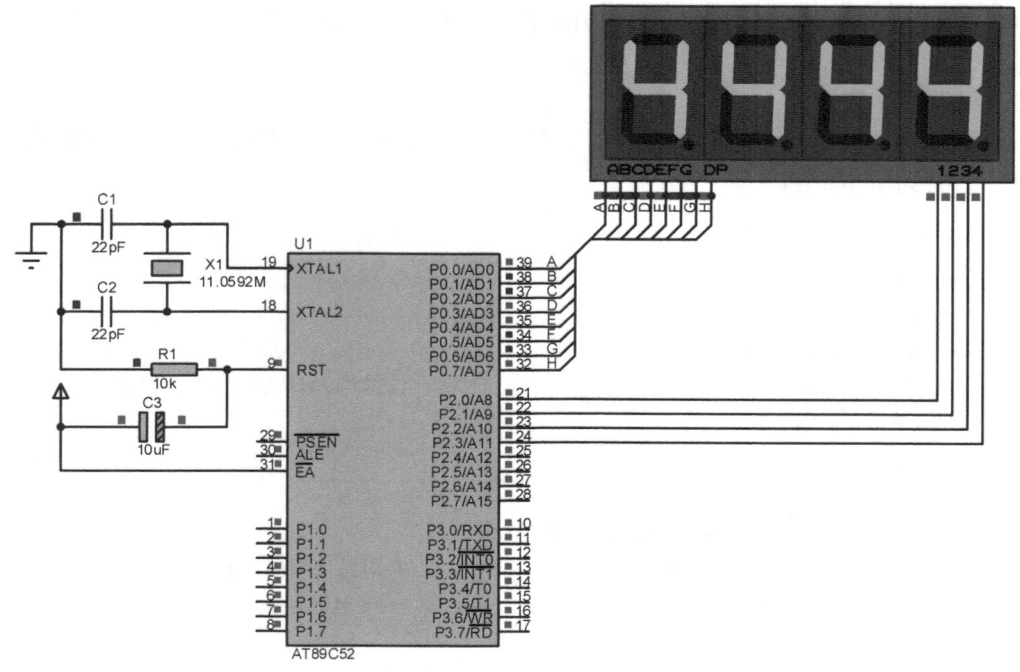

图 2-44　数码管静态显示结果

2.4.4　DS18B20 温度采集电路仿真实例

1. 原理图设计与分析

在 Proteus 中搭建如图 2-45 所示的 DS18B20 温度采集仿真电路，DS18B20 温度传感器数据总线经过 4.7 kΩ 电阻上拉后与单片机 P3.3 端口连接，双击温度传感器可设定其温度值，采集的温度数据通过 LCD1602 液晶屏实时显示。

2. 程序设计与分析

根据如图 2-45 所示仿真电路原理，以实现 DS18B20 温度采集并通过 LCD1602 液晶屏显示为例，在 Keil 环境中编写 C 语言代码如下：

```
代码                                      //注释
#include <reg52. h>
#include <reg52. h>
#define uchar unsigned char
#define uint   unsigned int
sbit ds18b20 = P3^3;                      //位操作,令变量 ds18b20 等于 P3.3 引脚
sbit RS = P2^0;                           //LCD1602 写数据/写命令选择端口
sbit RW = P2^1;                           //LCD1602 读/写选择端,RW = 0 为写模式
sbit EN = P2^2;                           // EN 使能,将数据送入液晶控制器,完成写操作
uchar code string_1[ ] = { "Current Temp:" };  //定义第一行字符串
uchar code string_2[ ] = { " Temp =        " };  //定义第二行字符串
uchar data temp_data[5];                  //定义温度数据的百、十、个、小数位
uint temp_value;                          //DS18B20 温度值
uchar temp_flag;                          //温度正负标志
```

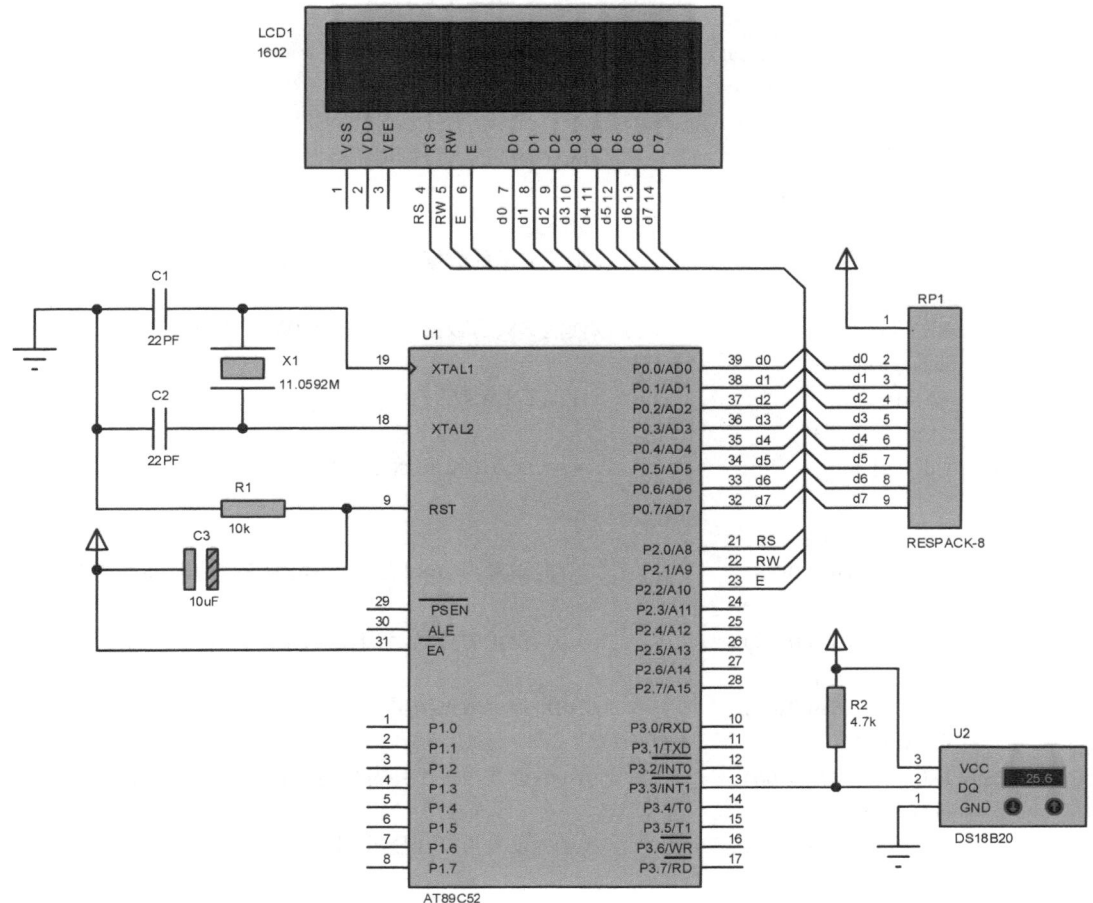

图 2-45　DS18B20 温度采集仿真电路

```
void delay_ms( uint ms)                     // * * * 延时函数 * * *
{
    unsigned int i,j;
    for( i = 0; i < ms; i++ )
    for( j = 0; j < 148; j++ );
}
void lcd_write_com( uchar com)              // * * * LCD1602 写命令函数 * * *
{
    delay_ms( 1 );
    RS = 0;                                 //LCD1602 进入写命令状态
    RW = 0;                                 //LCD1602 进入写模式
    EN = 0;                                 //EN = 0 时不能完成写操作
    P0 = com;                               //把要设置的指令码 com 发送给 P0 口
    delay_ms( 1 );
    EN = 1;                                 //使能 EN,将数据送入 LCD1602,完成写操作
    delay_ms( 1 );
    EN = 0;                                 //使能 EN 无效
```

```
            }
            void lcd_write_dat(uchar dat)          // ***LCD1602 写数据函数***
            {
                delay_ms(1);
                RS=1;                              //LCD1602 进入写数据状态
                RW=0;
                EN=0;
                P0=dat;                            //把要显示的数据 dat 发送给 P0 口
                delay_ms(1);
                EN=1;                              //使能 EN,将数据送入 LCD1602,完成写操作
                delay_ms(1);
                EN=0;                              //使能 EN 无效
            }
            void lcd_init()                        // ***LCD1602 初始化函数***
            {
                delay_ms(15);
                lcd_write_com(0x38);               //0x38:设置为 16×2 显示,每块为 5×7 点阵,8 位数据接口
                delay_ms(5);
                lcd_write_com(0x08);               //0x08:设置为关显示、不显示光标、光标不闪烁
                delay_ms(5);
                lcd_write_com(0x01);               //0x01:显示数据清屏
                delay_ms(5);
                lcd_write_com(0x06);               //0x06:读或写一个字符后地址指针加 1,且光标加 1
                delay_ms(5);
                lcd_write_com(0x0c);               //0x0c:设置为打开显示、不显示光标、光标不闪烁
                delay_ms(5);
            }
            void lcd_display(uchar * p)            // ***LCD1602 显示字符串函数***
            {
                while( * p!='\0')                  //即判断是否为字符串结尾
                {
                    lcd_write_dat( * p);           //显示指针指向的字符串
                    p++;
                    delay_ms(1);
                }
            }
            void init_play()                       // ***初始化 LCD1602 显示函数***
            {
                lcd_init();
                lcd_write_com(0x80);               //将数据指针定位到第一行第一个字符处
                lcd_display(string_1);             //从第一行第一个字符处显示字符串 string_1
                lcd_write_com(0x80+0x40);          //将数据指针定位到第二行第一个字符处
                lcd_display(string_2);             //从第二行第一个字符处显示字符串 string_2
            }
            void delay_18b20(uint i)               // ***ds18b20 延时函数***
            {
```

```
        while(i--);
}
void ds18b20_rst()                          // *** ds18b20 初始化函数 ***
{
    uchar x = 0;
    ds18b20 = 1;                            //信号线拉高
    delay_18b20(4);                         //延时
    ds18b20 = 0;                            //信号线拉低
    delay_18b20(100);                       //精确延时大于 480μs
    ds18b20 = 1;                            //信号线拉高
    delay_18b20(40);
}
void ds18b20_write(uchar write_data)        // *** ds18b20 写数据函数 ***
{
    uchar i = 0;
    for (i=8; i>0; i--)                     //写完一个字节,重复 8 次位操作
    {
        ds18b20 = 0;                        //数据线拉低
        ds18b20 = write_data&0x01;          //按从低到高的顺序发送数据(一次发送一位)
        delay_18b20(10);
        ds18b20 = 1;                        //数据线拉高
        write_data>>=1;                     //wdata 右移 1 位
    }
}
uchar ds18b20_read()                        // *** ds18b20 读数据函数 ***
{
    uchar i = 0;
    uchar dat = 0;
    for (i=8;i>0;i--)                       //要读完一个字节,重复 8 次位操作
    {
        ds18b20 = 0;                        //给脉冲信号
        dat>>=1;
        ds18b20 = 1;                        //给脉冲信号
        if(ds18b20)
        dat|=0x80;
        delay_18b20(10);
    }
    return(dat);                            //返回 dat
}
read_temp()                                 // *** 读温度值并转换 ***
{
    uchar temp_a,temp_b;
    ds18b20_rst();                          //ds18b20 初始化
    ds18b20_write(0xcc);                    //向 ds18b20 发送温度变换命令
    ds18b20_write(0x44);                    //启动 ds18b20 温度转换
    ds18b20_rst();                          //ds18b20 初始化
```

```
        ds18b20_write(0xcc);
        ds18b20_write(0xbe);                            //读取 RAM 中 9 字节的温度数据
        temp_a=ds18b20_read();                          //读数据
        temp_b=ds18b20_read();
        temp_value=temp_b;                              //temp_b 赋值给 temp_value
        temp_value<<=8;                                 //temp_value 左移 8 位
        temp_value=temp_value|temp_a;                   //temp_value 与 temp_a 进行按位"或"运算
        if(temp_value<0x0fff)//
            temp_flag=0;                                //温度为正值
        else
        {
            temp_value=~temp_value+1;
            temp_flag=1;                                //温度为负值
        }
        temp_value=temp_value*(0.625);                  //计算实际温度值
        return(temp_value);                             //返回温度值
    }
    void ds18b20_disp()                                 // *** 温度显示函数 ***
    {
        uchar temp_symbol;//温度符号
        temp_data[0]=temp_value/1000+0x30;              //百位
        temp_data[1]=temp_value%1000/100+0x30;          //十位
        temp_data[2]=temp_value%100/10+0x30;            //个位
        temp_data[3]=temp_value%10+0x30;                //小数
        if(temp_flag==0)
            temp_symbol=0x2b;                           //正温度符号:+
        else
            temp_symbol=0x2d;                           //负温度负号:-
        if(temp_data[0]==0x30)
        {
            temp_data[0]=0x20;                          //如果百位为 0,不显示
            if(temp_data[1]==0x30)
            {
                temp_data[1]=0x20;                      //如果百位为 0,十位为 0 也不显示
            }
        }
        lcd_write_com(0x80+0x46);                       //定位数据指针的位置:第 2 行第 6 个字符处
        lcd_write_dat(temp_symbol);                     //显示符号位
        lcd_write_com(0x80+0x47);                       //定位数据指针的位置:第 2 行第 7 个字符处
        lcd_write_dat(temp_data[0]);                    //显示百位
        lcd_write_com(0x80+0x48);                       //定位数据指针的位置:第 2 行第 8 个字符处
        lcd_write_dat(temp_data[1]);                    //显示十位
        lcd_write_com(0x80+0x49);                       //定位数据指针的位置:第 2 行第 9 个字符处
        lcd_write_dat(temp_data[2]);                    //显示个位
        lcd_write_com(0x80+0x4a);                       //定位数据指针的位置:第 2 行第 10 个字符处
        lcd_write_dat(0x2e);                            //显示小数点
```

```
        lcd_write_com(0x80+0x4b);          //定位数据指针位置:第 2 行第 11 个字符处
        lcd_write_dat(temp_data[3]);       //显示小数位
    }
    void main()                            // *** 主程序 ***
    {
        init_play();                       //LCD1602 初始化
        while(1)
        {
            read_temp();                   //DS18B20 读取温度
            ds18b20_disp();                //温度输出显示
        }
    }
```

编译输出 "ds18b20. hex" 烧录文件,在 Protues 仿真电路中完成程序加载。

3. 仿真实验现象

单击【仿真运行开始】▶按钮后,设定 DS18B20 温度为 25.6℃,单片机实时采集并通过 LCD1602 液晶屏显示,如图 2-46 所示。

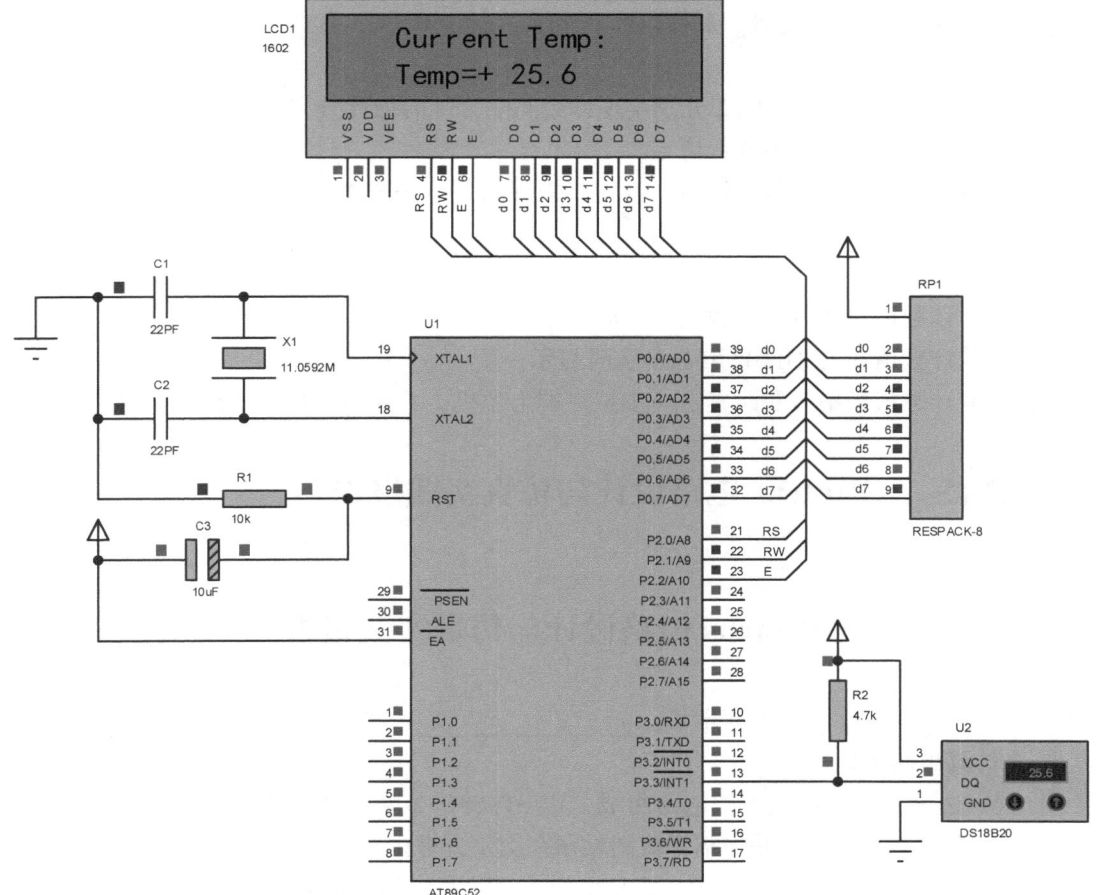

图 2-46　DS18B20 温度采集显示结果

2.5 Proteus 综合仿真实践

2.5.1 设计任务

在第 2 章学习的基础上，完成 Proteus 软件安装、虚拟串口助手安装、串口调试助手安装、基础实例学习与实验验证，并最终完成综合拓展设计与实验。具体设计任务如下。

1）学习并理解基础实例，在 Proteus 仿真环境中进行实验测试。

2）根据第 1 章综合实践的结果，在 Proteus 仿真环境中搭建多功能按键计数器仿真电路。

3）完成程序编写和仿真实验测试，给出仿真电路及仿真测试图片。

2.5.2 设计要求

多功能按键计数器仿真电路搭建及测试需具备相应的基础功能和拓展功能，其中，基础功能为必做，拓展功能为选做。具体功能要求如下。

❑ **基础功能**

1）独立按键 KEY1 和 KEY2 分别实现计数间隔为 1 的增计数和减计数。

2）独立按键 KEY3 实现计数清零。

3）按下增计数、减计数按键时，对应二极管点亮，松开按键时则熄灭。

4）计数值小于 0 时，蜂鸣器发出警告。

❑ **拓展功能**

1）当前计数值在 4 位 8 段数码管实时显示。

2）当前计数值在 LCD1602 液晶屏实时显示。

3）当前计数值经串口实时发送至虚拟终端上位机，并通过串口调试助手实时显示。

2.6 附录——Proteus 电路设计与仿真实践报告

Proteus 电路设计与仿真实践报告

专业：_____ 学号：_____ 姓名：_____

一、仿真电路搭建

1. 根据选题，确定系统硬件电路组成，以 STC89C52 单片机为核心，在 Proteus 仿真环境中找出所有仿真元器件，并将结果截图粘贴在图 1 方框中。

2. 完成连线和属性设置，在图 2 方框中给出搭建完成的 Proteus 仿真电路。

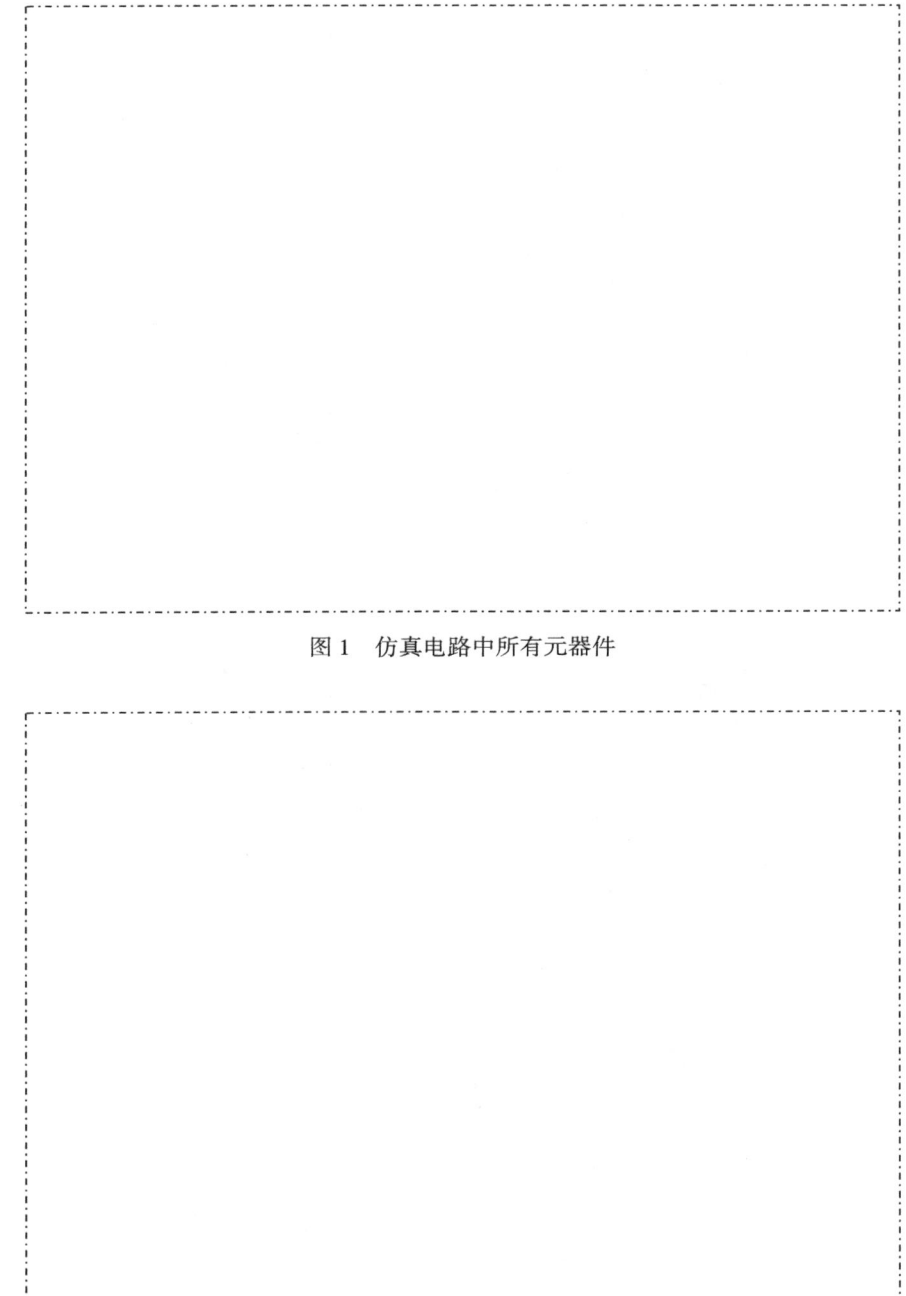

图 1　仿真电路中所有元器件

图 2　完整的仿真电路

二、实践结果

完成程序编写、编译和加载，在所搭建的 Proteus 仿真电路中实现所有基础功能和选定的拓展功能。选出能反映功能实现的代表图片，按顺序粘贴在图 3 中。

(1)　　　　　　　　　　(2)　　　　　　　　　　(3)

(4)　　　　　　　　　　(5)　　　　　　　　　　(6)

(7)　　　　　　　　　　(8)　　　　　　　　　　(9)

图 3　实践照片

三、实践心得

第3章
常用电子模块基础应用

3.1 输入/输出模块

3.1.1 矩阵键盘

矩阵键盘是单片机外部设备中经常使用的一类排布类似于矩阵的键盘组，当键盘按键数量较多时，为了减少对单片机 I/O 的占用，通常将按键排列成矩阵形式。如图 3-1 所示，以 4×4 的矩阵键盘为例，每条水平线和垂直线在交叉处不直接连通，而是通过一个按键连接，这样，一个端口（如 P1 口）就可以构成 16 个按键，将 16 个按键排成 4 行 4 列，第一行将每个按键的一端连接在一起构成行线，第一列将每个按键的另一端连接在一起构成列线，共 8 条线，将这 8 条线与单片机的 P1 口连接。按键检测过程描述如下。

第一步，令行线 P1.0~P1.3 输出高电平，列线 P1.4~P1.7 输出低电平，判断行线的变化。如果有按键按下，按键按下的对应行线被拉低，否则所有的行线都为高电平。

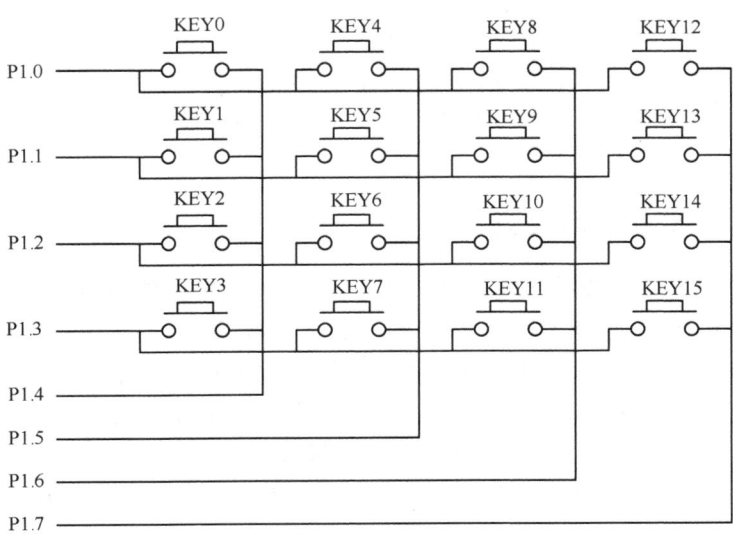

图 3-1 矩阵键盘电气原理图

第二步，在第一步判断有键按下后，延时约 10 ms 消除机械抖动，再次读取行值。如果此行线还处于低电平状态，则进入下一步，否则返回第一步重新判断。

第三步，开始扫描按键位置，采用逐行扫描，每间隔 1 ms 的时间，依次拉低 1～4 列，无论拉低哪一列其他三列都为高电平，读取行值来找到按键位置。

3.1.2　数码管显示模块

8 段数码管内部连接示意图如图 3-2 所示，共有 9 个引脚，其中 a～g 引脚控制数码管段码显示数字 0～9，dp 引脚控制小数点的显示，com 端为公共端，根据二极管内部排列方式的不同，数码管分为共阴极和共阳极两种。共阴极数码管是指将所有发光二极管的阴极接到一起形成 com 端，应用时应将公共极 com 端接到地线 GND 上，当某一字段发光二极管的阳极为高电平时，相应字段点亮，当某一字段的阳极为低电平时，相应字段熄灭。共阳极数码管是指将所有发光二极管的阳极接到一起形成 com 端，应用时将公共极 com 端接到+5 V，当某一字段发光二极管的阴极为低电平时，相应字段点亮，当某一字段的阴极为高电平时，相应字段熄灭。

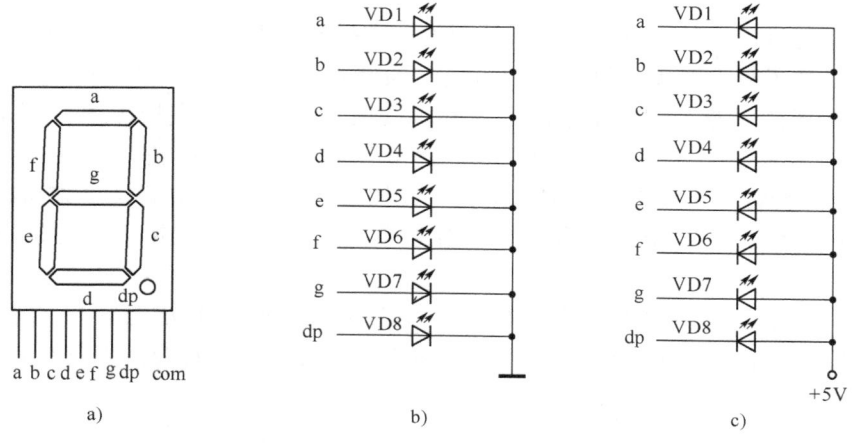

图 3-2　8 段数码管内部连接示意图

a）数码管示意图　b）共阴极　c）共阳极

3.1.3　LCD1602 液晶显示模块

LCD1602 字符型液晶屏是一种用来显示字母、数字、符号等的点阵型液晶模块。1602 指显示的内容为 16×2，即最多只能显示 32 个字符。它由若干个 5×7 或者 5×11 等点阵字符位组成，每个点阵字符位都可以显示一个字符，每位之间有一个点距的间隔，每行之间也有间隔，起到了字符间距和行间距的作用。如图 3-3 所示的 LCD1602 液晶显示应用连接电气原理图，LCD1602 液晶显示模块共有 14 个引脚，模块工作电压为 5 V，其中 D0～D7 引脚为 8 位数据总线，RS、RW、E 引脚为控制端口，模块带有字符对比度调节和背光。

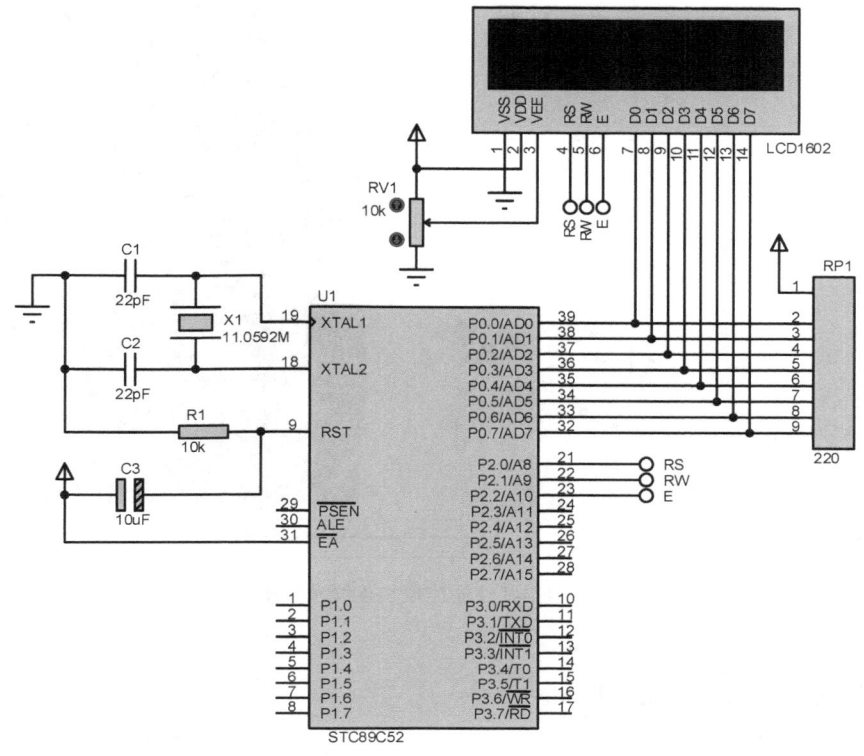

图 3-3　LCD1602 液晶显示应用连接电气原理图

3.2　无线电子模块

3.2.1　红外遥控模块

1. 红外遥控系统基本组成

红外遥控系统基本组成包括红外遥控器、红外接收头。以 STC89C52 开发板实现红外遥控器数据接收为例，其连接示意图如图 3-4 所示，红外接收头型号为 VS1838B，其工作电压为 5 V，数据引脚对应连接单片机 P3.2 引脚。

2. 红外遥控通信原理

红外遥控是以波长为 0.8 ~ 0.94 μm 的近红外光进行数据传输的一种通信方式。如图 3-5 所示，红外遥控器发送的是以 38 kHz 方波信号为载波的调制信号，即将键盘产生的数据按通信协议编码形成原始信号，再经 38 kHz 载波信号调制后输出调制信号，调制信号通过红外二极管发送，当红外接收头频率与载波频率一致时，接收到该红外信号，经放大、滤波、解调后，通过数据引脚输出原始信号，单片机接收到该数据后，对协议解析，得到键盘数据。

红外遥控器编码使用较多的为 NEC 协议。该协议有 8 位地址和 8 位指令长度；为确保传输过程可靠性，地址和命令二次传输；协议采用 PWM 脉冲位置调制，即以发射红外波的占空比表示 "0" 和 "1"。例如：载波脉冲周期为 560 μs 时，一个逻辑 1 的传输需要

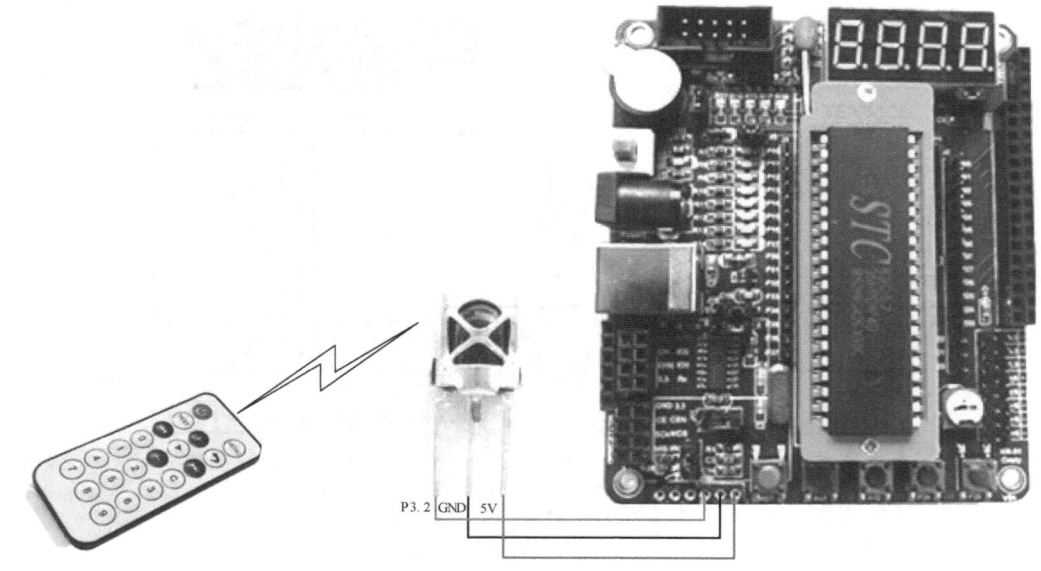

图 3-4　红外遥控模块连线示意图

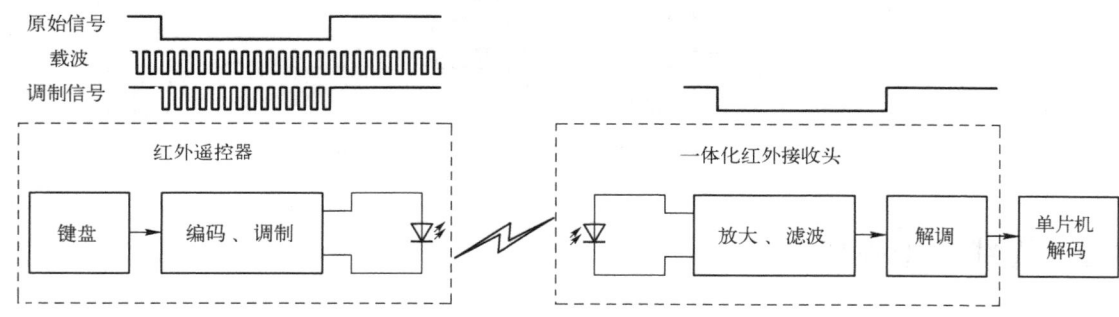

图 3-5　红外通信原理

2.25 ms（560 μs 脉冲+1680 μs 低电平），一个逻辑 0 的传输需要 1.125 ms（560 μs 脉冲+560 μs 低电平）。而遥控接收头在收到脉冲的时候为低电平，在没有脉冲的时候为高电平，这样，接收头端收到的信号为：逻辑 1 应该是 560 μs 低电平+1680 μs 高电平，逻辑 0 应该是560 μs 低电平+560 μs 高电平。

3.2.2　WiFi 模块

1. ESP8266 基本模式

ESP8266-01S WiFi 模块是一款为移动设备和物联网应用而设计的网络模块，基于 UART实现 UART-WiFi 数据透传，模块配置和数据透传均通过串口 AT 指令进行设置，方便用户将设备通过 WiFi 连接到网络，实现联网功能。

ESP8266 模块支持三种工作模式，分别为"STA""AP"和"STA+AP"模式。ESP8266有一套完整的 AT 指令，具体可参照其手册。通过 AT 指令设置其工作模式的切换，"STA"模式下，模块通过无线路由器与网络连接，用手机或计算机实现对该设备的远程控制，如图 3-6 所示；"AP"模式下，模块作为网络热点，手机或计算机可与该热点连接；"STA+

AP"模式下，模块既可以通过路由器连接互联网，也可以作为 WiFi 热点，使其他设备连接到这个模块，实现局域网与广域网的切换。

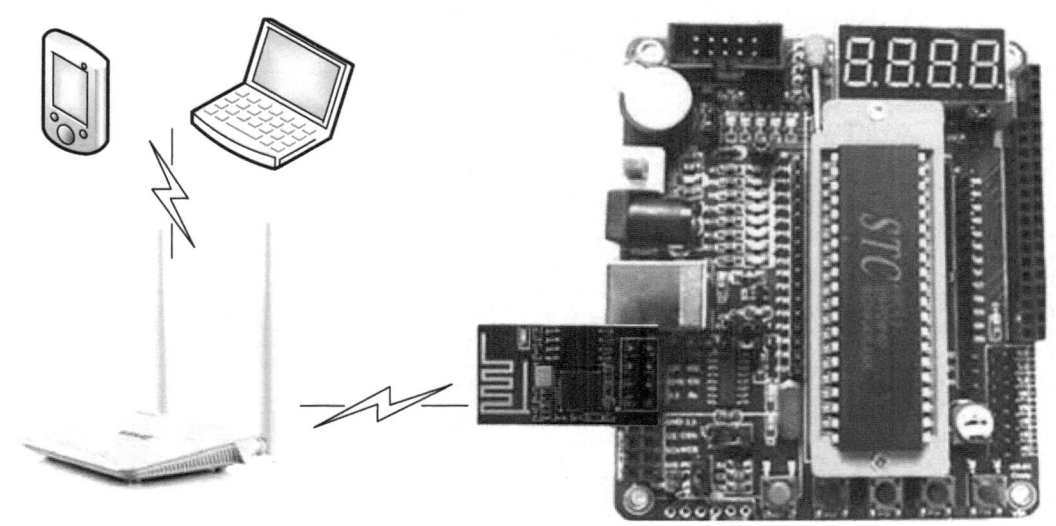

图 3-6 ESP8266 STA 模式网络结构

2. ESP8266 STA 模式应用基础

ESP8266-01S 模块引脚有很多，对于初学者，只需要掌握 VCC、GND、TXD、RXD、RST 和 IO_0 引脚，将 ESP8266-01S 模块插入 STC89C52 开发板的 M2 接口，对应 VCC 和 GND 引脚分别接入 3.3 V 电源和 GND，TXD 引脚接入 P3.0，RXD 引脚接入 P3.1。通过 AT 指令配置 ESP8266 进入 STA 模式，进一步配置其需要连接的路由器信息（WiFi 名称和密码），获取 IP，接入网络。所有配置信息可保存至内部 FLASH，下次开机时会自动执行网络连接。

3.2.3 蓝牙模块

1. HC-08 蓝牙模块配置

HC-08 蓝牙模块是一款主从一体的无线通信模块，基于 UART 实现无线数据传输，当两个模块通过串口 AT 指令进行配对设置后，可实现主模块与从模块之间的全双工通信，最大通信距离约 80 m。单个模块配置成从模块后，可以与手机、带蓝牙功能的 PC 进行无线通信。蓝牙模块的使用无需了解蓝牙协议，仅需掌握其连接方式、配置方法和通信格式即可。

HC-08 蓝牙模块的配置通过串口发送 AT 指令实现。HC-08 蓝牙模块的 AT 指令集见表 3-1。

表 3-1 HC-08 蓝牙模块 AT 指令集

序号	AT 指令	功　　能	默 认 状 态	主/从生效
1	AT	检测串口是否正常工作	—	M/S
2	AT+RX	查看模块参数	—	M/S
3	AT+DEFAULT	恢复出厂设置	—	M/S
4	AT+RESET	模块重启	—	M/S
5	AT+VERSION	获取模块版本号	—	M/S

（续）

序号	AT 指令	功　能	默认状态	主/从生效
6	AT+ROLE=x	主/从角色切换	S	M/S
7	AT+NAME=xxx	设置蓝牙模块名称	HC-08	M/S
8	AD+ADDR=xxx…	设置蓝牙地址	硬件地址	M/S
9	AT+RFPM=x	设置无线射频功率	0	M/S
10	AT+BAUD=xx，y	设置串口波特率	9600，N	M/S
11	AT+CONT=x	查看是否可连接	0（可连）	M/S
12	AT+AVDA=xxx	设置广播数据	—	S
13	AT+MODE=x	设置功耗模式	0	S
14	AT+AINT=xx	设置广播间隔	320	M/S
15	AT+CINT=xx，yy	设置连接间隔	6，12	M/S
16	AT+CTOUT=xx	设置连接超时时间	200	M/S
17	AT+CLEAR	主机清除已记录的从机地址	—	M
18	AT+LED=x	LED 开/关	1	M/S
19	AT+LUUID=xxxx	搜索 UUID	FFF0	M/S
20	AT+SUUID=xxxx	服务 UUID	FFE0	M/S
21	AT+TUUID=xxxx	透传数据 UUID	FFE1	M/S
22	AT+AUST=x	设置自动进入睡眠的时间	20	S

2. 模块间数据透传

以 HC-08 蓝牙模块为例，HC-08 蓝牙模块为主从一体模块，当设置一个主机一个从机时，可建立一对一无线通信链路。如图 3-7 所示，蓝牙模块与单片机之间的连接方式为 UART，供电电压为 5 V，连线并配对成功后，可作为全双工串口使用，其通信波特率默认为 9600 bit/s，最高可配置成 115200 bit/s，通信格式如下：数据位"8"，停止位"1"，校验通信格式"无"。此外，蓝牙模块的 STATE 引脚与 MCU 直连，为蓝牙状态输出脚，模块连线成功后，该引脚输出高电平。

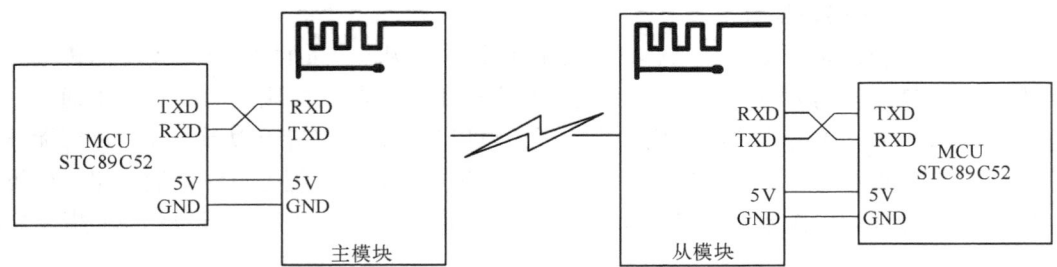

图 3-7　蓝牙模块实现主从模块数据透传

3. 模块与手持设备连接透传

当使用 1 个 HC-08 蓝牙模块，并且配置其为从机模式时，可实现其与 PC 蓝牙以及手机蓝牙之间的数据交互，如图 3-8 所示。当使用手机时，该模块不能直接与 PC 或手机自带蓝牙连接，安卓系统的手机需下载"BLE 串口测试助手"，iOS 系统需下载"LightBlue"或"BLE 调试助手"。

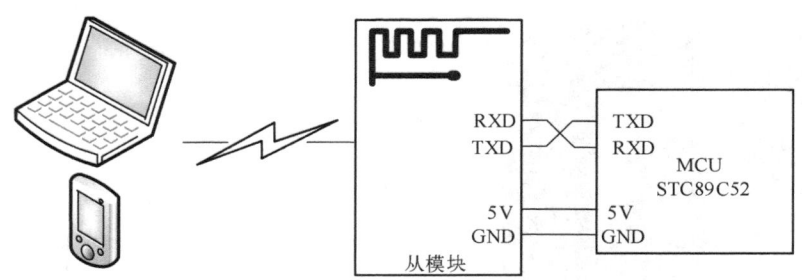

图 3-8　蓝牙模块与手持设备连接透传

3.3　电动机驱动控制模块

3.3.1　直流电动机继电器驱动模块

1. 继电器输出模块工作原理

直流电动机继电器驱动模块可用于小功率直流电动机的单向起停控制。如图 3-9 所示，模块工作电压为 5 V，当开关 SW1 接入 5 V 高电平时，光电耦合器 U1 输出侧导通，晶体管 VT2 导通，继电器 RL1 线圈得电，其常开触点闭合，电动机接入电源，开始运转。当开关 SW1 接入低电平时，光电耦合器 U1 输出侧截止，对应继电器线圈失电，常开触点断开，电动机停止运转。

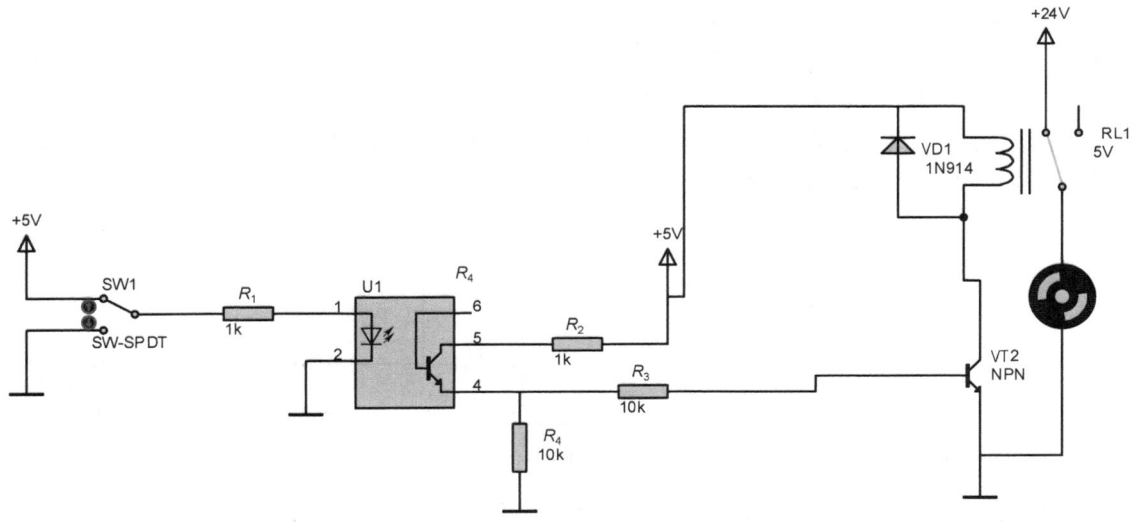

图 3-9　继电器输出模块电路原理图

2. 继电器驱动直流电动机

为进一步阐述继电器输出模块驱动直流电动机的应用，给出其电路连接示意图如图 3-10 所示，继电器模块输出侧"COM"端接入电源负极，电动机电枢绕组两端分别接电源正极和继电器模块输出侧常开触点对应端子"NO"。继电器输入侧接入电源 5 V，其控制端引脚与单片机引脚 P2.0 接口连接，当 P2.0 输出高电平时，继电器常开触点闭合，电动机运转，反之，电动机停止。

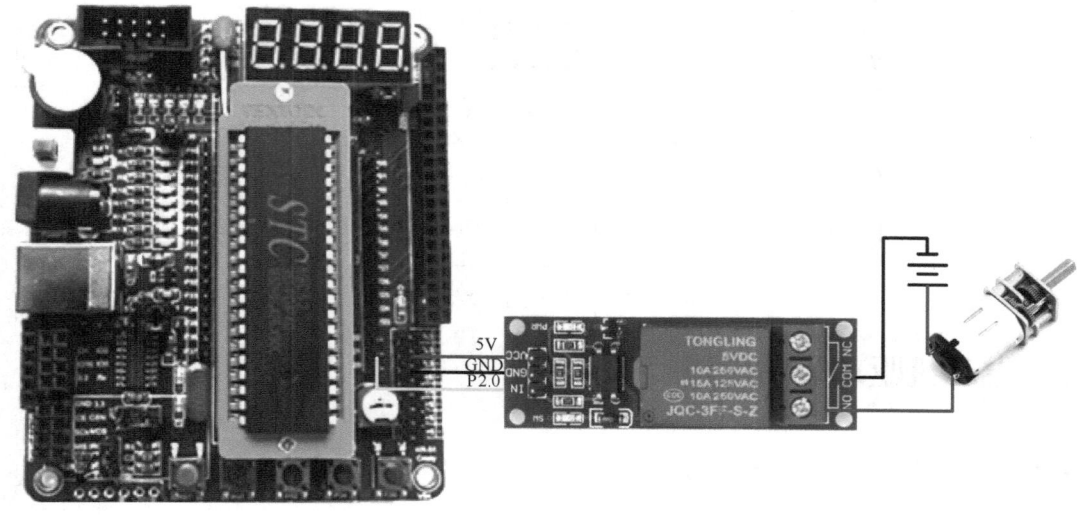

图 3-10　继电器输出模块驱动直流电路连接示意图

3.3.2　L298 直流电动机驱动模块

1. L298N 电动机驱动模块工作原理

　　L298N 电动机驱动模块应用于直流电动机驱动控制时，可实现电动机的起停、正反转和速度控制。如图 3-11 所示，L298N 驱动输出侧有 VS、OUT1、OUT2、OUT3、OUT4 五个端口，输入侧有 VCC、IN1、IN2、IN3、IN4、ENA、ENB 七个端口，其中，VS 为电动机额定电压输入端，VCC 为模块工作电压输入端，IN1、IN2、IN3、IN4 与单片机输出引脚连接，单片机对应引脚输出的高低电平对应控制 OUT1、OUT2、OUT3、OUT4 输出的高低电压，IN1 和 IN2 为电动机 A 控制引脚，IN3 和 IN4 为电动机 B 控制引脚。ENA 和 ENB 分别为电动机 A 和 B 的使能引脚，高电平有效。

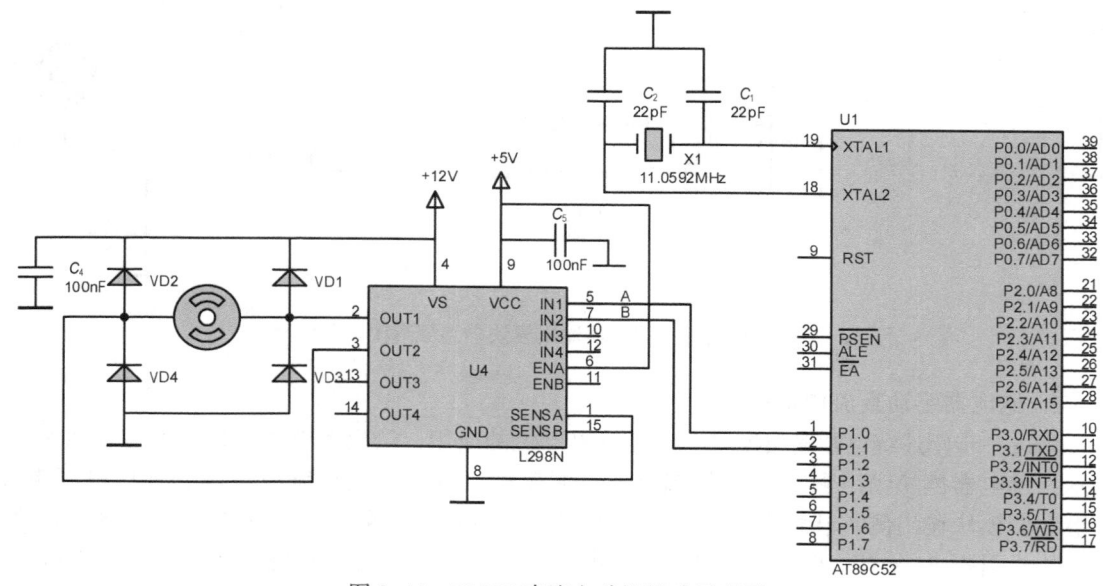

图 3-11　L298N 直流电动机驱动原理图

2. L298N 电动机驱动实物连接

L298N 直流电动机驱动实物连接示意图如图 3-12 所示，L298N 两路电动机驱动使能引脚均通过模块内部上拉至 5 V，此时，若 P1.0 输出高电平、P1.1 输出低电平，则电动机正向回转，而当 P1.0 输出低电平、P1.1 输出高电平时，电动机反向回转。电动机速度的控制，可通过控制 P1.0 或 P1.1 引脚输出的 PWM 波的脉宽或频率实现。

图 3-12　L298N 直流电动机驱动实物连接示意图

3.3.3　步进电动机驱动模块

1. UL2003 步进电动机驱动模块简介

UL2003 内部是由七个高耐压、大电流的达林顿管构成的电压驱动模块，可用于小功率步进电动机的驱动。以常见的小功率四相五线步进电动机驱动控制为例，其应用电路原理图如图 3-13 所示，UL2003 模块输入侧 COM 端与单片机共地，1B、2B、3B、4B 分别接入 STC89C52 单片机 P1.0~P1.3 引脚，输出侧 COM 端接步进电动机相线公共端，并与电源正极 VCC 连接，1C、2C、3C、4C 分别接步进电动机 A、B、C、D 四根相线。P1.0~P1.3 引脚输出 5 V 高电平时，对应控制 1C~4C 引脚输出 VCC 高电平，反之，输出低电平。

2. UL2003 步进电动机驱动方法

（1）单四拍驱动

四相步进电动机单四拍正转通电相序为：A→B→C→D，对应单片机 P1 引脚输出规则组为：0x01→0x02→0x04→0x08。

四相步进电动机单四拍反转通电相序为：D→C→B→A，对应单片机 P1 引脚输出规则组为：0x08→0x04→0x02→0x01。

（2）双四拍驱动

四相步进电动机双四拍正转通电相序为：AB→BC→CD→DA，对应单片机 P1 引脚输出规则组为：0x03→0x06→0x0C→0x09。

四相步进电动机双四拍反转通电相序为：AD→DC→CB→BA，对应单片机 P1 引脚输出规则组为：0x09→0x0C→0x06→0x03。

（3）八拍驱动

四相步进电动机八拍正转通电相序为：A→AB→B→BC→C→CD→D→DA，对应单片机

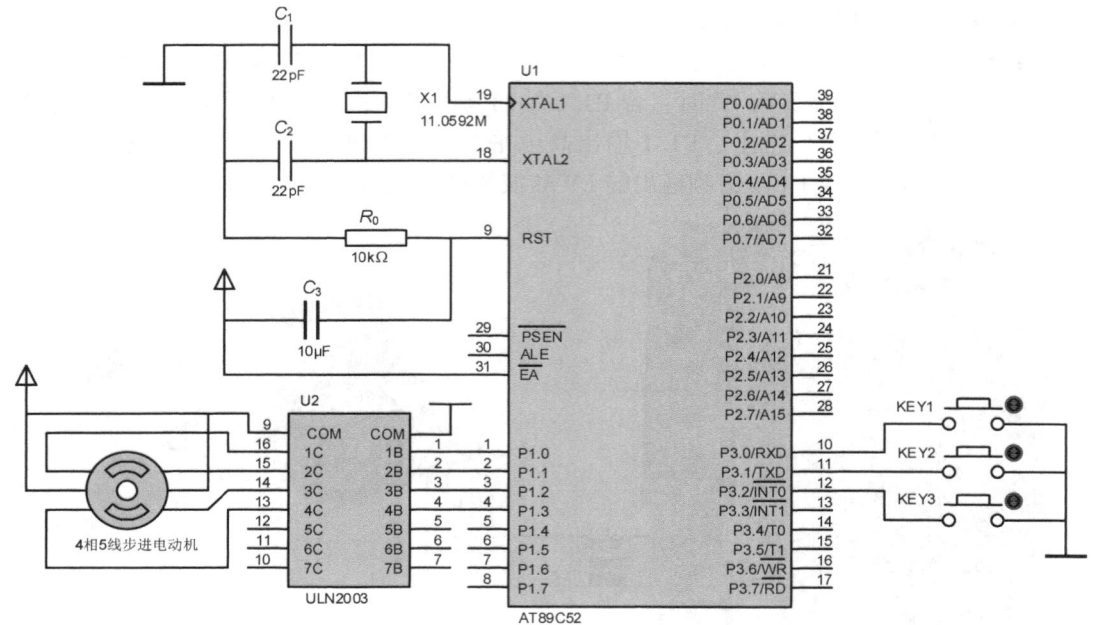

图 3-13   UL2003 步进电动机驱动原理图

P1 引脚输出规则组为：0x01→0x03→0x02→0x06→0x04→0x0C→0x08→0x09。

四相步进电动机八拍反转通电相序为：A→AD→D→DC→C→CB→B→BA，对应单片机 P1 引脚输出规则组为：0x01→0x09→0x08→0x0C→0x04→0x06→0x02→0x03。

上述三种驱动模式下，在各输出规则组间增加延时函数可实现电动机运转速度的调节，需要注意的是，延时时间要适中。

3. UL2003 步进电动机驱动实物连接

根据 UL2003 步进电动机驱动原理图，基于 STC89C52 单片机控制系统，搭建 UL2003 步进电动机驱动电路连接示意图，如图 3-14 所示。需要注意的是，UL2003 驱动模块的电源输

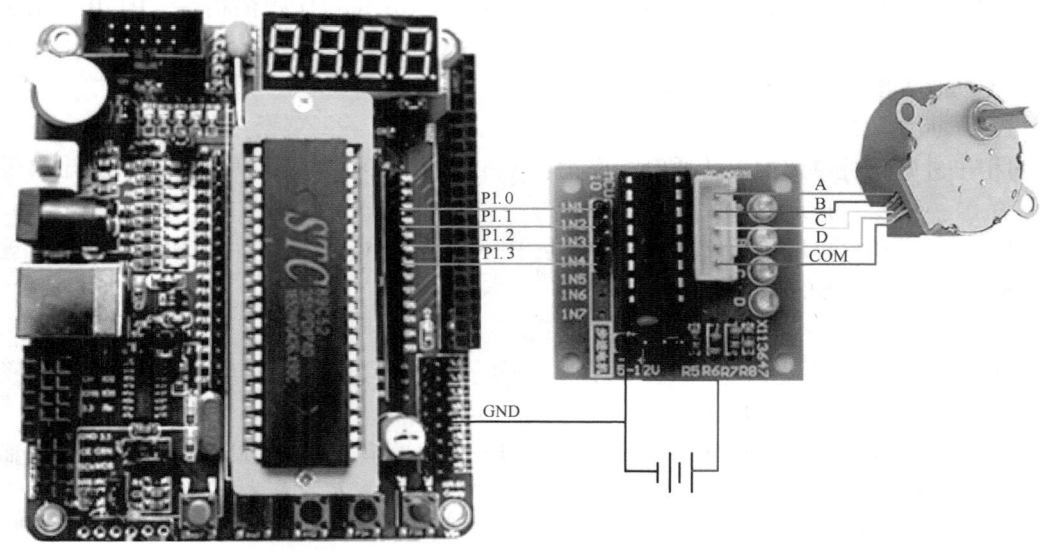

图 3-14   UL2003 步进电动机驱动连接示意图

入 COM 端一定要与 STC89C52 单片机的 GND 端连接。

3.3.4　直流舵机控制

1. 常用直流舵机控制原理

直流舵机是一种带有输出轴的伺服电动机，输出轴转动角度不同，分别有 180°、270° 和 360° 等规格。当给舵机输入控制信号时，输出轴会转动到对应位置，其转动角度与输入控制信号的脉冲宽度有关。如图 3-15 所示，直流舵机有 3 根引线，通常红色线为 VCC 电源线，黑色线为 GND 地线，黄色线为 SIG 信号线。信号线输入周期为 20 ms 的脉宽调制信号，其脉冲宽度为 0.5~2.5 ms。如图 3-16 所示，以角度范围 180° 的舵机为例，0.5 ms 脉宽对应输出轴转角为 0°、1.5 ms 脉宽对应输出轴转角 90°、2.5 ms 脉宽对应输出轴转角 180°，即 0.5~2.5 ms 脉宽对应控制输出轴 0°~180° 转角。

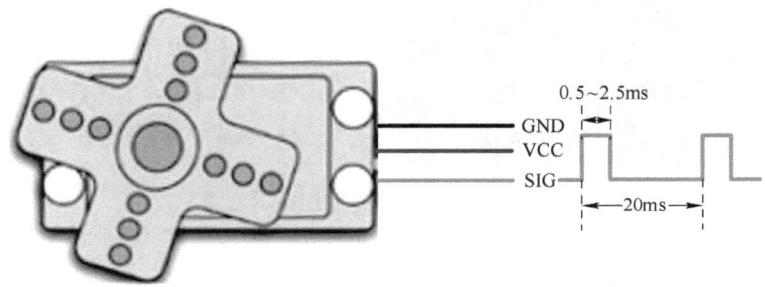

图 3-15　直流舵机控制原理

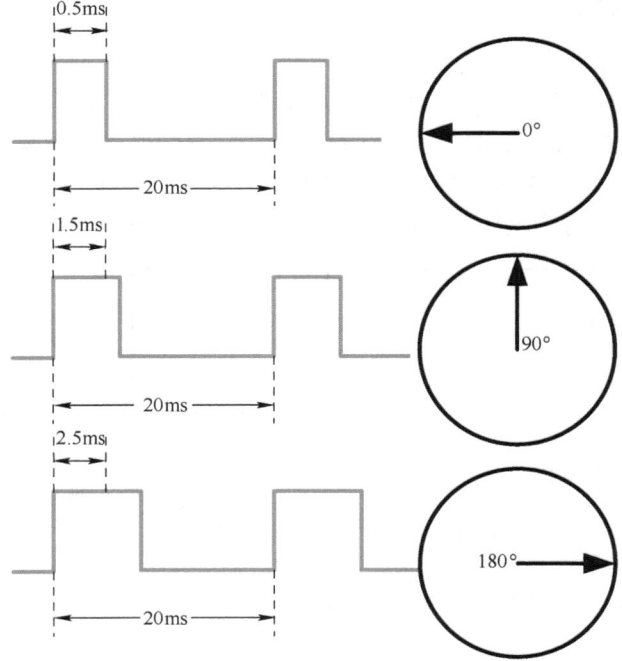

图 3-16　直流舵机角度-调制脉宽示意图

2. 直流舵机驱动控制方法

根据直流舵机控制原理，基于 STC89C52 单片机控制系统，搭建如图 3-17 所示的直流舵机控制电路，一般直流舵机的工作电流较大，因此，需要单独供电，单片机地线 GND 需要与直流舵机地线 GND 连接，直流舵机控制引脚与单片机 P2.0 引脚连接。

图 3-17　直流舵机控制连接示意图

3.4　常用传感器模块

3.4.1　光电循迹模块

1. 光电循迹模块工作原理

光电循迹传感器型号众多，其基本工作原理类似，主要用于 1～10 cm 近距离黑色线循迹。仅以 TCRT5000 红外反射式光电循迹传感器为例，介绍其基本工作原理。

如图 3-18 所示，TCRT5000 红外发射式光电循迹传感器主要由 TCRT 一体化红外发射接收头、比较器 LM393 和可调电位器 RV1 组成。TCRT5000 红外发射式光电循迹传感器 DO 引

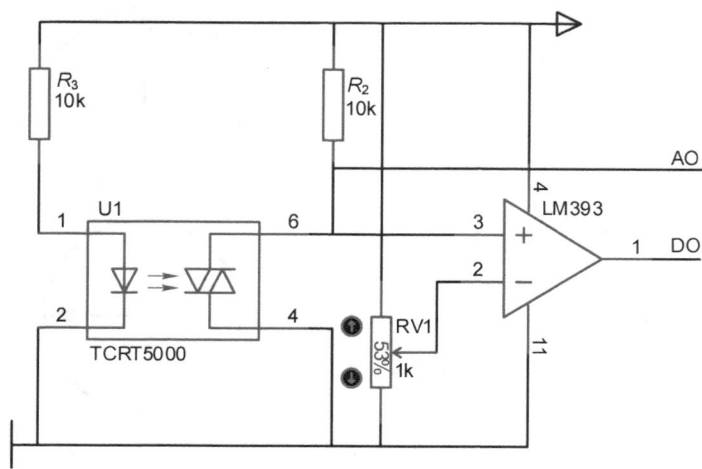

图 3-18　TCRT5000 红外发射式光电循迹传感器电路原理图

脚输出信号为数字开关量。红外发射管不断发射出红外光，当光电循迹传感器的红外发射接收探头位于黑色区域时，传感器发射的红外光线被吸收，红外接收管无法接收到红外光，此时，模块数据引脚输出高电平；而当光电循迹传感器的红外发射接收探头位于白色反光区时，传感器发射的红外光线反射进入红外接收管，此时，模块数据引脚输出低电平。此外，模块的 AO 引脚可输出模拟量信号，其输出电压值的大小与被测对象与探头之间的距离、被测对象的红外线反射能力有关。当模块与被测对象之间的距离或颜色深度发生变化时，可通过调节电位器 RV1 改变比较器的门限电压以实现准确检测。

2. 光电循迹模块使用方法

根据 TCRT5000 光电循迹模块工作原理，基于 STC89C52 单片机控制系统，搭建四路光电循迹控制电路如图 3-19 所示，模块供电电压为 5 V，四路循迹模块的信号输出引脚与单片机 P1.0~P1.3 引脚连接，当模块的红外发射接收管正对黑色区域时，输出高电平，而当红外发射接收管正对白色区域时，输出低电平，因此，如图 3-19 所示状态下，P1 口状态为 0x04。当多路光电循迹模块放置于车辆前方时，可用于车辆循迹行驶，传感器数量越多，其有效检测范围越宽。

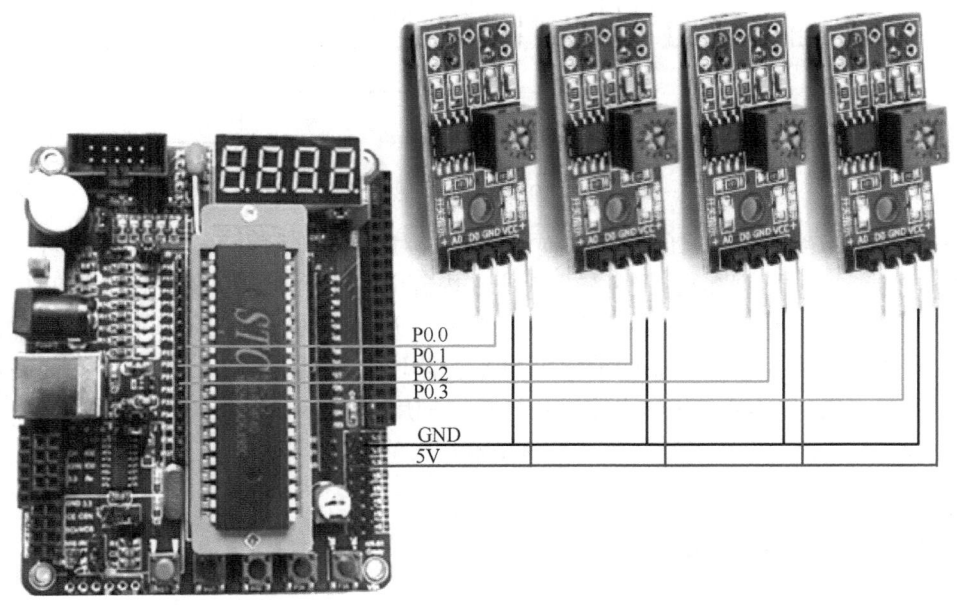

图 3-19　光电循迹模块连接示意图

3.4.2　超声波测距模块

1. 超声波测距模块工作原理

本书以 HC-SR04 超声波传感器为例，介绍其基本工作原理。如图 3-20 所示，HC-SR04 超声波传感器主要由超声波发射头、接收头、信号调理模块和接口电路组成，有效探测距离为 2~450 cm。其主要接口包括 VCC、GND、Trig 和 Echo 四个引脚，其中，VCC 和 GND 接 5 V 电源，Trig 端用于输入触发信号，Echo 端用于计算超声波传输的时间，进而计算出与被测对象之间的距离。

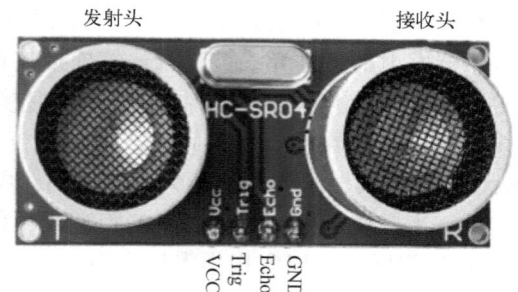

图 3-20   HC-SR04 超声波传感器

2. 超声波传感器使用方法

为了进一步阐述 HC-SR04 超声波传感器的使用方法，给出其工作时序图，如图 3-21 所示。

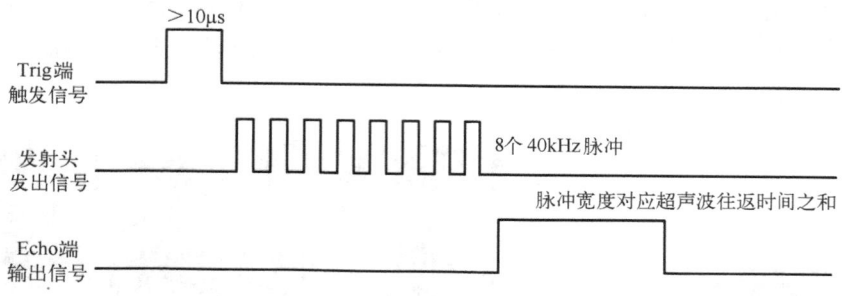

图 3-21   HC-SR04 超声波传感器工作时序图

当需要测量与被测对象之间的距离时，单片机对应引脚给超声波 Trig 端发射一个脉宽大于 10 μs 的脉冲信号，此时，超声波发射头在内部电路驱动下连续发出 8 个 40 kHz 的脉冲信号，而超声波传感器 Echo 端输出高电平，此时，开启定时器，记录其起始时间 t_0；当接收头接收到超声波信号时，Echo 端输出低电平，读取定时器时间 t_1，通过计算该高电平维持的时间（t_1-t_0），以 340 m/s 的声速进行计算，利用式（3-1）可计算出距离 H。

$$H = \frac{340 \times (t_1 - t_0)}{2} \tag{3-1}$$

3.4.3   红外火焰检测模块

1. 红外火焰检测模块工作原理

红外火焰检测传感器模块能够将火焰发出的波长范围为 700~1100 nm 的短波通过红外接收二极管检测到，并通过电压信号输出，其火焰检测距离为 80 cm 以内。红外火焰检测模块原理图如图 3-22 所示，其基本组成有红外接收二极管、可调电位器 RV1 和比较器 LM393。其中，可调电位器用于调整其检测灵敏度以及火焰检测阈值。当环境中模块的火焰光谱达不到设定阈值时，其数据引脚 DO 输出低电平，而当火焰光谱超过设定阈值时，输出高电平。此外，模块的 AO 引脚为模拟量输出引脚，其输出电压值对应表示火焰强度。

2. 红外火焰检测模块使用方法

根据红外火焰检测模块的工作原理，基于 STC89C52 单片机控制系统，搭建 150° 宽角度范围火焰检测电路，如图 3-23 所示，5 路红外火焰检测模块 30° 等间隔排布，其供电电压为

5 V，DO 数据引脚分别接入单片机 P0.0~P0.4 引脚。当火焰位于某只火焰检测模块检测范围内时，其数据引脚输出低电平，否则输出高电平。因此，如图 3-23 所示状态下，P0 口状态为 0xFB。若需要对更宽范围的火焰进行检测，需要排布更多的红外火焰检测模块。

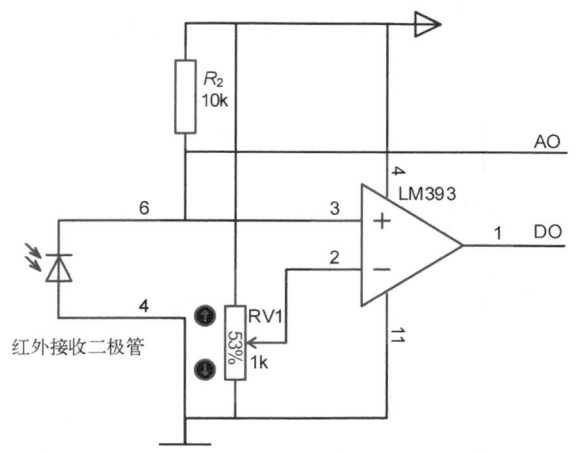

图 3-22 红外火焰检测模块原理图

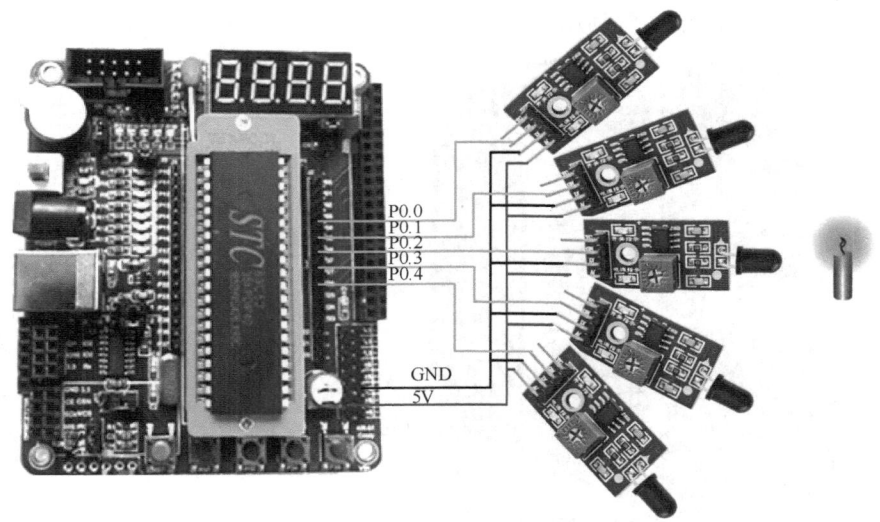

图 3-23 红外火焰检测应用连接示意图

3.4.4 烟雾检测模块

1. 烟雾检测模块工作原理

MQ-2 烟雾检测模块可用于对液化气、丙烷、氢气等多种可燃气体的检测。如图 3-24 所示，烟雾检测模块主要由烟雾检测传感器、比较器和可调电位器组成。模块核心为二氧化锡（SnO_2）气敏传感器，其在清洁空气中的电导率较低，而当传感器所处环境中存在可燃气体时，传感器电导率随可燃气体浓度增高而增大。可调电位器用于设定传感器灵敏度，当环境中气体浓度超过设定的浓度阈值时，其数据引脚 DO 输出低电平，否则输出高电平。AO 引脚为模拟量输出引脚，其输出电压值对应表示环境中的气体浓度。

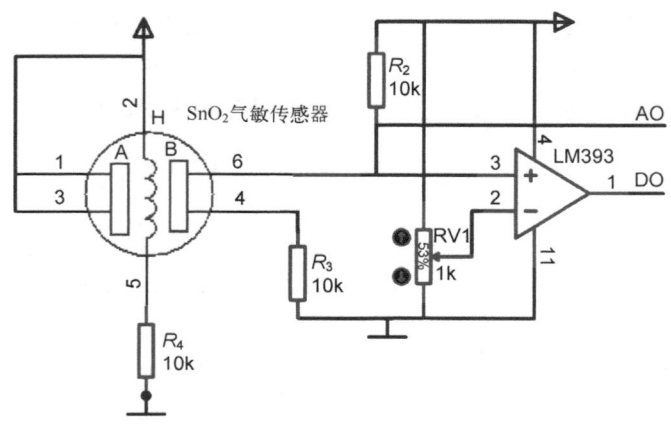

图 3-24　MQ-2 烟雾检测模块原理图

2. 烟雾检测模块使用方法

根据烟雾检测模块工作原理，基于 STC89C52 单片机控制系统，搭建烟雾检测及显示控制电路，如图 3-25 所示。烟雾检测模块供电电压为 5 V，DO 数据引脚接入单片机 P2.0 引脚。当环境中可燃气体浓度超过设定阈值时，其数据引脚输出低电平，否则输出高电平。为了直观观察烟雾检测的结果，可利用 STC89C52 开发板板载 LED 或蜂鸣器进行声光提示。

图 3-25　烟雾检测应用连接示意图

3.4.5　颜色识别模块

1. 颜色识别模块工作原理及使用方法

GY33 颜色识别模块以 TCS34725 颜色传感器为核心，工作电压为 3～5 V，检测距离为 3～10 mm。基本工作原理如下：LED 发光，照射到被测物体后，返回光经过滤镜后检测 RGB 的比例值，并根据 RGB 比例值识别出颜色。其数据输出方式有两种，一种为经板载微处理器的 UART 输出；另一种为 I^2C 输出，该输出模式为 TCS34725 传感器单独工作模式，作为简单传感器模块使用，板载微处理器不参与数据处理。

　　GY33 颜色识别模块 UART 输出方式下的电路连接示意图如图 3-26 所示。颜色识别模块的数据输出引脚 TXD 与单片机串口输入引脚 P3.0 连接，颜色识别模块的数据输入引脚 RXD 与单片机串口输出引脚 P3.1 连接。默认通信格式如下：波特率"9600"，校验位"None"，数据位"8"，停止位"1"，模块每帧输出 8~13 个字节。通信数据格式参照其手册，限于篇幅，此处不再给出详细释义。

图 3-26　颜色识别传感器应用连接示意图

3.4.6　DHT11 空气温湿度采集模块

1. DHT11 空气温湿度传感器工作原理及使用方法

　　DHT11 空气温湿度传感器可用于对环境温度和湿度的检测。其工作电压为 3.3~5 V，采用单总线方式与单片机进行数据传输，输出已校准的数字信号；其有效传输距离可达 20 m 以上，温度测量范围为 0~50℃，测量精度±2℃；湿度测量范围为 20%~90%RH，测量精度为±5%RH。

2. DHT11 空气温湿度传感器使用方法

　　为了进一步阐述 DHT11 空气温湿度传感器模块的基本使用方法，图 3-27 给出其与 STC89C52 开发板的连接示意。模块供电电压为 5 V，模块数据引脚与单片机 P1.5 引脚连接，模块上电后需等待约 1 s 以越过不稳定状态，单片机与 DHT11 之间采用单总线数据格式，一次通信时间约 4 ms，数据分为整数和小数部分，具体通信格式参照其数据手册，限于篇幅，此处不再给出详细释义。

3.4.7　土壤湿度检测模块

1. 土壤湿度检测模块工作原理

　　土壤湿度检测模块主要用于土壤湿度检测，其电气原理图如图 3-28 所示，基本组成包括土壤湿度传感器 S1、比较器 LM393 和灵敏度调节电位器 RV1 等。模块输入电压为 3.3~

图 3-27 温湿度检测模块应用连接示意图

5 V，数据输出支持数字开关量 DO 输出和模拟量 AO 输出两种模式。数字开关量 DO 输出模式下，当传感器 S1 检测到的土壤湿度低于设定值时，DO 引脚输出高电平；而当 S1 检测到的土壤湿度高于设定值时，DO 引脚输出低电平。可通过调整调节电位器 RV1 改变土壤湿度设定值。

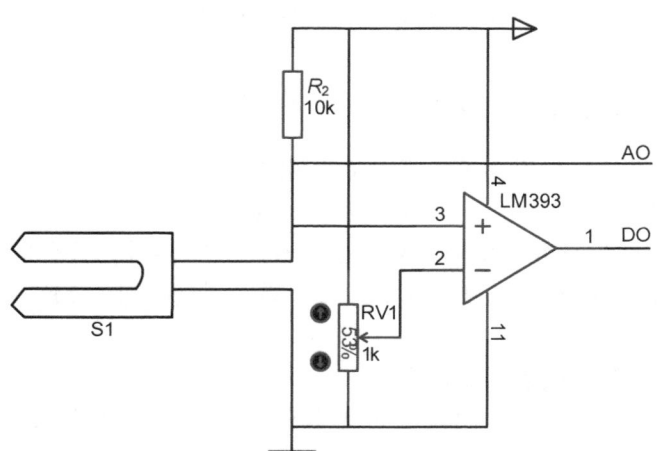

图 3-28 土壤湿度检测模块电气原理图

2. 土壤湿度检测模块使用方法

以 STC89C52 开发板实现土壤湿度检测为例，其数字开关量输出模式下的连接如图 3-29 所示。模块电源引脚与 STC89C52 单片机 5V 和 GND 引脚连接，数据引脚与单片机 P1.1 引脚连接。当模块检测到的土壤湿度高于设定值时，P1.1 引脚对应输入低电平，反之为高电平，因此，当模块用于该数据输出模式下时，可用于蔬菜、花卉的自动灌溉。由于 STC89C52 单片机没有 A-D 转换功能，因此，当需要获取模拟量连续输出时，应配合 ADC0832 模块使用。

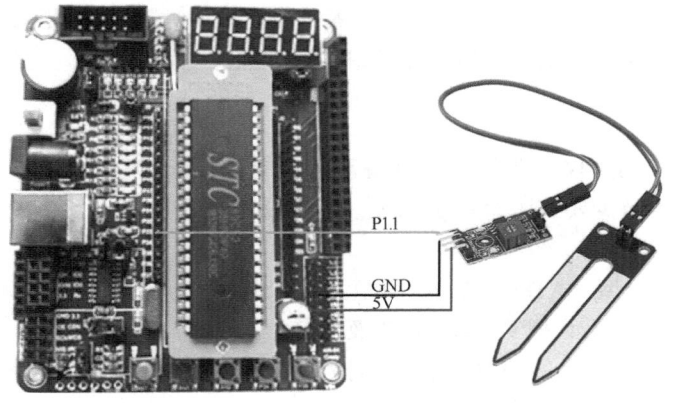

图 3-29 土壤湿度检测模块应用连接示意图

3.4.8 简易称重模块

1. 简易称重模块工作原理及使用方法

简易称重模块的基本组成包括称重传感器、HX711 称重传感器 A-D 转换模块。以 STC89C52 开发板实现称重为例，其应用连接示意图如图 3-30 所示。称重传感器的应变片采用全桥连接方式，供桥端与 HX711 的 E+、E-端连接，称重传感器电桥输出端与 HX711 的 A+、A-端连接。HX711 主要实现信号放大和 A-D 转换，将电桥输出端的模拟量转换成数字信号传输给单片机，其数据输出方式为串口，串口通信引脚由 DT 和 SCK 组成，用于选择输入通道、设置增益和输出数据，HX711 的时钟信号 SCK 连接 P1.1 引脚，信号输出引脚 DT 连接 P1.0 引脚，具体通信协议参照其数据手册。

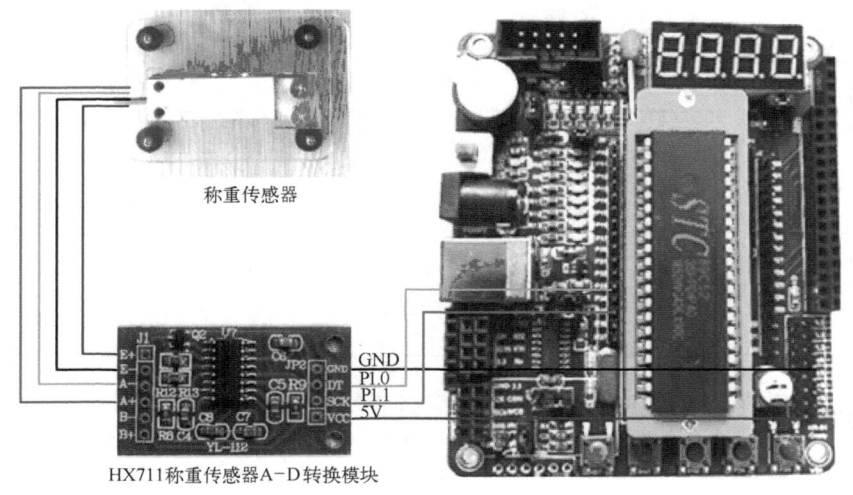

图 3-30 简易称重模块应用连接示意图

3.5 常用电子模块基础应用实践

3.5.1 设计任务

在第 3 章学习的基础上，至少选择 1 种常用传感器模块，例如："智能超声波测距仪"

"便携式颜色拾取器""烟雾检测及报警器"等，自主设计一个具备测量和显示功能的小装置，要求具备基本的输入、输出、数据采集和显示功能。

3.5.2 设计要求

以"智能超声波测距仪"为例，需具备基础功能和拓展功能，其中，基础功能为必做，拓展功能为选做，需至少要有 1 个拓展功能。具体功能要求如下。

❑ **基础功能**

1）完成元器件选型：AT89C52 单片机、HC‑SR04 超声波传感器、板载按键 KEY1 ~ KEY4、语音模块、LED 数码管或 LCD1602 液晶屏。

2）按下按键 KEY1 后，完成障碍物距离检测，测量结果用数码管显示。

3）按下按键 KEY2 后，清除测量数据。

❑ **拓展功能**

1）按下按键 KEY1 后，当前测量结果以语音模式同步输出。

2）超出量程范围，给出语音提示。

3）测量结果能存储到内部 FLASH，按下按键 KEY3 和 KEY4 可实现历史数据的查找。

3.6 附录——常用电子模块应用实践报告

常用电子模块应用实践报告

专业：＿＿＿＿＿＿　学号：＿＿＿＿＿＿　姓名：＿＿＿＿＿＿

一、选题及功能设计

1. 装置名称：＿＿＿＿＿＿＿＿＿＿＿＿＿＿

2. 元器件选型：＿＿＿＿＿＿＿＿＿＿＿＿

＿＿＿＿＿＿＿＿＿＿＿＿＿＿＿＿＿＿＿＿

3. 基本功能：＿＿＿＿＿＿＿＿＿＿＿＿＿＿

＿＿＿＿＿＿＿＿＿＿＿＿＿＿＿＿＿＿＿＿

4. 拓展功能：＿＿＿＿＿＿＿＿＿＿＿＿＿＿

＿＿＿＿＿＿＿＿＿＿＿＿＿＿＿＿＿＿＿＿

二、电路搭建及程序设计

1. 根据选题，设计系统硬件电路，以 STC89C52 单片机为核心，搭建其控制电路，并将结果截图粘贴在图 1 方框中。

图 1　测量装置实物连接图

2. 根据设计的基础功能和拓展功能，设计程序流程，在图 2 方框中，给出程序流程图。

图 2　程序流程图

三、实验结果

完成程序编写和调试，利用所搭建的小装置实现所有基础功能和拓展功能。选出能反映功能实现的代表图片，按顺序粘贴在图 3 中。

图 3　实践照片

四、实践心得

第4章
电工电子基础综合项目设计

4.1 简易智能洗衣机系统项目设计

4.1.1 系统功能及设计要求

1. 系统功能描述

以 STC89C52 单片机为系统控制核心，拓展必要的外部电路，参考家用洗衣机洗涤过程，设计一款简易智能洗衣机系统，要求具备洗涤、漂洗、脱水、显示和蜂鸣器提示的基础功能。此外，可以通过按键设置洗涤模式和参数，控制洗衣机的起停等。具体功能描述如下。

1）洗涤模式：标准洗涤和轻柔洗涤。

2）标准洗涤：洗涤时间可设置并通过数码管实时显示。洗涤顺序如下：电动机正转 20 s→停止 10 s→电动机反转 20 s……脱水，洗涤结束后蜂鸣器发出鸣响。

3）轻柔洗涤：洗涤时间可设置并通过数码管实时显示。洗涤顺序如下：电动机低速正传 10 s→停止 5 s→电动机低速反转 10 s……脱水，洗涤结束后蜂鸣器发出鸣响。

4）脱水：电动机高速正转 30 s。

5）按键 KEY1：标准洗涤与轻柔洗涤模式的切换。

6）按键 KEY2：洗涤开始与停止的切换。

7）按键 KEY3：定时参数加按键。

8）按键 KEY4：定时参数减按键。

2. 设计要求

根据系统功能描述，分析系统基本组成及工作原理，完成系统框图绘制和关键元器件选型；利用 Proteus 完成系统原理图设计与仿真；设计程序流程图并在 Keil C51 编程环境中编写程序；在 Proteus 仿真环境中导入程序，实现系统仿真测试；利用 Proteus 完成系统 PCB 设计，完成系统 PCB 焊接与调试，最终完成实验测试。

4.1.2 系统组成及原理图设计

根据简易智能洗衣机系统功能及设计要求，分析其工作过程，设计简易智能洗衣机系统框图如图 4-1 所示。以 STC89C52 微处理器为核心，系统包括：电源模块、按键模块、2 位数码管显示模块、蜂鸣器模块、电动机驱动模块。

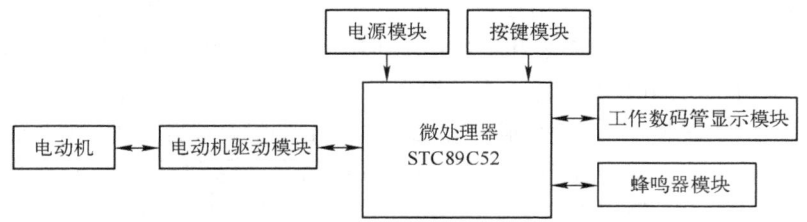

图 4-1　简易智能洗衣机系统框图

根据简易智能洗衣机系统框图，在 Proteus 仿真环境中，搭建如图 4-2 所示的系统仿真电气原理图，包括主控核心 AT89C51（等效于 STC89C52）、按键 KEY1～KEY4、2 位 8 段数码管、蜂鸣器 BUZ1、继电器 RL1 和 RL2 组成的电动机驱动模块。关键模块电路的具体原理分析如下。

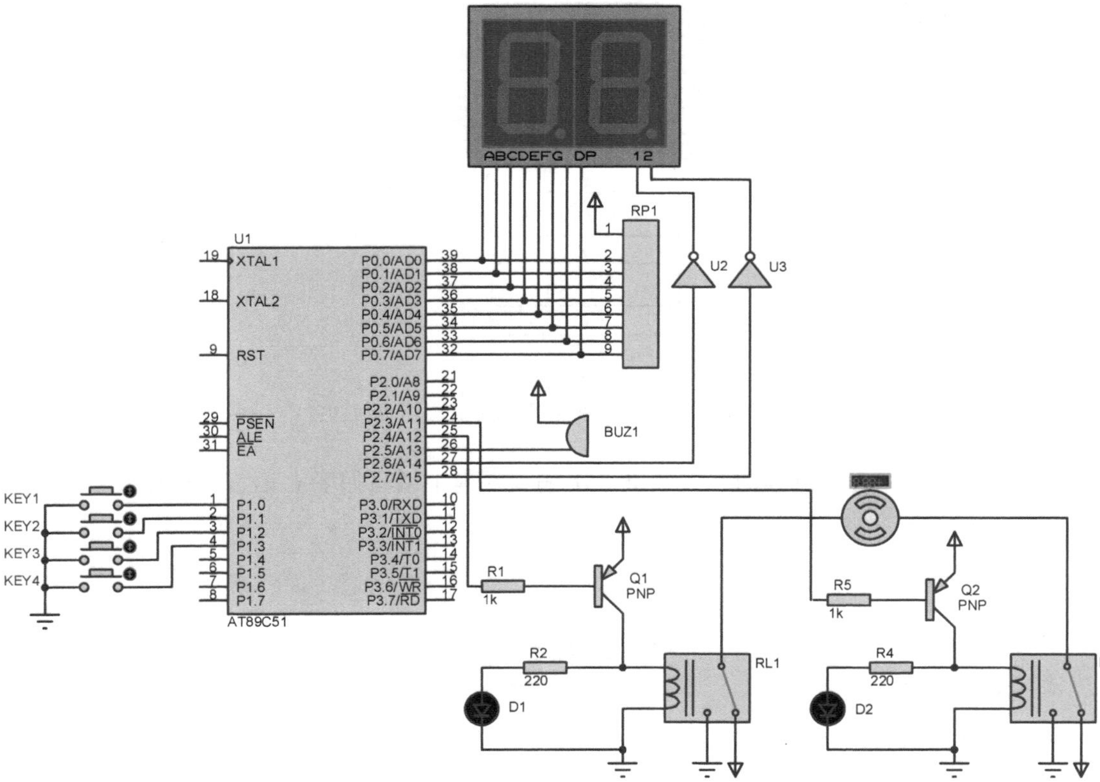

图 4-2　简易智能洗衣机系统仿真电气原理图

1）按键 KEY1～KEY4 分别与单片机 P1.0～P1.3 引脚连接，对应引脚检测到低电平时为有效输入。

2）蜂鸣器 BUZ1 为无源蜂鸣器，引脚一端与电源正极连接，另一端与单片机 P2.5 引脚连接，当 P2.5 引脚输出低电平时，蜂鸣器鸣响，反之蜂鸣器关闭。

3）数码管为 2 位 8 段共阴极，单片机 P2.6 和 P2.7 引脚分别为 2 位数码管高位和低位的位选引脚，引脚 P0. 0~P0. 7 为段选引脚。

4）直流电动机由继电器 RL1 和 RL2 共同驱动，继电器 RL1 和 RL2 对应的单片机控制引脚分别为 P2. 3 和 P2. 4。当 P2. 3 和 P2. 4 分别输出高电平和低电平时，晶体管 Q1 导通，Q2 截止，继电器 RL1 常闭触点保持闭合，继电器 RL2 常开触点闭合，电动机正转，正转指示灯 D1 常亮；当 P2. 3 和 P2. 4 分别输出低电平和高电平时，晶体管 Q1 截止，Q2 导通，继电器 RL1 常开触点闭合，继电器 RL2 常闭触点保持闭合，电动机反转，反转指示灯 D2 常亮；而当 P2. 3 和 P2. 4 引脚均为高电平输出时，继电器 RL1 和 RL2 均不动作，此时，电动机停止，指示灯 D1 和 D2 均熄灭。

4.1.3 系统程序设计

根据简易智能洗衣机系统功能要求，思考系统功能实现的控制逻辑，设计如图 4-3 所示系统控制主程序流程图。首先对 STC89C52 系统时钟、功能引脚和关键参数等进行初始化；然后进入 while 循环，while 循环中执行按键扫描，并根据按键扫描结果执行相应程序；最后数码管输出刷新。

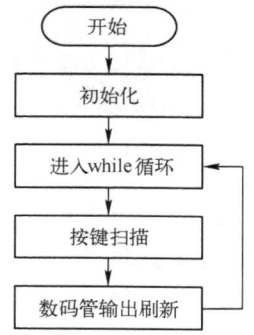

图 4-3　系统控制主程序流程图

根据所设计的主程序流程图，在 Keil C51 编程环境中编写如下 C 语言主程序段：

```
代码                      //注释
void main( )
{
  init( );                //系统初始化
  while(1)                //进入 while 循环
  {
    KEY( );               //按键扫描
    display( );           //数码管输出刷新
  }
}
```

在完成主程序流程图设计基础上，进一步给出如图 4-4 所示的按键扫描及执行程序流程图。

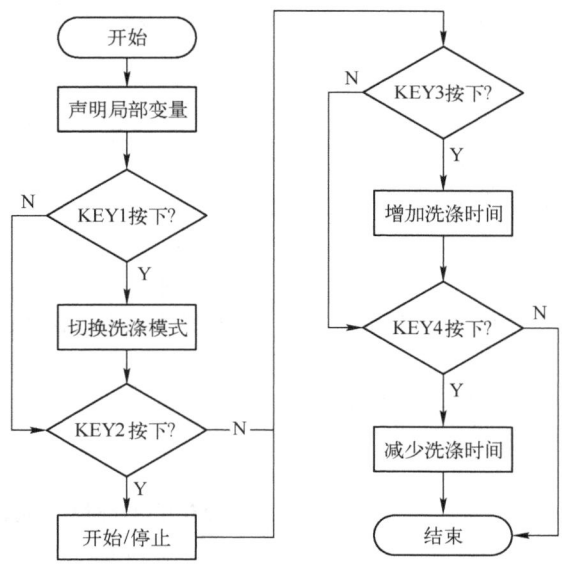

图 4-4　按键扫描及执行程序流程图

当主程序进入按键扫描程序段时，首先对按键初始键值、正反转时间、停止时间等局部变量进行声明，然后依次判断按键 KEY1～KEY4 是否按下。当 KEY1 有效按下后，执行标准洗涤模式和轻柔洗涤模式相互切换；当 KEY2 有效按下后，执行洗涤开始与停止；当 KEY3 有效按下后，设置洗涤时间增加；当 KEY4 有效按下后，设置洗涤时间减少。

根据所设计的程序流程图，在 Keil C51 编程环境中编写 C 语言按键扫描程序段如下：

```
代码                                        //注释
void KEY( )
{
  uchar time_start;
  if( change == 0&&flag_start == 0)         //没有计时,才可以切换模式
  {
    delay(10);                              //按键去抖
    if( change == 0&&flag_start == 0)       //再次判断按键是否按下
    {
      buzz = 0;                             //蜂鸣器开启
      Mode = ! Mode;                        //切换模式
    }
    while( ! change) display( );buzz = 1;   //等待按键释放
}
if( start == 0&&time_start ! = 0)           //计时时间不是零时才可按下
{
  delay(10);                               //按键去抖
  if( start == 0&&time_start ! = 0)         //再次判断
  {
    buzz = 0;                               //蜂鸣器响
```

```
    flag_start = ! flag_start;                    //开始变量取反
    if( flag_start = = 0)                          //关闭时
      {
        D0 = 1;                                    //关闭电动机
        D1 = 1;
        sec = 0;                                   //时间清零
      }
    else                                           //开始时
      min = time_start;                            //将洗涤时间赋值给相关变量
      }
    while( ! start) display( );buzz = 1;           //按键释放
  }
if( flag_start = = 0)
  {                                                //没有开始计时时才可设置计时时间
    if( add = = 0)                                 //加键按下时
      {
        delay( 10);                                //延时去抖
        if( add = = 0)                             //再次判断
          {
            buzz = 0;                              //蜂鸣器响
            min++;                                 //分钟加
            if( min> = 20)                         //分钟最大加到20
            min = 20;
            time_start = min;                      //将分钟赋值给中间变量保存起来
          }
        while( ! add) display( ); buzz = 1;        //等待按键释放
  }
if( sub = = 0)                                     //减按键
  {
    delay( 10);                                    //延时去抖
    if( sub = = 0)                                 //再次判断
      {
        buzz = 0;                                  //蜂鸣器响
        min--;                                     //分钟减
        if( min<0)                                 //分钟最小减到0
        min = 0;
        time_start = min;                          //将分钟数据赋值给中间变量
      }
    while( ! sub) display( ); buzz = 1;            //按键释放
      }
    }
  }
```

4.1.4　系统仿真测试

1. 仿真操作步骤

为了直观地观察所设计系统的有效性，以 Proteus 为仿真工具，搭建仿真环境，并完成简易智能洗衣机系统的仿真测试。具体操作步骤如下。

1）在 Keil C51 中新建工程，工程名称为"智能洗衣机系统 . uvproj"。

2）编写 C 语言程序，编译输出"智能洗衣机系统 . hex"烧录文件。

3）在 Proteus 仿真环境中完成智能洗衣机系统工程新建及原理图绘制。

4）在 Proteus 仿真电气原理图中完成程序加载。

5）单击【仿真运行开始】按钮，设置洗涤模式和洗涤参数，观察实验现象。

2. 仿真现象

按下按键 KEY1，设置洗涤模式为标准洗涤；按键 KEY3 按下 5 次，设置洗涤时间为 5 min；按下按键 KEY2，开始洗涤，如图 4-5a 所示。洗涤开始时，数码管显示洗涤剩余时间 5 min，电动机正转，正转指示灯 D1 红色常亮；电动机正转 20 s 后，电动机停止运转，指示灯熄灭。停止 10 s 后，电动机反转，反转指示灯 D2 绿色常亮，如图 4-5b 所示；电动机反转 20 s 后，停止 10 s，继续执行下一个洗涤循环。5 min 后，洗涤结束，数码管显示剩余时间为 0，同时蜂鸣器发出一声鸣响。

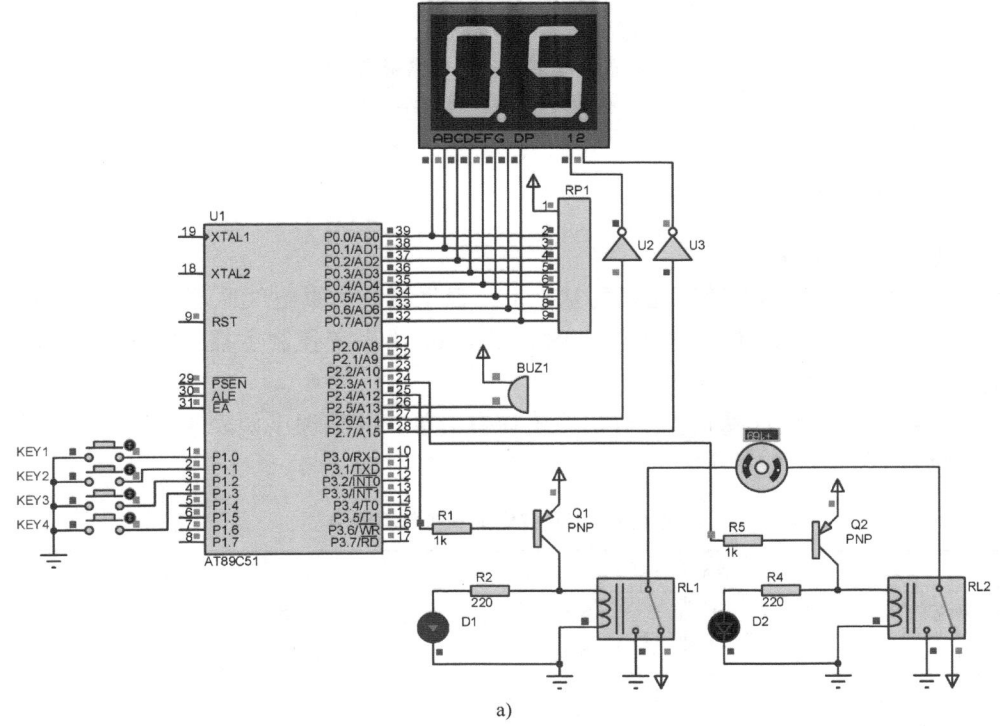

a)

图 4-5　简易智能洗衣机仿真现象

a）标准洗涤模式下电动机正转

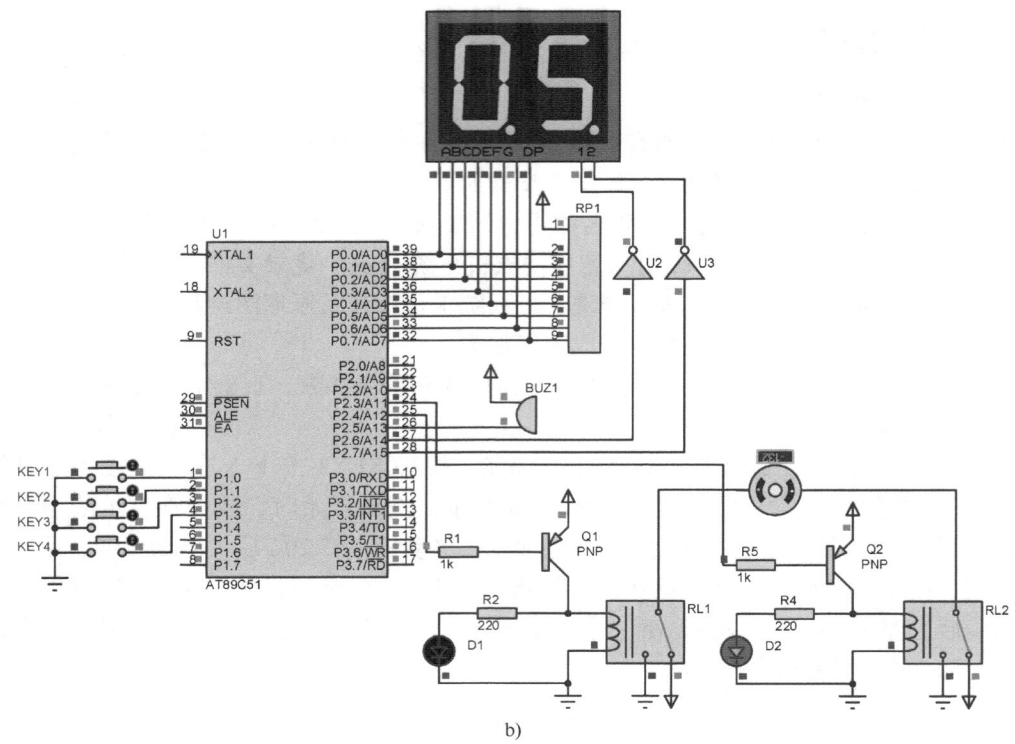

图 4-5　简易智能洗衣机仿真现象（续）

b）标准洗涤模式下电动机反转

4.1.5　系统实验测试

1. 物料准备及焊接

在简易智能洗衣机仿真验证无误的基础上，根据系统仿真电气原理图，在 Proteus 仿真环境中设计如图 4-6 所示系统控制 PCB 图，图 4-6a 为系统控制主板，图 4-6b 为驱动板，两块板子通过 U1 和 U2 接口连接。

在完成系统 PCB 设计基础上，导出系统物料清单，并整理出如表 4-1 所示的系统焊接完成所需物料清单。

表 4-1　简易智能洗衣机物料清单

序号	名　　称	数量	序号	名　　称	数量	序号	名　　称	数量
1	系统 PCB	1	8	5 V 有源蜂鸣器	1	15	5 V 继电器（蓝）	1
2	STC89C52 单片机	1	9	按键	4	16	1 kΩ 电阻	2
3	40 脚 IC 底座	1	10	10 kΩ 电阻	1	17	30 Ω 电阻	2
4	10 μF 电解电容	1	11	2.2 kΩ 电阻	4	18	5 mm 红 LED	1
5	12 MHz 晶振	1	12	220 Ω 电阻	1	19	5mm 绿 LED	1
6	30 pF 瓷片电容	2	13	9012 晶体管	5	20	4P 排针	2
7	两位一体共阳极数码管	1	14	10 kΩ 排阻	1	21	排线	4

（续）

序号	名　　称	数量	序号	名　　称	数量	序号	名　　称	数量
22	小直流电动机	1	24	DC 电源插座	1	26	导线	若干
23	自锁开关	1	25	USB 电源线	1	27	焊锡	若干

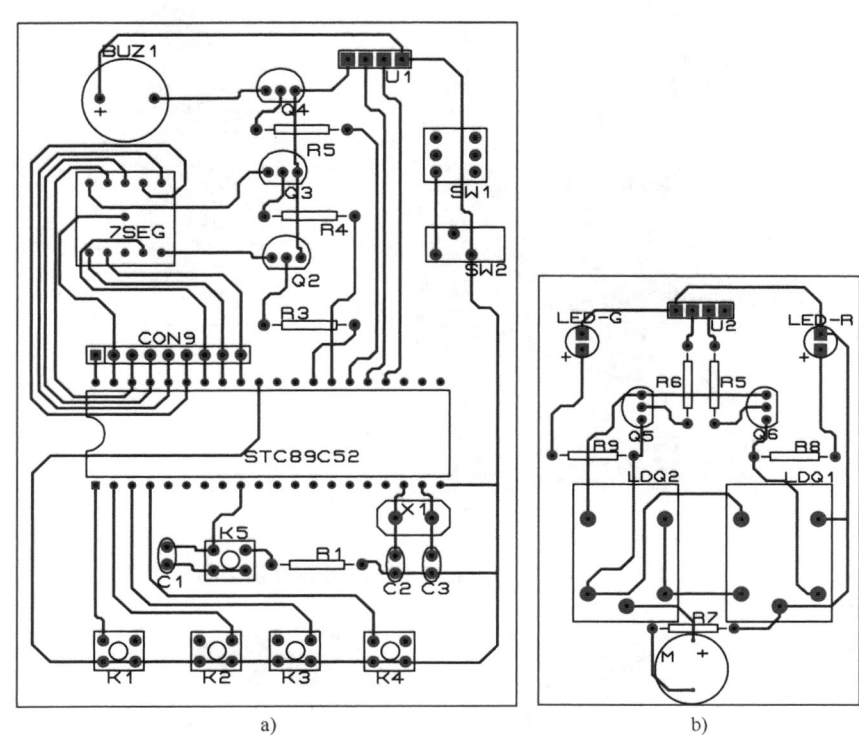

图 4-6　简易智能洗衣机系统控制 PCB

a）系统控制主板　b）驱动板

根据系统原理图，完成系统 PCB 焊接，焊接后的实物图如图 4-7 所示。

2. 实验步骤

1）将仿真验证无误的烧录文件通过烧录器下载至 STC89C52 芯片。

2）在 PCB 实物焊接完成的基础上，将烧录程序后的芯片插入控制板。

3）系统控制板连接电源，按下开发板的电源开关。

4）设置洗涤模式及洗涤参数。

5）观察实验现象。

3. 实验现象

根据上述实验步骤，设置洗涤模式为标准洗涤，洗涤时间为 10 min，按下 KEY2 键开始洗涤。图 4-8a 为洗涤开始，电动机正转 20 s，绿色指示灯常亮；随后停止运转 10 s，指示灯熄灭，图 4-8b 为洗涤中，电动机反转 20 s，红色指示灯常亮；如此循环；图 4-8c 为洗涤结束，此时数码管显示洗涤剩余时间为 0，蜂鸣器发出一声鸣响。

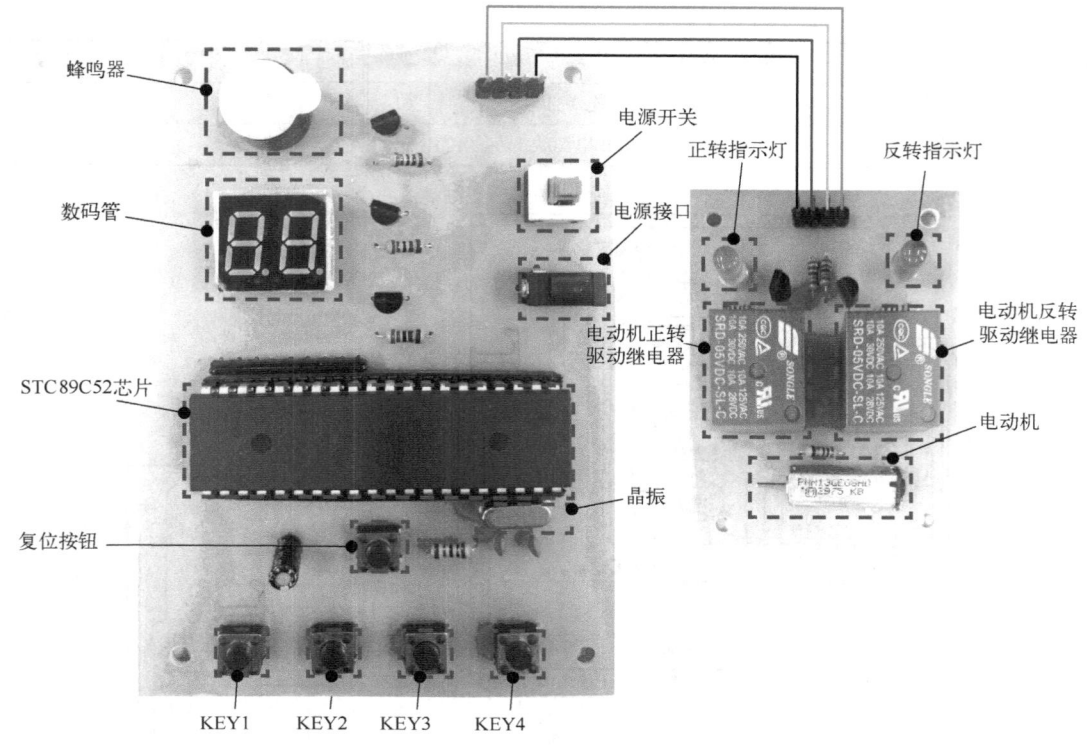

图 4-7　简易智能洗衣机系统控制 PCB 实物图

a)　　　　　　　　　　b)　　　　　　　　　　c)

图 4-8　简易智能洗衣机实验现象

a）正转洗涤　b）反转洗涤　c）洗涤结束

二维码 4-1
洗衣机实验测试

小试牛刀

1）尝试在标准洗涤及轻柔洗涤结束后增加漂洗流程，漂洗时间为 2 min，漂洗流程为：正转 5 s→停止 5 s→反转 5 s，如此循环。

2）尝试通过编程实现电动机速度的改变，使得标准洗涤模式下的电动机转速大于轻柔洗涤模式下的电动机转速。

4.1.6　拓展训练

1. 设计任务

在上述"简易智能洗衣机系统"学习的基础上，对系统功能进一步拓展，完成"智能洗衣机系统"的升级设计，并完成以下任务。

1）在参照上述设计报告的基础上，完成所升级系统的设计报告撰写，尽可能体现设计原理及设计制作过程。

2）提交系统设计实物一套。

3）提交系统设计源码资料一份。

2. 设计要求

升级洗衣机系统应具备基础功能和拓展功能，其中基础功能为必做，拓展功能为选做，具体要求如下。

❑ **基础功能**

标准洗涤、轻柔洗涤、漂洗、脱水、显示及提示、输入功能。

❑ **显示方式拓展（任选一）**

1）LCD1602 液晶屏显示。

2）3 位以上数码管显示。

3）0.96 in OLED 显示屏。

4）语音播报提示。

❑ **输入方式拓展（任选一）**

1）多按键。

2）3.5 in 以上的触摸显示屏。

3）语音输入。

4）红外遥控器输入。

❑ **功能拓展（至少选二）**

1）增加一只独立按键，模拟洗衣机盖子的打开和关闭，要求在任何状态下，打开盖子后，电动机立即停止运转，合上后，继续完成终止前的洗涤任务。

2）增加两只独立按键，模拟洗涤衣物的增加和减少，根据放入衣物数量的多少，自动调节洗涤的时间。

3）若洗涤过程中突然断电，当恢复供电时，继续完成断电前的洗涤任务。

4）增加一个 LED，模拟外部供水电磁阀的打开和关闭，并根据洗涤状态，或根据放入衣物数量的多少，自动调节放水的量。

4.2　简易电子秤系统项目设计

4.2.1　系统功能及设计要求

1. 系统功能描述

以 STC89C52 单片机为系统控制核心，拓展必要的外部电路，参考如图 4-9 所示的普通电子秤的原理及功能，设计一款简易电子秤系统，要求具备称重、去皮、显示和蜂鸣器提示的基础功能。此外，还可以通过按键对砝码进行校准等。

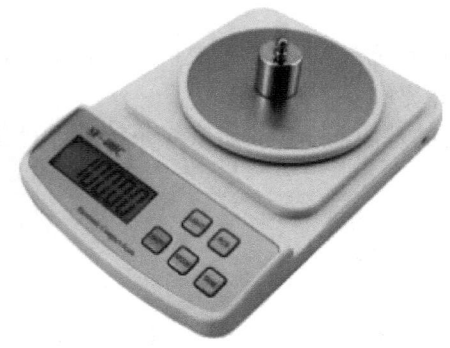

图 4-9   普通电子秤

具体功能描述如下。

1）称重功能：量程 0~10 kg，精度 ≤5 g。

2）去皮功能：按下去皮按键，去除容器或包装的质量后进行称重。

3）显示功能：实时显示当前质量。

4）蜂鸣器提示：按下按键发出短音鸣响，超重发出闪鸣，直至质量回归至量程内。

5）按键 KEY1：系统复位按键。

6）按键 KEY2：去皮按键。

7）按键 KEY3：校准加按键。

8）按键 KEY4：校准减按键。

2. 设计要求

根据系统功能描述，分析系统基本组成及工作原理，完成系统框图绘制和关键元器件选型；利用 Proteus 完成系统原理图设计与仿真；设计程序流程图并在 Keil C51 编程环境中编写程序；在 Proteus 仿真环境中导入程序，实现系统仿真测试；利用 Proteus 完成系统 PCB 设计，完成系统 PCB 焊接与调试，最终完成实验测试。

4.2.2   系统组成及原理图设计

根据简易电子秤系统功能及设计要求，分析其工作过程，设计如图 4-10 所示的简易电子秤系统框图。以 STC89C52 微处理器为核心，系统包括：电源模块、按键模块、LCD 液晶显示模块、蜂鸣器模块、称重传感器及 A-D 转换模块。

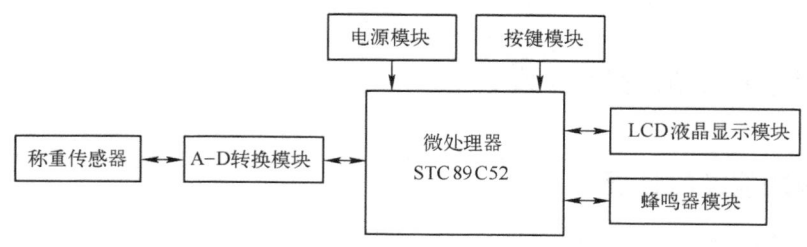

图 4-10   简易电子秤系统框图

根据简易电子秤系统框图，在 Proteus 仿真环境中，搭建系统仿真电气原理图，如图 4-11 所示，包括主控核心 AT89C51 （等效于 STC89C52）、按键 KEY1~KEY6、LCD1602 液晶显示屏、蜂鸣器 BUZ1、A-D 转换模块 HX711 以及 LED 指示灯 D1。关键模块电路的原理分析如下。

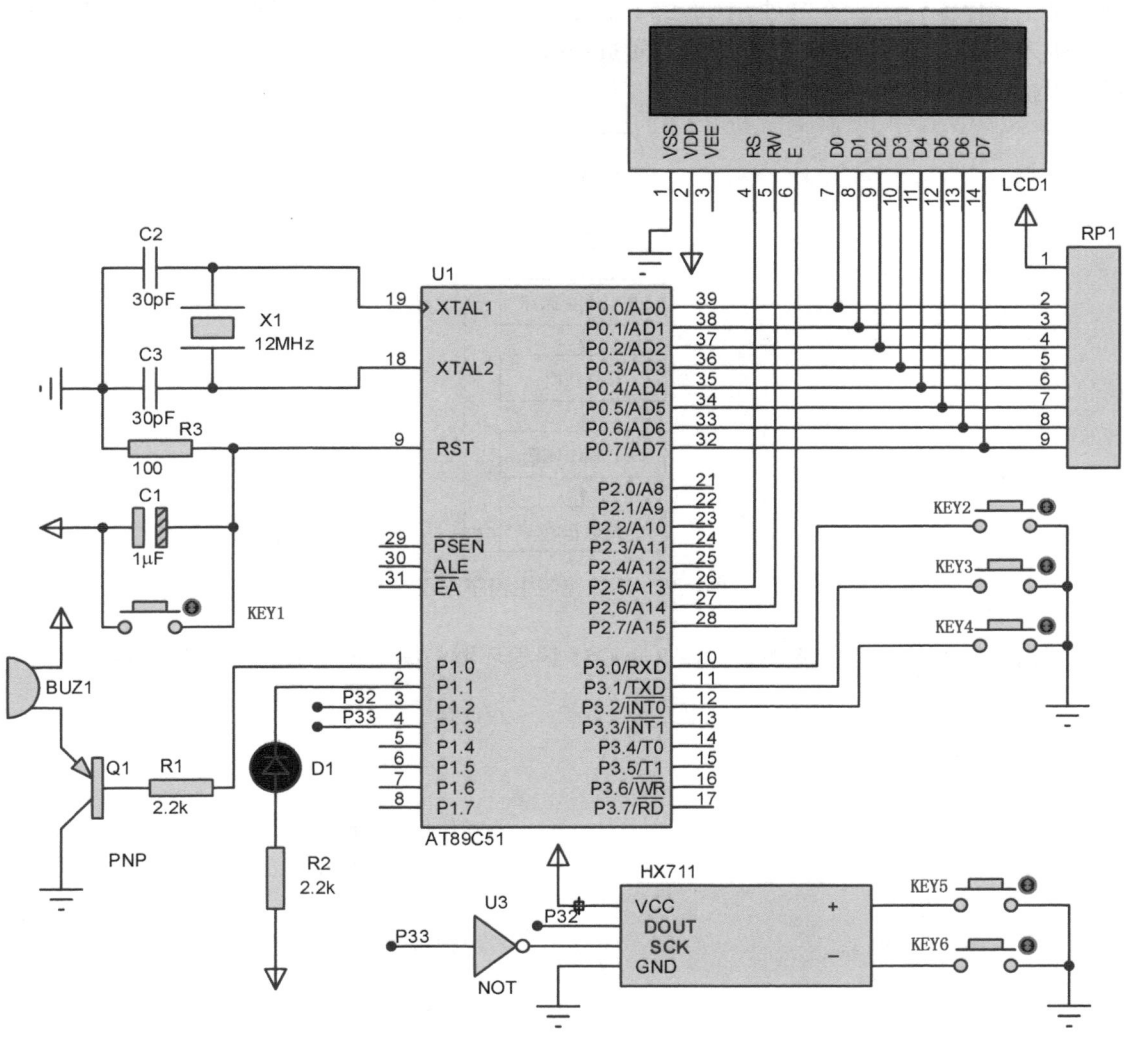

图 4-11　简易电子秤系统仿真电气原理图

1）按键 KEY1 与单片机 RST 引脚连接，为复位引脚。KEY2~KEY4 分别与单片机 P3.0~ P3.2 引脚连接，对应引脚检测到低电平为有效输入。

2）蜂鸣器 BUZ1 为无源蜂鸣器，正极引脚与电源正极连接，负极由晶体管 Q1 驱动，受单片机 P1.0 引脚控制。当 P1.0 输出低电平时，蜂鸣器鸣响，反之蜂鸣器关闭。

3）液晶显示屏 LCD1 为 LCD1602，其控制引脚与单片机 P2.5~P2.7 引脚连接，数据引脚与单片机 P0.0~P0.7 引脚连接。

4）HX711 为 A-D 转换模块，KEY5 和 KEY6 分别用于外部输入质量的递增和递减，模块的时钟引脚和数据引脚分别与单片机 P1.2 和 P1.3 引脚连接。

4.2.3　系统程序设计

　　根据简易电子秤系统功能要求，思考系统功能实现的控制逻辑，设计如图 4-12 所示系统控制主程序流程图。首先对 STC89C52 系统时钟、液晶、中断和关键参数等进行初始化；然后进入 while 循环，while 循环中执行质量获取→LCD 输出刷新→按键扫描，并根据按键扫描结果执行相应程序。

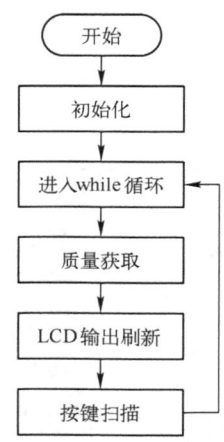

图 4-12　系统控制主程序流程图

　　根据所设计的主程序流程图，在 Keil C51 编程环境中编写如下 C 语言主程序段：

```
代码                                    //注释
void main( )
{
  init_eeprom( );                       //初始化单片机内部 EEPROM
  Init_LCD1602( );                      //初始化 LCD1602
  EA = 0;
  Timer0_Init( );                       //时钟初始化
  EA = 1;
  LCD1602_write_com(0x80);              //指针设置
  LCD1602_write_word(" Welcome To Use ");  //第一行输出字符串
  LCD1602_write_com(0x80+0x40);          //指针设置
  LCD1602_write_word("Electronic Scale");  //第二行输出字符串
  Get_Maopi( );
  LCD1602_write_com(0x80);              //指针设置
  LCD1602_write_word("The Weight:      ");  //第一行输出字符串
  LCD1602_write_com(0x80+0x40);          //指针设置
  LCD1602_write_word("0.000kg");        //第二行输出字符串
  while(1)
  {
```

```
    if (FlagTest = = 1)                           //每 0.5 s 称重一次,称重标志位置位
    {
        Get_Weight();                             //获取质量并显示
        FlagTest = 0;                             //称重标志位复位
    }
        KeyPress();                               //按键扫描
    }
}
```

在完成主程序流程图设计基础上，给出如图 4-13 所示质量获取及显示相关的程序流程图。当主程序进入重量获取程序段时，首先从单片机内部 FLASH 读取最新的毛重，并通过 HX711 获取外部称重传感器数据；然后计算出当前称重对象的实际质量，根据当前质量，判断是否超载，超载时，蜂鸣器开启，发光二极管点亮，否则，蜂鸣器关闭，并通过 LCD1602 液晶显示屏实时刷新输出当前质量。

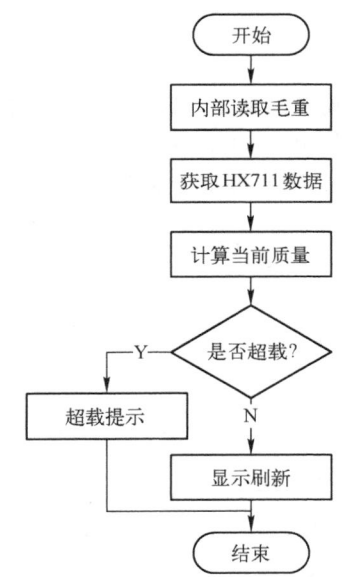

图 4-13 质量获取及显示程序流程图

根据所设计的程序流程图，在 Keil C51 编程环境中编写如下 C 语言质量获取及显示刷新程序段：

```
代码                                              //注释
void Get_Weight()
{
    Weight_Shiwu = HX711_Read();                  //获取当前质量
    Weight_Shiwu = Weight_Shiwu - Weight_Maopi;   //获取净重
    Weight_Shiwu = (unsigned int)((float)(Weight_Shiwu * 10)/GapValue)-qupi;  //计算实物的
                                                  //实际质量
    if( Weight_Shiwu >= 10000)                    //超重报警
```

```
    {
      Buzzer = ! Buzzer;                              //蜂鸣器开启
      LED = ! LED;                                    //LED 点亮
      LCD1602_write_com(0x80+0x40+8);
      LCD1602_write_word("--. ---");                  //LCD 输出超重提示
    }
    else
    {
      if(Weight_Shiwu==0)                             //当前质量为 0
        LED=0;                                        //LED 点亮
      else if(Weight_Shiwu>0)                         //当前质量不为 0
        LED=1;                                        //LED 熄灭
        Buzzer = 1;                                   //蜂鸣器关闭
        Display_Weight();                             //LCD 输出刷新
    }
  }
```

在完成主程序流程图设计基础上，给出如图 4-14 所示按键扫描程序流程图。当主程序进入按键扫描程序段时，首先判断按键 KEY1 是否有效按下，若是则执行去皮程序段；随后判断 KEY2 是否有效按下，若是则执行校准上调程序段；最后判断按键 KEY3 是否有效按下，若是则执行校准下调程序段。

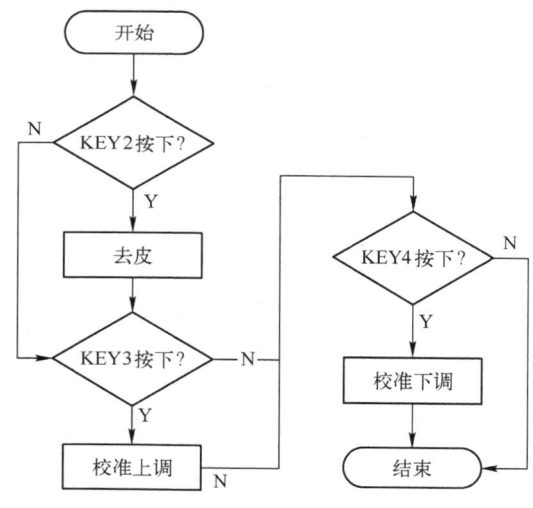

图 4-14　按键扫描程序流程图

根据所设计的程序流程图，在 Keil C51 编程环境中编写如下 C 语言按键扫描程序段：

```
代码                              //注释
void KeyPress()
{
  if(ROW1==0)                     //KEY2 去皮键按下
  {
```

```
        Delay_ms(5);
        if(ROW1==0)                    //确认 KEY2 有效按下
        {
            if(qupi==0)
                qupi=Weight_Shiwu;
            else
                qupi=0;
                Buzzer=0;
                Delay_ms(50);
                Buzzer=1;
                while(ROW1==0);        //等待按键释放
        }
    }
if(ROW2==0)                            //KEY3 校准上调按键按下
    {
        Delay_ms(5);
        if(ROW2==0)                    //确认 KEY3 有效按下
        {
            while(!ROW2)               //等待按键 KEY3 释放
            {
                key_press_num++;
                if(key_press_num>=100)
                {
                    key_press_num=0;
                    while(!ROW2)
                    {
                        if(GapValue<10000)
                            GapValue+=10;
                            Buzzer=0;
                            Delay_ms(10);
                            Buzzer=1;
                            Delay_ms(10);
                            Get_Weight();
                    }
                }
                Delay_ms(10);
            }
            if(key_press_num!=0)
            {
                key_press_num=0;
                if(GapValue<10000)
                GapValue++;
                Buzzer=0;
```

```
            Delay_ms(50);
            Buzzer=1;
          }
        write_eeprom();
      }
    }
  if(ROW3==0)                    //KEY4 校准下调按钮按下
  {
    Delay_ms(5);
    if(ROW3==0)                  //确认 KEY4 有效按下
    {
      while(! ROW3)              //等待按键释放
      {
        key_press_num++;
        if(key_press_num>=100)
        {
          key_press_num=0;
          while(! ROW3)
          {
            if(GapValue>1)
            GapValue-=10;
            Buzzer=0;
            Delay_ms(10);
            Buzzer=1;
            Delay_ms(10);
            Get_Weight();
          }
        }
        Delay_ms(10);
      }
      if(key_press_num! =0)
      {
        key_press_num=0;
        if(GapValue>1)
        GapValue--;
        Buzzer=0;
        Delay_ms(50);
        Buzzer=1;
      }
      write_eeprom();//保存设置的参数
    }
  }
}
```

4.2.4　系统仿真测试

1. 仿真操作步骤

为了直观地观察所设计系统的有效性，以 Proteus 为仿真工具，搭建仿真环境，并完成简易电子秤系统的仿真测试。具体操作步骤如下。

1）在 Keil C51 中新建工程，工程名称为"简易电子秤系统 . uvproj"。

2）编写 C 语言程序，编译输出"简易电子秤系统 . hex"烧录文件。

3）在 Proteus 仿真环境中完成简易电子秤系统工程新建及原理图绘制。

4）在 Proteus 仿真电气原理图中完成程序加载。

5）单击【仿真运行开始】按钮，模拟称重输入、去皮、校准等操作，观察实验现象。

2. 仿真现象

按下按键 KEY4，模拟输入外部负载递增，液晶显示屏 LCD1 显示当前质量为 2.266 kg，如图 4-15a 所示，发光二极管 D1 熄灭，蜂鸣器 BUZ1 关闭；持续按下按键 KEY4，模拟外部负载逐渐递增，当质量超出量程范围 10 kg 时，数码管输出"--. ---kg"超载报警提示，如图 4-15b 所示，同时发光二极管 D1 闪亮，蜂鸣器闪鸣。

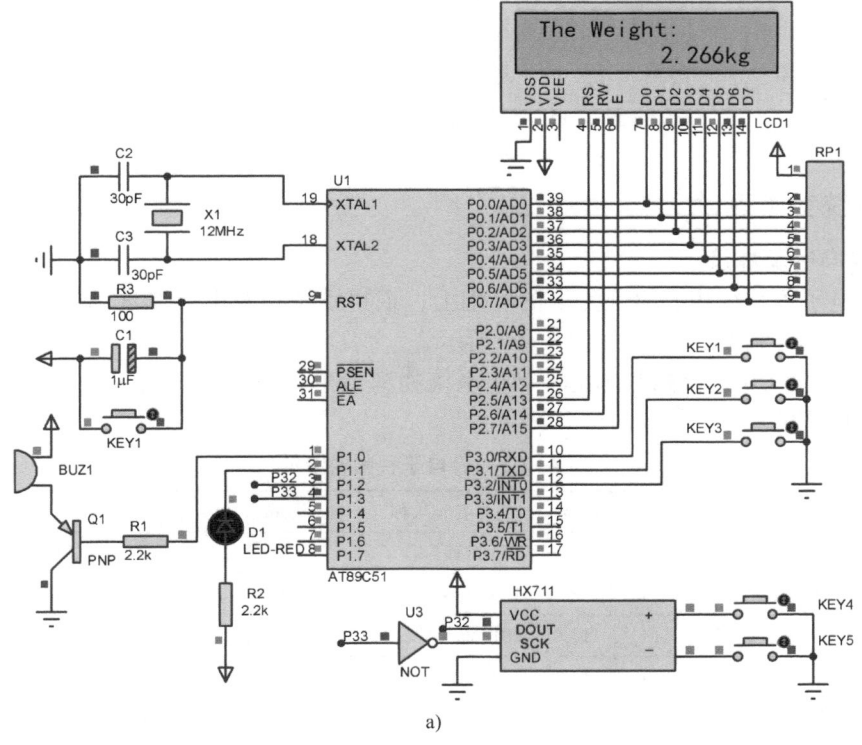

a)

图 4-15　简易电子秤仿真现象

a) 量程范围内称重

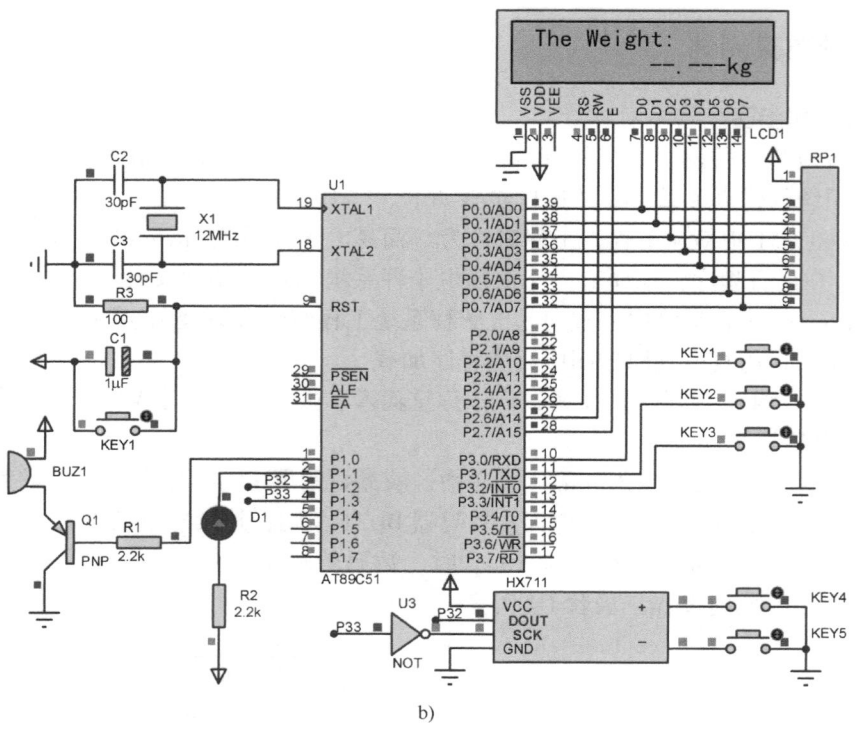

b)

图 4-15　简易电子秤仿真现象（续）

b）超载报警提示

4.2.5　系统实验测试

1. 物料准备及焊接

在简易电子秤系统仿真验证无误的基础上，根据系统仿真电气原理图，在 Proteus 仿真环境中设计系统控制 PCB 图，如图 4-16 所示。

在完成系统 PCB 设计的基础上，导出系统物料清单，整理出如表 4-2 所示的系统焊接完成所需物料清单。

表 4-2　简易电子秤物料清单

序号	名　　称	数量	序号	名　　称	数量	序号	名　　称	数量
1	系统 PCB	1	11	16p 排针	1	21	100 μF 电解电容	1
2	STC89C52 单片机	1	12	16p 单排母座	1	22	称重传感器	1
3	40 脚 IC 底座	1	13	9012 晶体管	1	23	HX711 模块	1
4	10 μF 电解电容	1	14	1 kΩ 电阻	1	24	自锁开关	1
5	12 MHz 晶振	1	15	10 kΩ 电阻	4	25	DC 电源插座	1
6	30 pF 瓷片电容	2	16	2.2 kΩ 电阻	2	26	USB 电源线	1
7	LCD1602 液晶屏	1	17	5 mm 红 LED	1	27	导线	若干
8	5 V 有源蜂鸣器	1	18	4P 单排母座	2	28	焊锡	若干
9	按键	4	19	6p 单排母座	1			
10	10 kΩ 排阻	1	20	XH-4P 母座	1			

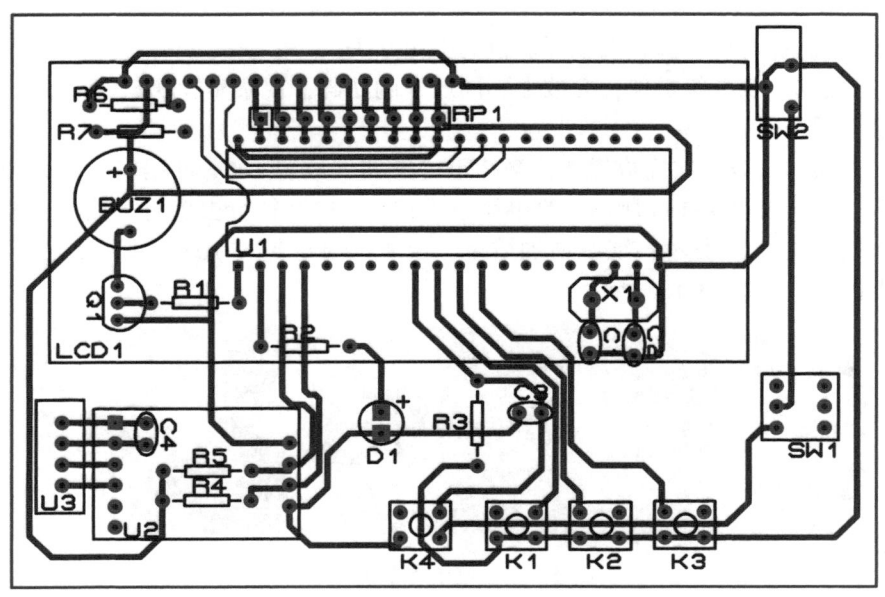

图 4-16　简易电子秤系统控制 PCB

根据系统原理图，完成系统 PCB 焊接，焊接后的实物图如图 4-17 所示。

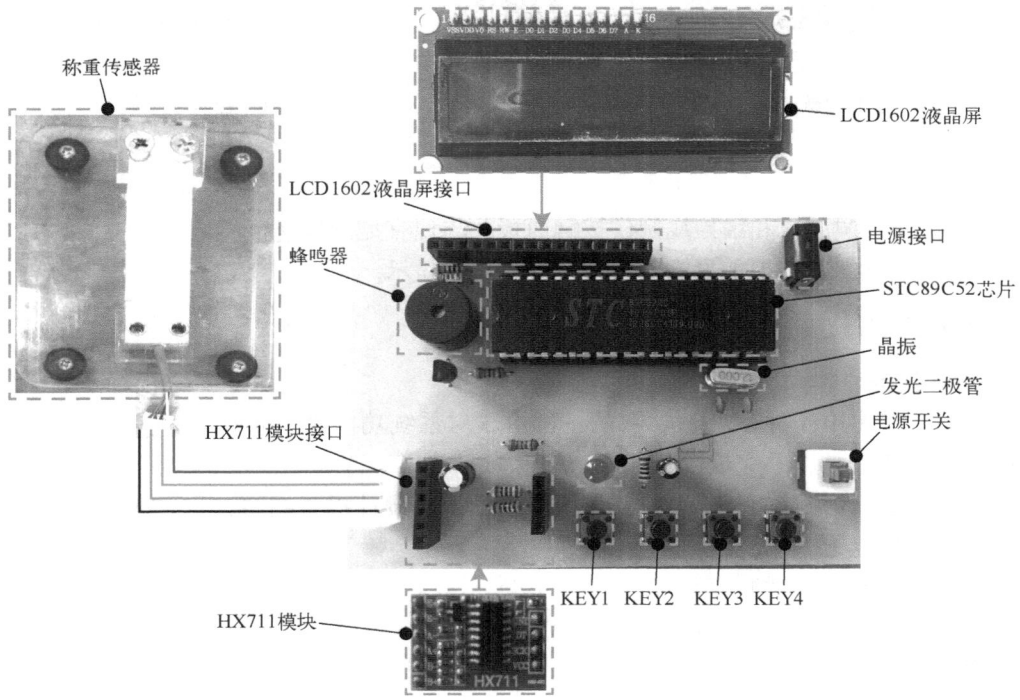

图 4-17　简易电子秤系统控制 PCB 实物图

2. 实验步骤

1）将仿真验证无误的烧录文件通过烧录器下载至 STC89C52 芯片。

2）在 PCB 实物焊接完成的基础上，将烧录程序后的芯片插入控制板。

3）系统控制板连接电源，按下开发板的电源开关。

4）执行去皮、校准等操作，并放上不同质量的砝码，观察实验现象。

3. 实验现象

根据上述实验步骤依次完成操作，当称重传感器上放置 100 g 砝码时，LCD1602 显示当前质量为 0.1 kg，如图 4-18a 所示；当继续按下按键 KEY2 执行去皮时，液晶屏显示当前质量为 0 kg，如图 4-18b 所示；继续增加质量，当所加质量超过 10 kg 时，发光二极管闪烁，同时蜂鸣器闪鸣，如图 4-18c 所示。

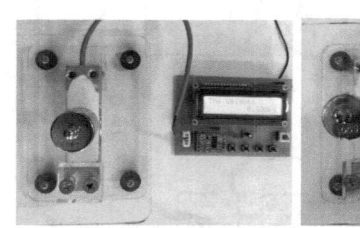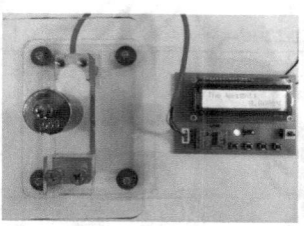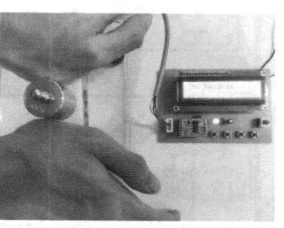

图 4-18　简易电子秤系统实验现象

a）100 g 砝码称重测试　b）去皮测试　c）超载测试

二维码 4-2　　　　　二维码 4-3　　　　　二维码 4-4
称重测试试验　　　　去皮测试试验　　　　超载测试试验

小试牛刀

1）尝试通过洞洞板和细导线制作按键面板并与现有控制板连接。

2）尝试通过编程实现单价输入、显示和总价的显示。

4.2.6　拓展训练

1. 设计任务

在上述"简易电子秤系统"学习的基础上，对系统功能进一步拓展，完成"智能电子秤系统"的升级设计，并完成以下任务。

1）在上述设计报告的基础上，完成所升级系统的设计报告撰写，尽可能地体现设计原理及设计制作过程。

2）提交系统设计实物一套。

3）提交系统设计源码资料一份。

2. 设计要求

升级电子秤系统应具备基础功能和拓展功能，其中基础功能为必做，拓展功能为选做，具体要求如下。

□ 基础功能

称重、显示及提示、输入功能。

❑ **显示方式拓展（任选一）**

1）PC 端串口调试助手显示。

2）多位数码管显示。

3）0.96 in OLED 显示屏。

4）语音播报提示。

❑ **输入方式拓展（任选一）**

1）矩阵键盘。

2）3.5 in 以上的触摸显示屏。

3）PC 端串口输入。

4）红外遥控器输入。

❑ **功能拓展（至少选二）**

1）增加单价输入、总价计算并显示。

2）若选择语音播报方式，则需要语音播报显示屏上的信息。

3）称重历史数据可以保存并调出，包括质量、单价、总价。

4）选择语音播报方式时，按下按键的同时语音播报当前的键值。

4.3　智能粮仓温湿度控制系统项目设计

4.3.1　系统功能及设计要求

1. 系统功能描述

以 STC89C52 单片机为系统控制核心，拓展必要的外部电路，围绕粮仓温湿度智能控制，设计一款智能粮仓温湿度控制系统，要求具备温湿度检测、显示、降温、除湿和蜂鸣器提示的基础功能。此外，可以通过按键对系统进行设置等操作。具体功能描述如下。

1）温度检测功能：量程 0~50℃，误差±2℃。

2）湿度检测功能：量程 20%~90%RH，误差±5%RH。

3）显示功能：实时显示当前温湿度值和降温除湿的上限值。

4）蜂鸣器提示：按下按键发出短音鸣响，温湿度超过上限值时发出闪鸣，直至回归至设定范围内。

5）按键 KEY1：系统复位按键。

6）按键 KEY2：递增按键/蜂鸣器关闭按键。

7）按键 KEY3：递减按键。

8）按键 KEY4：设置按键。

2. 设计要求

根据系统功能描述，分析系统基本组成及工作原理，完成系统框图绘制和关键元器件选型；利用 Proteus 完成系统原理图设计与仿真；设计程序流程图并在 Keil C51 编程环境中编写程序；在 Proteus 仿真环境中导入程序，实现系统仿真测试；利用 Proteus 完成系统 PCB 设计，完成系统 PCB 焊接与调试，最终完成实验测试。

4.3.2　系统组成及原理图设计

根据智能粮仓温湿度控制系统功能及设计要求，分析其工作过程，设计如图 4-19 所示的智能粮仓温湿度控制系统框图。以 STC89C52 微处理器为核心，系统包括：电源模块、按键模块、LCD 液晶显示模块、蜂鸣器模块、温湿度检测模块及双路电动机驱动模块等。

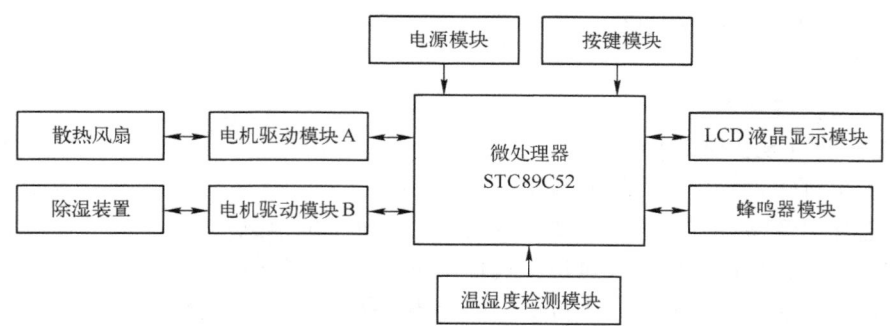

图 4-19　智能粮仓温湿度控制系统框图

根据智能粮仓温湿度控制系统框图，在 Proteus 仿真环境中，搭建如图 4-20 所示的系统仿真电气原理图，包括主控核心 AT89C51（等效于 STC89C52）、按键 KEY1~KEY4、LCD 液晶显示屏、蜂鸣器 BUZ1、继电器 RL1 组成的散热电动机驱动模块和继电器 RL2 组成的除湿装置驱动模块。关键模块电路的具体原理分析如下。

1）按键 KEY1 与单片机 RST 引脚连接，为复位引脚。KEY2~KEY4 分别与单片机 P3.5~P3.7 引脚连接，对应引脚检测到低电平为有效输入。

2）蜂鸣器 BUZ1 为无源蜂鸣器，负极引脚与地连接，正极由晶体管 Q1 驱动，受单片机 P1.4 引脚控制。当 P1.0 输出低电平时，蜂鸣器鸣响，反之蜂鸣器关闭。

3）液晶显示屏 LCD1 为 LCD1602，其控制引脚与单片机 P1.0~P1.2 引脚连接，数据引脚与单片机 P0.0~P0.7 引脚连接。

4）温湿度检测传感器 DHT11 的数据引脚与单片机引脚 P1.5 连接，由 P1.5 引脚模拟总线时序发送命令和读取温湿度数据。

5）散热风扇由继电器 RL1 和晶体管 Q2 构成的驱动电路驱动，受单片机 P1.3 引脚控制。当 P1.3 输出低电平时，对应红色发光二极管 D1 点亮，散热风扇开启，反之，红色发光二极管 D1 熄灭，散热风扇关闭。

6）除湿装置由继电器 RL2 和晶体管 Q3 构成的驱动电路驱动，受单片机 P1.6 引脚控制。当 P1.6 输出低电平时，对应黄色发光二极管 D2 点亮，除湿装置开启，反之，黄色发光二极管 D2 熄灭，除湿装置关闭。

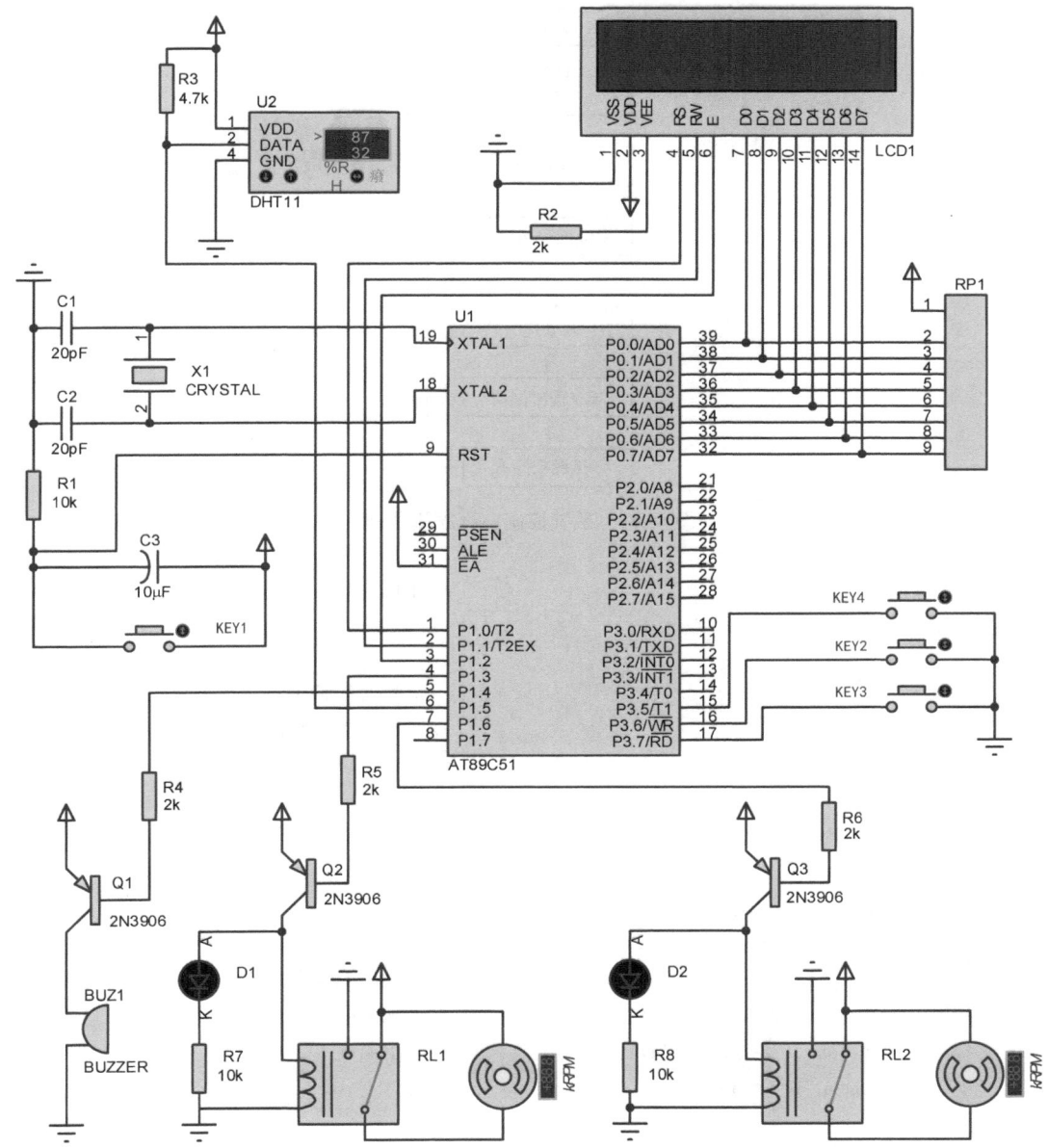

图 4-20　智能粮仓温湿度控制系统仿真电气原理图

4.3.3　系统程序设计

　　根据智能粮仓温湿度控制系统功能要求，思考系统功能实现的控制逻辑，设计如图 4-21 所示的系统控制主程序流程图。首先对 STC89C52 系统时钟、液晶、中断和关键参数等进行初始化；然后进入 while 循环，while 循环中执行温湿度数据获取→温湿度报警判断与处理→LCD 输出刷新→按键扫描，并根据按键扫描结果执行相应程序。

　　根据所设计的主程序流程图，在 Keil C51 编程环境中编写如下 C 语言主程序段：

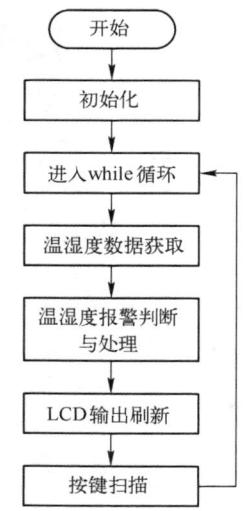

图 4-21　系统控制主程序流程图

```
代码                                      //注释
void main( )
{
  time_init( ) ;                          //定时器初始化
  init_1602( ) ;                          //LCD1602 初始化
  while(1)
  {
    if( flag_300ms = = 1)
    {
      flag_300ms = 0;
      if( beep = = 1)
      dst11( ) ;                          //先读出温湿度的值
      write_sfm2(2,6,table_dht11[0]) ;     //显示湿度
      write_sfm2(1,6,table_dht11[2]) ;     //显示温度
      if( menu_1 = = 1)
      {
        write_com(0x80+12) ;               //将光标移动到个位
        write_com(0x0f) ;                  //显示光标并且闪烁
      }
      if( menu_1 = = 2)
      {
        write_com(0x80+0x40+12) ;          //将光标移动到个位
        write_com(0x0f) ;                  //显示光标并且闪烁
      }
      clock_h_l( ) ;                       //报警函数
    }
    key( ) ;
```

```
      if( key_can ! = 0)
      {
        key_with( ) ;                      //设置报警温度
        if( menu_1 = = 0)
        {
          if( key_can = = 3)
          {
            flag_en = 0;                   //手动取消报警
            beep = 1;                      //关闭蜂鸣器
          }
        }
      }
      delay_1ms( 1) ;
    }
}
```

在完成主程序流程图设计的基础上，给出如图 4-22 所示的温湿度报警与处理相关程序流程图。当主程序进入温湿度报警与处理程序段时，首先从单片机内部 FLASH 读取最新的温湿度上限值；然后判断温度是否超出上限，若是则开启降温处理，即打开散热风扇，蜂鸣器闪鸣，否则关闭降温处理；随后继续判断湿度是否超出上限，若是则开启除湿处理，即打开除湿设备，蜂鸣器闪鸣，否则关闭除湿处理。

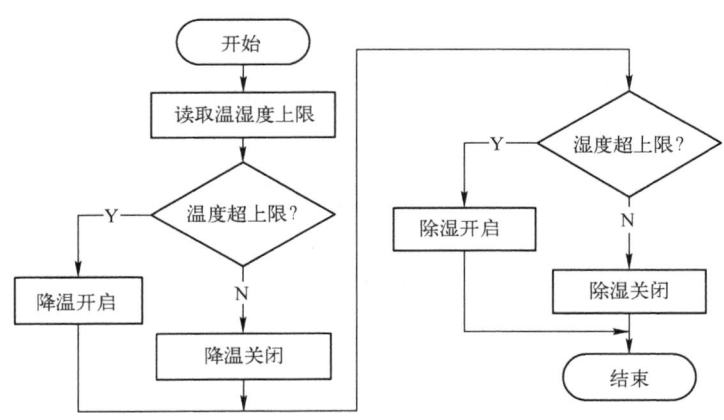

图 4-22　温湿度报警与处理程序流程图

根据所设计的主程序流程图，在 Keil C51 编程环境中编写如下 C 语言主程序段：

```
代码                                 //注释
void clock_h_l( )
{
  static uchar value,value1,value2;
  if( ( table_dht11[2] >= t_high) )
  {
    value1 ++;                      //消除温度在边界时的干扰
```

```
      if( value1 > 2 )
        {
          relay1 = 0;                    //打开继电器
        }
      }
    else
      {
        value1 = 0;
        relay1 = 1;                      //关闭继电器
      }
    if( ( table_dht11[0] >= s_high ) )
      {
        value2 ++;                       //消除湿度在边界时的干扰
        if( value2 > 2 )
          {
            relay2 = 0;                  //打开继电器
          }
      }
    else
      {
        value2 = 0;
        relay2 = 1;                      //关闭继电器
      }
    if( ( table_dht11[0] >= s_high ) || ( table_dht11[2] >= t_high ) )
      {
        value ++;
        if( value >= 2 )
        if( flag_en == 1 )
        beep = ~beep;                    //蜂鸣器报警
      }
    else
      {
        beep = 1;
        value = 0;
        flag_en = 1;
      }
    }
```

　　在完成所设计主程序流程图的基础上，给出如图 4-23 所示的按键扫描程序流程图。当主程序进入按键扫描程序段时，首先判断按键 KEY4 是否有效按下，若是则将设置标志位 Mflag 自增；随后根据 Mflag 的值判断设置温度上限还是设置温度下限。

　　根据所设计的程序流程图，在 Keil C51 编程环境中编写如下 C 语言按键扫描程序段：

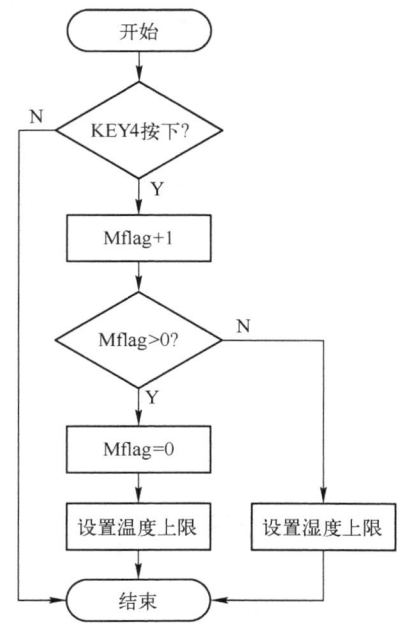

图 4-23 按键扫描程序流程图

```
代码                            //注释
void key_with( )
{
  if( key_can = = 1)             //设置键 KEY4 按下
  {
    menu_1 ++;
    if( menu_1 > 2)
    {
      menu_1 = 0;
      init_1602( );//lcd1602 初始化
    }
  }
  if( menu_1 = = 1)             //设置高温报警
  {
    if( key_can = = 2)
    {
      t_high ++ ;               //设置高温值加 1
      if( t_high > 99)
      t_high = 99;
    }
    if( key_can = = 3)
    {
    t_high -- ;                //设置高温值减 1
    if( t_high <= 1)
    t_high = 1;
    }
```

```
                write_sfm2(1,13,t_high);        //显示温度
                write_sfm2(2,13,s_high);        //显示湿度
                write_com(0x80+12);             //将光标移动到个位
                write_com(0x0f);                //显示光标并且闪烁
            }
        if(menu_1 == 2)                          //设置高湿报警
        {
            if(key_can == 2)
            {
                s_high ++ ;                       //设置高湿值加1
                if(s_high > 99)
                s_high = 99;
            }
            if(key_can == 3)
            {
                s_high -- ;                       //设置高湿值减1
                if(s_high <= 1)
                s_high = 1;
            }
            write_sfm2(1,13,t_high);             //显示温度
            write_sfm2(2,13,s_high);             //显示湿度
            write_com(0x80+0x40+12);            //将光标移动到个位
            write_com(0x0f);                     //显示光标并且闪烁
        }
    }
```

4.3.4　系统仿真测试

1. 仿真操作步骤

为了直观地观察所设计系统的有效性，以 Proteus 为仿真工具，搭建仿真环境，并完成智能粮仓温湿度控制系统的仿真测试。具体操作步骤如下。

1）在 Keil C51 中新建工程，工程名称为"智能粮仓温湿度控制系统.uvproj"。

2）编写 C 语言程序，编译输出"智能粮仓温湿度控制系统.hex"烧录文件。

3）在 Proteus 仿真环境中完成智能粮仓温湿度控制系统工程新建及原理图绘制。

4）在 Proteus 仿真电气原理图中完成程序加载。

5）单击【仿真运行开始】按钮，模拟温湿度检测、降温、除湿、设置等操作，观察实验现象。

2. 仿真现象

调节温湿度传感器数据，单片机实时采集并通过 LCD 液晶显示屏显示，如图 4-24a 所示；按下设置键 KEY4，调节温湿度上限值，如图 4-24b 所示；当温度超出设置的温度上限（30℃）时，蜂鸣器闪鸣报警，同时散热风扇开启。当温度值逐渐降低并回复至报警阈值范围内时，报警解除。

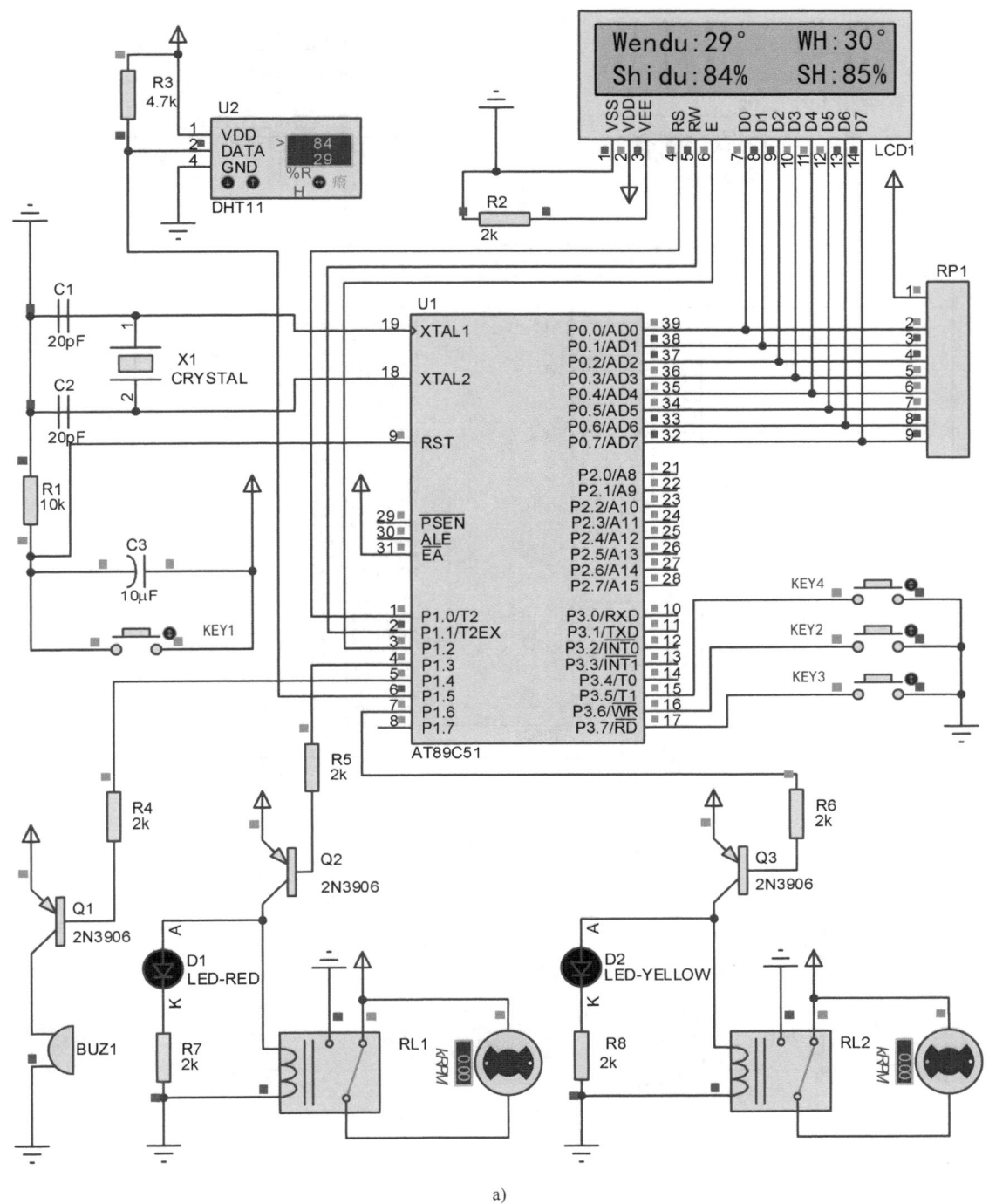

a)

图 4-24　智能粮仓温湿度控制仿真现象

a）温湿度采集及显示

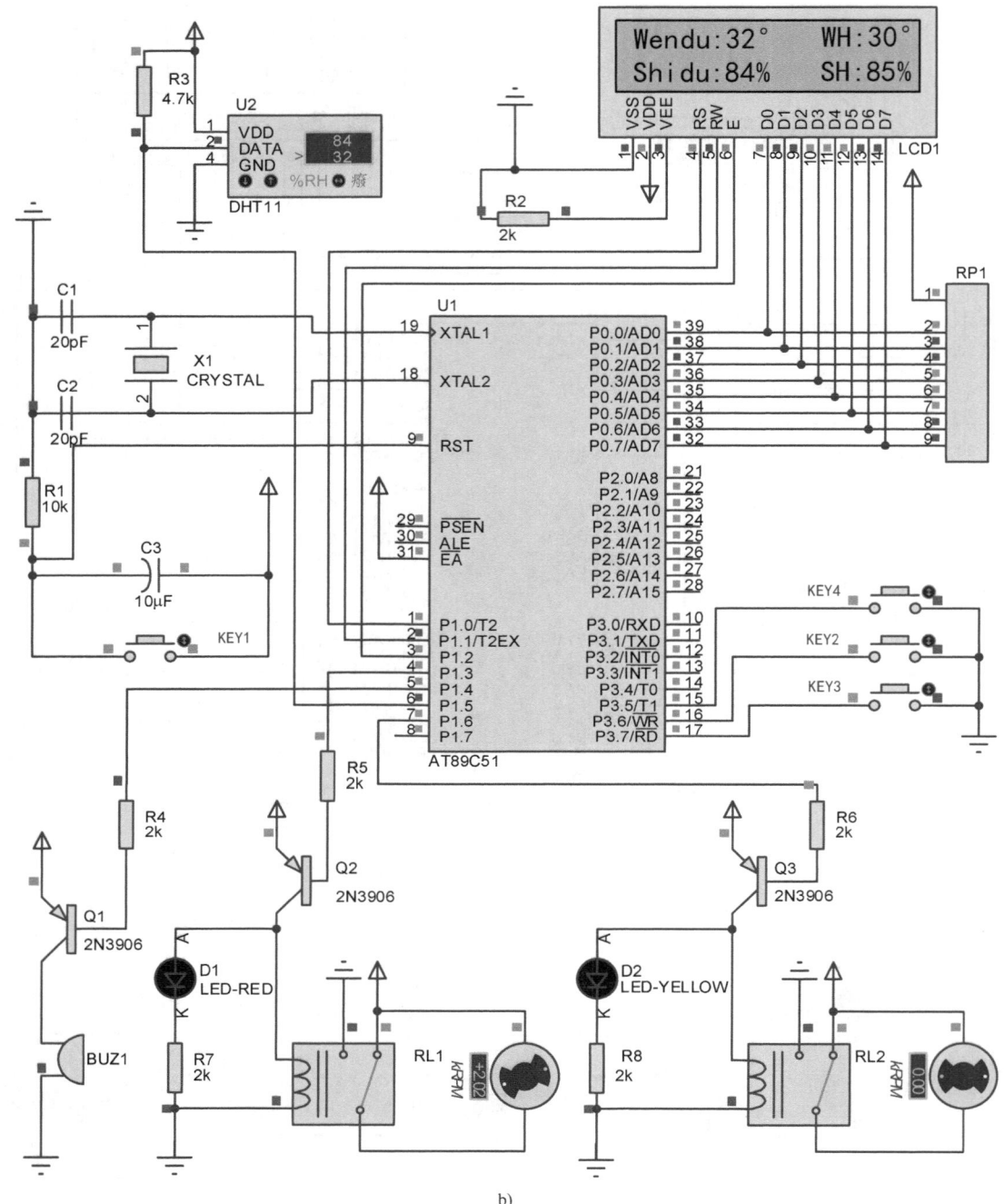

b)

图 4-24　智能粮仓温湿度控制仿真现象（续）

b）模拟降温

4.3.5　系统实验测试

1. 物料准备及焊接

在智能粮仓温湿度控制系统仿真验证无误的基础上，根据系统仿真电气原理图，在Proteus仿真环境中设计如图 4-25 所示的控制系统 PCB 图。

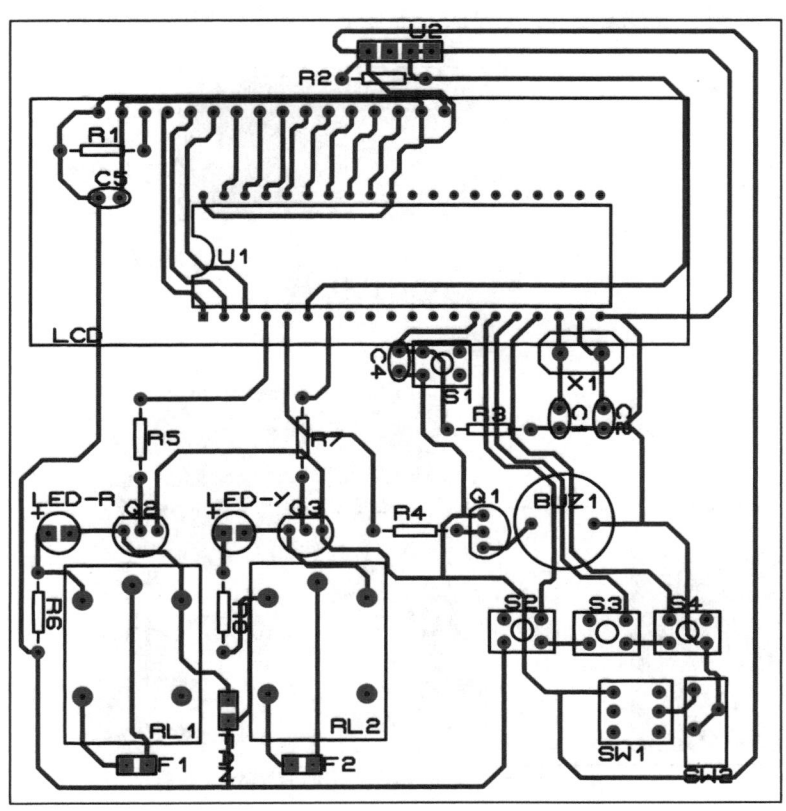

图 4-25　智能粮仓温湿度控制系统 PCB

在完成系统 PCB 设计的基础上，导出系统物料清单，整理出如表 4-3 所示系统焊接完成所需物料清单。

表 4-3　智能粮仓温湿度控制系统物料清单

序号	名　　称	数量	序号	名　　称	数量	序号	名　　称	数量
1	系统 PCB	1	8	5 V 有源蜂鸣器	1	15	10 kΩ 电阻	4
2	STC89C52 单片机	1	9	按键	4	16	2.2 kΩ 电阻	2
3	40 脚 IC 底座	1	10	10 kΩ 排阻	1	17	5 mm 红 LED	1
4	10 μF 电解电容	1	11	16p 排针	1	18	5 mm 黄 LED	1
5	12 MHz 晶振	1	12	16p 单排母座	1	19	5 V 继电器（蓝）	2
6	30 pF 瓷片电容	2	13	9012 晶体管	3	20	KF301-2P 端子	2
7	LCD1602 液晶屏	1	14	DHT11 温湿度传感器	1	21	自锁开关	1

(续)

序号	名　　称	数量	序号	名　　称	数量	序号	名　　称	数量
22	DC 电源插座	1	24	导线	若干			
23	USB 电源线	1	25	焊锡	若干			

根据系统原理图，完成系统 PCB 焊接，焊接后的实物图如图 4-26 所示。

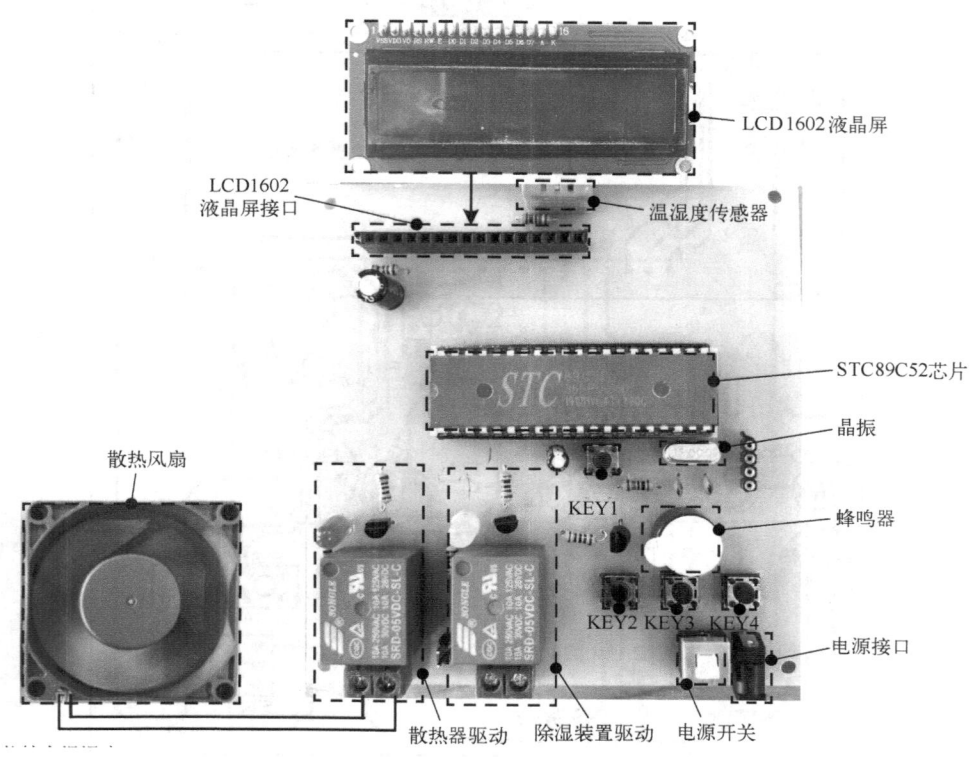

图 4-26　智能粮仓温湿度系统控制 PCB 实物图

2. 实验步骤

1）将仿真验证无误的烧录文件通过烧录器下载至 STC89C52 芯片。

2）在完成 PCB 实物焊接的基础上，将烧录程序后的芯片插入控制板。

3）系统控制板连接电源，按下开发板的电源开关。

4）执行温湿度上下限设置、采集温湿度及显示等操作，观察实验现象。

3. 实验现象

根据上述实验步骤依次完成操作，DHT11 温湿度传感器实时采集当前温湿度，并通过 LCD1602 显示，如图 4-27a 所示；设置湿度上限值为 80%RH，如图 4-27b 所示；设置温度上限值为 25℃，如图 4-27c 所示；当温度超过上限值后，散热风扇开启，红色发光二极管常亮，同时蜂鸣器闪鸣，如图 4-27d 所示。

a)

b)

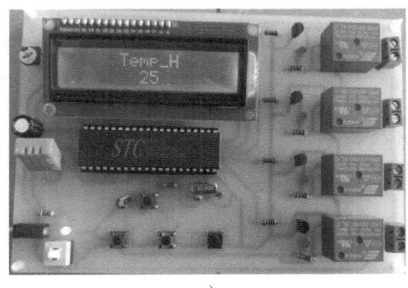
c)

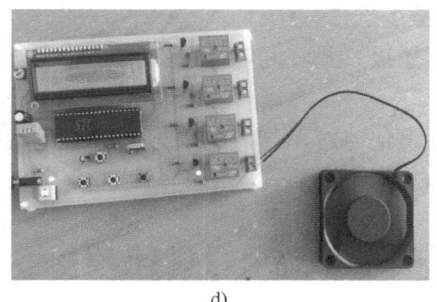
d)

图 4-27　智能粮仓温湿度智能控制系统实验现象　　　　二维码 4-5
a）温湿度实时显示　b）设置湿度上限　c）设置温度上限　d）超温报警　　温湿度智能控制

小试牛刀

1）尝试通过编程实现根据温度范围线性调节风扇的速度，即温度越高，散热风扇转速越快，反之越慢。

2）尝试在除湿装置接口处连接一个小型直流电动机，且电动机转速随湿度线性变化。

4.3.6　拓展训练

1. 设计任务

在上述"智能粮仓温湿度控制系统"学习的基础上，对系统功能进一步拓展，完成"智能粮仓温湿度控制系统"的升级设计，并完成以下任务。

1）在参照上述设计报告的基础上，完成所升级系统设计报告的撰写，尽可能地体现设计原理及设计制作过程。

2）提交系统设计实物一套。

3）提交系统设计源码资料一份。

2. 设计要求

升级智能粮仓温湿度控制系统应具备基础功能和拓展功能，其中基础功能为必做，拓展功能为选做。具体要求如下。

❑ **基础功能**

温湿度检测、显示及提示、降温和除湿功能。

❑ **显示方式拓展（任选一）**

1）PC 端串口调试助手显示。

2）多位数码管显示。

3）0.96 in OLED 显示屏。

4）语音播报提示。

❑ **输入方式拓展（任选一）**

1）矩阵键盘。

2）3.5 in 以上的触摸显示屏。

3）PC 端串口输入。

4）红外遥控器输入。

❑ **功能拓展（至少选二）**

1）若选择语音播报方式，间隔 1 min 定时播报当前温湿度信息，当温湿度超过设定值时，能发出语音报警。

2）温湿度超过设定值时，相应的降温或除湿电动机的转速与超出量之间成线性关系。

3）增加 ESP8266 网络模块，温湿度信息及报警信息实现远程上传至手机客户端。

4.4　智能音乐喷泉系统项目设计

4.4.1　系统功能及设计要求

1. 系统功能描述

以 STC89C52 单片机为系统控制核心，拓展必要的外部电路，围绕音乐喷泉系统控制，设计一款智能音乐喷泉控制系统，要求具备音频输入、音乐播放、频谱彩灯显示、喷泉的基础功能。此外，随着音乐节奏的变化，LED 彩色灯点亮顺序发生规律变化，同时，水泵喷水高度也产生响应变化。具体功能描述如下。

1）音频输入功能：通过 3.5 mm 耳机母座接口输入音频。

2）音乐播放功能：将输入的音频通过功率为 1 W 的扬声器播放。

3）频谱彩灯显示功能：8 只彩色发光二极管随音乐节奏规律性地变化。

4）喷泉功能：1 只小功率水泵随音乐节奏变化，调节喷水高度。

2. 设计要求

根据系统功能描述，分析系统基本组成及工作原理，完成系统框图绘制和关键元器件选型；利用 Proteus 完成系统原理图设计与仿真；设计程序流程图并在 Keil C51 编程环境中编写程序；在 Proteus 仿真环境中导入程序实现系统仿真测试，利用 Proteus 完成系统 PCB 设计，完成系统 PCB 焊接与调试，最终完成实验测试。

4.4.2　系统组成及原理图设计

根据智能音乐喷泉系统功能及设计要求，分析其工作过程，设计如图 4-28 所示的智能音乐喷泉系统框图。以 STC89C52 微处理器为核心，系统包括：电源模块、A-D 转换模块、功放、扬声器、电动机驱动模块及水泵。

根据智能音乐喷泉系统框图，在 Proteus 仿真环境中，搭建如图 4-29 所示的系统仿真电气原理图，包括主控核心 AT89C51（等效于 STC89C52）、8 只发光二极管、音频输入模块、

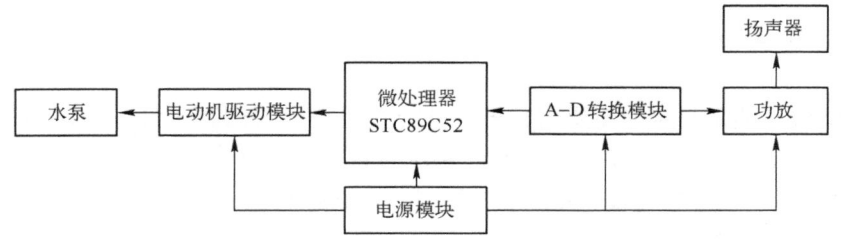

图 4-28　智能音乐喷泉系统框图

喷泉水泵电动机驱动模块。关键模块电路的具体原理分析如下。

1）音源输入至运算放大器 U3 同相端，经放大处理后输入至 A-D 转换模块 ADC0832 的通道 ch0，单片机通过 P1.2 和 P1.3 引脚获取 A-D 转换值。

2）8 只发光二极管 D1～D8 正极与电源正极连接，负极分别与引脚 P0.0～P0.7 连接。当引脚输出低电平时，对应二极管点亮，反之对应二极管熄灭。

3）直流电动机 F1 模拟水泵，由晶体管驱动，与单片机 P3.7 引脚连接。当 P3.7 引脚输出高电平时，电动机运转，反之电动机停止。

4）随音乐节奏的变化，P3.7 引脚可通过编程输出不同占空比的 PWM 波，从而实现电动机转速的调节，即水泵喷水高度的动态变化。

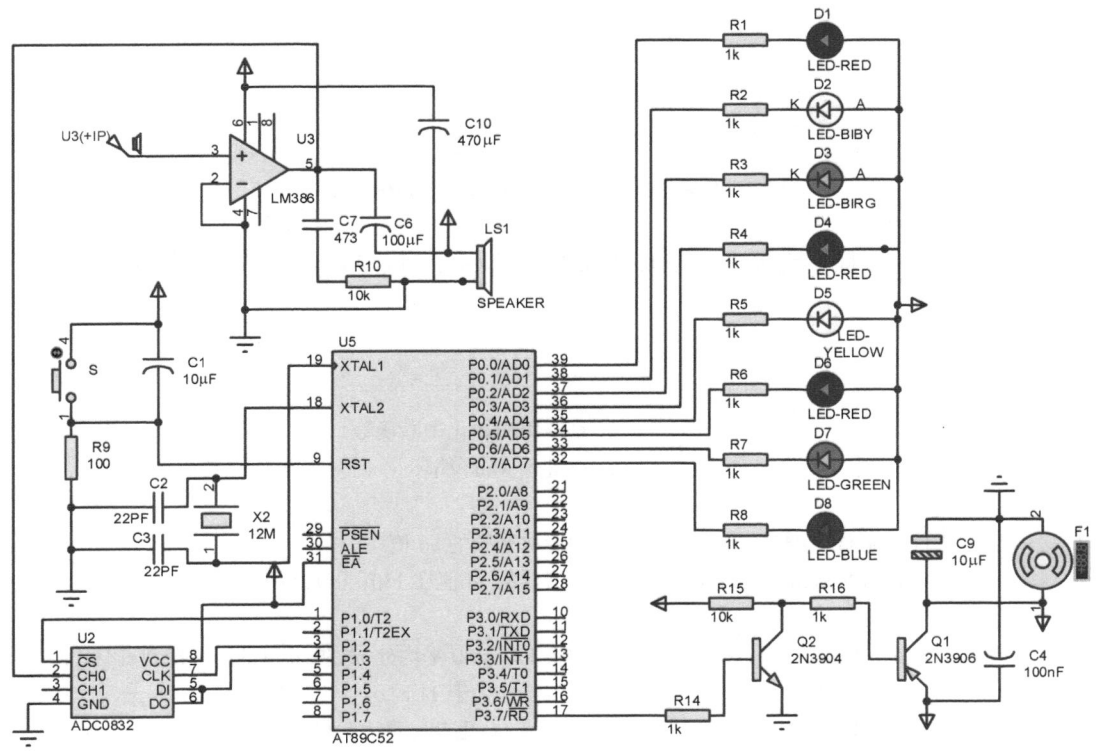

图 4-29　智能音乐喷泉系统仿真电气原理图

4.4.3 系统程序设计

根据智能音乐喷泉系统功能要求，思考系统功能实现的控制逻辑，设计如图 4-30 所示系统控制主程序流程图。首先对 STC89C52 系统时钟、A-D 采集模块、中断和关键参数等进行初始化；然后进入 while 循环，while 循环中执行 A-D 转换→读取转换结果，并根据 A-D 转换结果调节喷泉和指示灯。

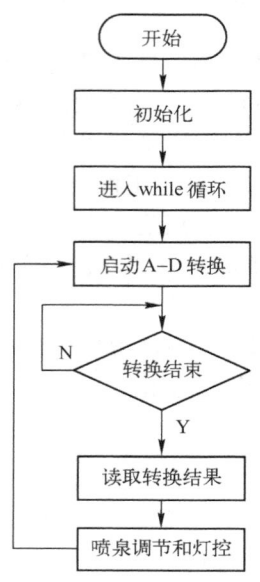

图 4-30　系统控制主程序流程图

根据所设计的主程序流程图，在 Keil C51 编程环境中编写如下 C 语言主程序段：

```
代码                          //注释
void main( )
{
  init( );                    //调用初始化中断函数
  while(1)                    //进入 while 循环
  {
    date=ad0832read(1,0);     //读取音频的 ad 值
    if(date>130&&date<=170)   //读取的 ad 值在 130~170 之间
    {
      scale=(date-100)/6;     //将 170~130 平均分,根据 ad 值的不同控制占空比的大小
      if(scale>11)            //占空比大于 11 时
      scale=11;               //赋值 11,也就是最大只能到 11
    }
    else if(date>170)         //读取的 ad 值大于 170 时
      scale=11;               //占空比最大 11
    else if(date<=130)        //读取的 ad 值小于 130 时
```

```
        scale = 0;                              //占空比最小 0
        AD_NUM++;                               //每读取一次 ad 值让此变量加 1
        if( AD_NUM >= 10)                       //最大加到 10 时
        {
            AD_NUM = 0;                         //清零
            if( date >= 0&&date<135) P0 = 0xfe;     //根据 ad 值控制灯的状态
            else if( date >= 135&&date<140) P0 = 0xfc;
            else if( date >= 140&&date<155) P0 = 0xf8;
            else if( date >= 155&&date<170) P0 = 0xe0;
            else if( date >= 170&&date<185) P0 = 0xc0;
            else if( date >= 185&&date<200) P0 = 0x80;
            else if( date >= 200) P0 = 0x00;    //ad 值大于 200 时,点亮所有灯
        }
    }
}
```

4.4.4　系统仿真测试

1. 仿真操作步骤

为了直观地观察所设计系统的有效性,以 Proteus 为仿真工具,搭建仿真环境,并完成智能音乐喷泉系统的仿真测试。具体操作步骤如下。

1) 在 Keil C51 中新建工程,工程名称为"智能音乐喷泉系统 . uvproj"。
2) 编写 C 语言程序,编译输出"智能音乐喷泉系统 . hex"烧录文件。
3) 在 Proteus 仿真环境中完成智能音乐喷泉系统工程新建及原理图绘制。
4) 在 Proteus 仿真电气原理图中完成程序加载。
5) 单击【仿真运行开始】按钮,加载音乐文件,观察实验现象。

2. 仿真现象

加载音乐文件"小苹果 . wav",单击【仿真运行开始】按钮。如图 4-31 所示,随音乐节奏变化,A-D 转换模块实时采集当前音乐的节奏信息,根据采集的幅值信息,8 只彩色发光二极管有规律地闪亮,改变加载的音乐文件,可明显看到发光二极管的变化状态与音乐节奏之间的对应关系,即音乐节奏越欢快,对应发光二极管点亮的数量越多;反之,点亮的数量越少。同时,水泵电动机转速也随着音乐节奏产生相应变化。

4.4.5　系统实验测试

1. 物料准备及焊接

在智能音乐喷泉系统仿真验证无误的基础上,根据系统仿真电气原理图,在 Proteus 仿真环境中设计如图 4-32 所示系统控制 PCB 图。

在完成系统 PCB 设计的基础上,导出系统物料清单,整理出如表 4-4 所示的系统焊接完成所需物料清单。

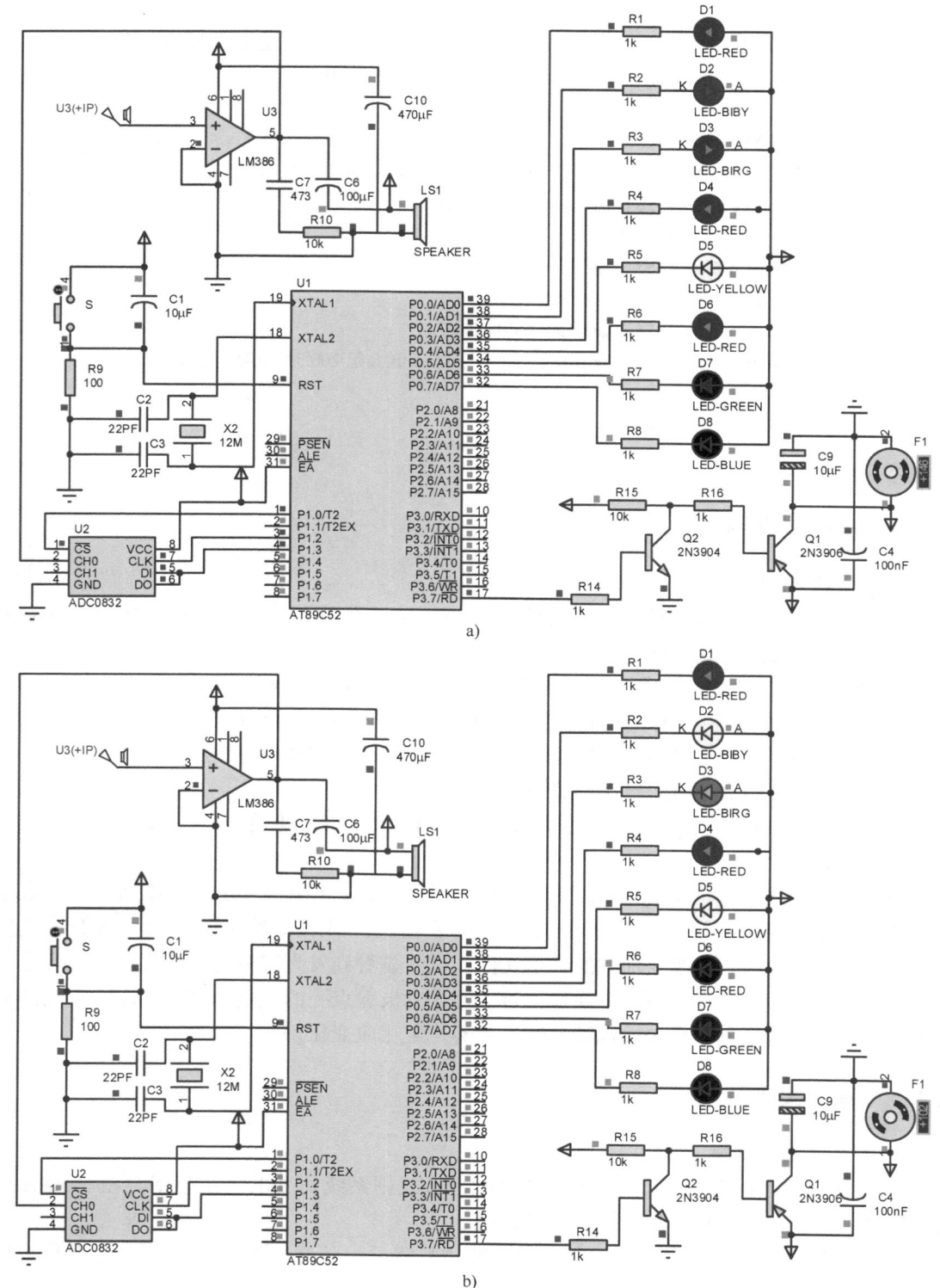

图 4-31　智能音乐喷泉仿真现象

a）状态一　b）状态二

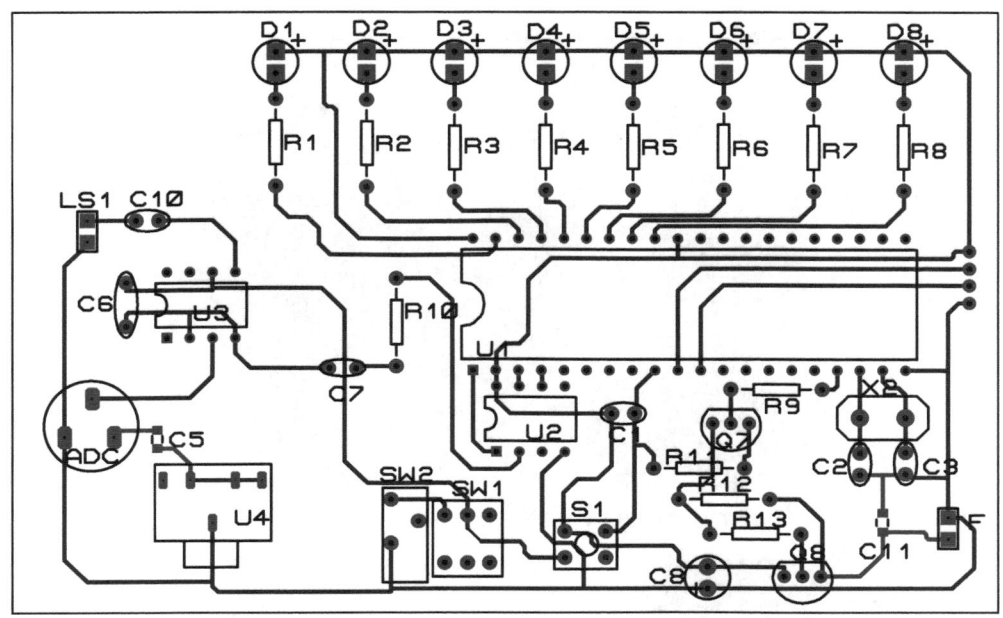

图 4-32　智能音乐喷泉系统 PCB

表 4-4　智能音乐喷泉系统物料清单

序号	名　称	数量	序号	名　称	数量	序号	名　称	数量
1	系统 PCB	1	14	8050 晶体管	1	27	卧式水泵	1
2	STC89C52 单片机	1	15	8550 晶体管	1	28	8P IC 座	2
3	40 脚 IC 底座	1	16	5 mm 红 LED	2	29	LM386	1
4	10 μF 电解电容	2	17	5 mm 暖白 LED	1	30	3.5 mm 音频插口	1
5	12 MHz 晶振	1	18	5 mm 粉红 LED	1	31	3.5 mm 双头音频线	1
6	30 pF 瓷片电容	2	19	5 mm 蓝 LED	1	32	5 V 继电器（蓝）	2
7	104 独石电容	2	20	5 mm 白 LED	1	33	KF301-2P 端子	2
8	473 独石电容	1	21	5 mm 绿 LED	1	34	自锁开关	1
9	100 μF 电解电容	1	22	5 mm 黄 LED	1	35	DC 电源插座	1
10	470 μF 电解电容	1	23	2 W 扬声器	1	36	USB 电源线	1
11	1000 μF 电解电容	1	24	4P 排针	1	37	导线	若干
12	1 kΩ 电阻	10	25	按键	1	38	杜邦线	4
13	10 Ω 电阻	1	26	ADC0832	1	39	焊锡	若干

根据系统原理图，完成系统 PCB 焊接，焊接后的实物图如图 4-33 所示。

2. 实验步骤

1）将仿真验证无误的烧录文件通过烧录器下载至 STC89C52 芯片。

2）在完成 PCB 实物焊接的基础上，将烧录程序后的芯片插入控制板。

3）系统控制板连接电源，将手机音乐通过音频线连接至控制板，按下开发板的电源开关。

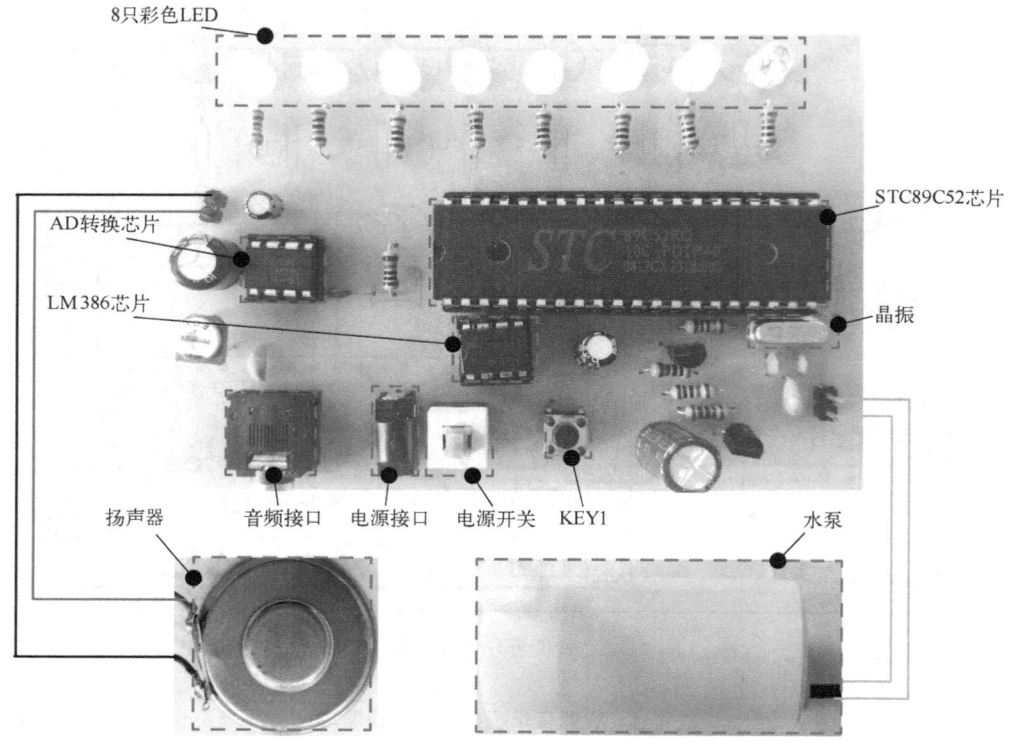

图 4-33　智能音乐喷泉系统 PCB 实物图

4）播放不同的音乐，观察实验现象。

3. 实验现象

根据上述实验步骤依次完成操作。如图 4-34 所示，随着手机中播放音乐节奏的变化，8 只发光二极管产生有规律的变化，即音乐节奏越欢快且音量越高，对应发光二极管点亮数量越多，水泵喷水高度也越高；反之，发光二极管点亮数量越少，水泵喷水高度也越低。

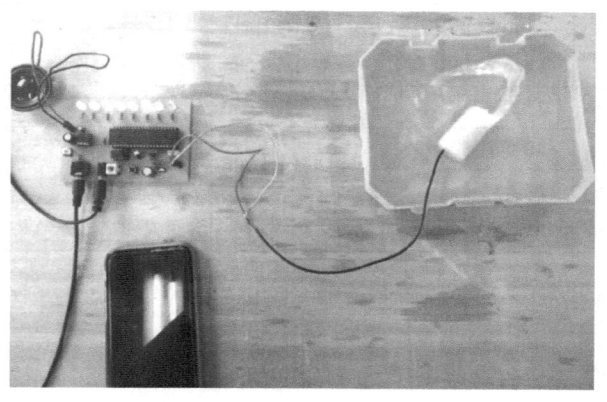

图 4-34　智能音乐喷泉系统实验现象

二维码 4-6
音乐喷泉测试

🐟 小试牛刀

1）尝试通过洞洞板制作 LCD 液晶显示模块，并通过细导线与现有控制板连接。

2）尝试通过编程实现当前播放音乐的歌名信息显示及播放进度条显示。

4.4.6　拓展训练

1. 设计任务

在上述"智能音乐喷泉系统"学习的基础上，对系统功能进一步拓展，完成"智能音乐喷泉系统"的升级设计，并完成以下任务。

1）在上述设计报告的基础上，完成所升级系统的设计报告撰写，尽可能地体现设计原理及设计制作过程。

2）提交系统设计实物一套。

3）提交系统设计源码资料一份。

2. 设计要求

升级智能音乐喷泉系统应具备基础功能和拓展功能，其中基础功能为必做，拓展功能为选做，具体要求如下。

❏ **基础功能**

音频输入、音乐播放、频谱彩灯、喷泉。

❏ **显示方式拓展（任选一）**

1）LCD1602 液晶屏显示。

2）3.5 in 以上的触摸显示屏。

3）0.96 in OLED 显示屏。

❏ **功能拓展（任选一）**

1）若选择 LCD1602 液晶屏显示，根据音乐节奏的变化，设置动态调节进度条。

2）若选择触摸显示屏显示，设计并编辑彩色界面，根据音乐节奏变化，彩色界面动态刷新。

3）若选择 0.96 in OLED 显示屏，设计并编辑界面，实现界面信息随音乐节奏动态变化。

4）拓展水泵数量，实现多个水泵随音乐节奏动态变化的效果。

4.5　附录——电工电子基础项目实践报告

电工电子基础项目实践报告

专业：＿＿＿＿＿＿＿＿　学号：＿＿＿＿＿＿＿＿　姓名：＿＿＿＿＿＿＿＿

一、焊接实验

选择电工电子基础项目阅读原理图，完成 STC89C52 开发板焊接，给出焊接过程中的图片 1 张，焊接实践完成后的图片 1 张，粘贴于图 1 中。

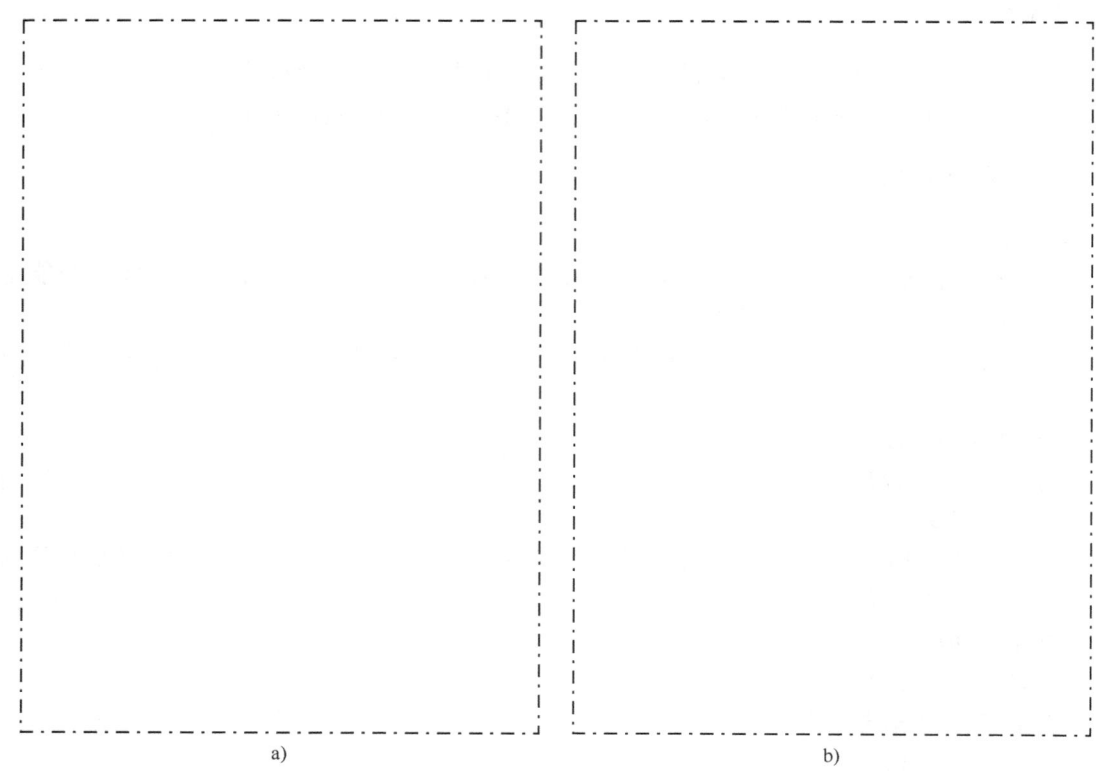

图 1　焊接实践图片

a）焊接过程中的图片　b）焊接完成后的实物图

二、选题

从上述基础项目中任选 1 项，进行基础功能和拓展功能的实践。

基础项目名称：_____。

☐ 基础功能（全部需要完成）。

☐ 拓展功能（针对所选基础项目，至少选择 1 项拓展功能，并写于下方）。

　　☐ _____。

　　☐ _____。

　　☐ _____。

三、硬件电路分析

1. 根据选题，确定系统硬件电路组成，以 STC89C52 单片机为核心，在图 2 方框中画出其电气系统框图。

2. 根据选定的拓展功能，查阅相关资料，在图 3 方框中以图文并茂的形式，阐述其基本工作原理。

图 2　电气系统框图

图 3　拓展功能工作原理

四、程序设计

结合系统基本组成及其各功能模块工作原理，思考其编程实现，设计并给出其程序流程图。

图 4　程序流程图

五、实践结果

根据所设计的程序流程图，在 Keil C51 中新建工程文件，编写 C 语言程序，实现所有基础功能和选定的拓展功能。选出能反映功能实现的代表图片，拍照并按顺序粘贴在图 5 中。

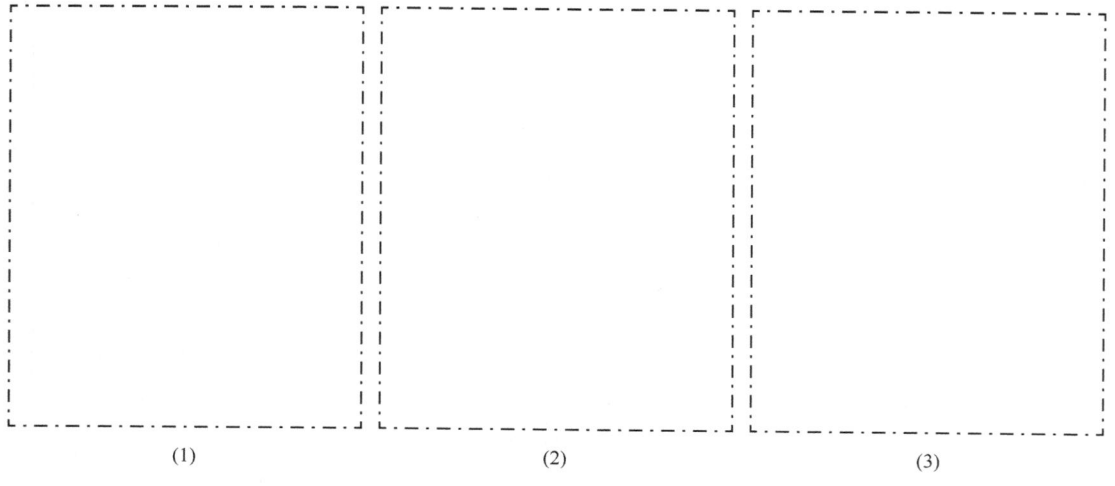

(1)　　　　　　　　　　　　(2)　　　　　　　　　　　　(3)

图 5　实践照片

(4)   (5)   (6)

(7)   (8)   (9)

图 5 实践照片（续）

六、实践心得

第5章
智能灭火机器人系统项目设计

5.1 选题与设计分析

5.1.1 系统功能及设计要求

1. 系统功能描述

以 STC89C52 开发板为系统控制核心，拓展必要的外部电路，围绕复杂环境下移动机器人进行火焰检测与灭火，设计一款智能灭火机器人系统。该机器人要求具备远程遥控、自主巡检、多角度火焰检测与灭火、超声波避障、显示和蜂鸣器提示等基础功能。此外，通过对系统功能进行拓展，还可以实现多传感器检测、近距离红外检测与人员跟踪和远程语音传输等功能。

基础功能为必做，具体功能要求如下。

1）远程遥控功能：通过 ESP8266 网络模块、无线串口模块等远程通信模块实现机器人的远程运动控制，包括机器人前进、后退、左转、右转、停止等在内的基础运动控制，以及自主循迹、人员跟踪等指令的切换与响应。

2）自主巡检功能：如图 5-1 所示，利用多个光电反射式循迹传感器，在移动机器人前方搭建具有一定循迹宽度的多个循迹模块，实现机器人沿着 1~2 cm 宽度的黑色轨迹行驶。

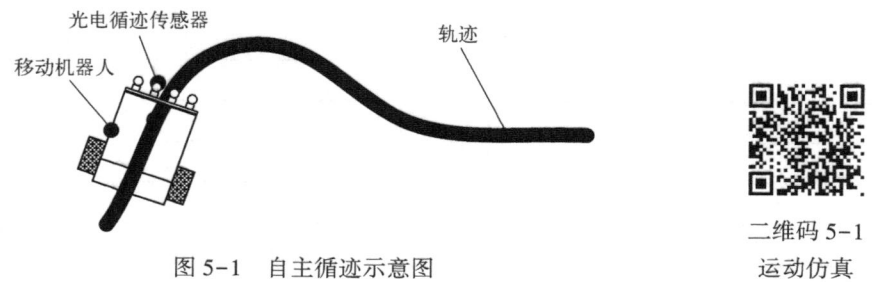

图 5-1　自主循迹示意图

二维码 5-1
运动仿真

3）多角度火焰检测与灭火功能：利用多个红外反射式火焰检测传感器，搭建多角度火焰识别模块，要求能够实现机器人正前方 120° 范围内的火焰检测，检测距离 ≤20 cm。

4）超声波避障功能：机器人正前方搭载有 1 只超声波传感器，可实时检测机器人正前方的障碍物，从而实现紧急停止以及障碍物撤销后继续行驶等功能。

5）显示功能：通过 STC89C52 开发板自带的数码管显示传感器数据、机器人运行参数等信息。

6）蜂鸣器提示功能：通过开发板板载蜂鸣器和发光二极管进行紧急状态下的声光报警。

拓展功能为选做，具体功能要求如下。

1）多传感器检测功能：通过搭载温湿度、烟雾、CO 等传感器，实现多传感器的数据采集。

2）障碍跟随功能：通过安装红外反射式传感器，实现红外障碍物检测及动态跟随的功能。

3）显示方式拓展：通过 LCD 液晶显示屏、PC 端串口调试助手等方式显示传感器数据、机器人运行参数，进一步拓展显示的信息内容。

4）人机交互方式拓展：通过语音模块实现紧急状态下无线语音传输。

5）循迹方式拓展：自主选择磁力线循迹、摄像头循迹、磁条循迹等循迹方法，完成元器件选型、电路搭建和编程实现。

2. 设计要求

根据系统功能描述完成选题，基础功能为必选，拓展功能至少选择 1 项。根据选题，分析系统的基本组成及工作原理，完成系统机构设计（包括三维模型设计与运动分析）与装配、系统控制电路的 Proteus 仿真与分析，设计程序流程图并在 Keil C51 编程环境中编写程序，在 Proteus 仿真环境中导入程序实现系统仿真测试，完成系统电路连接与测试，最终完成实验测试。

5.1.2 系统组成及设计思路

本教材以实现基础功能 1）~6）和拓展功能 1）、2）为例进行系统设计介绍。根据智能灭火机器人系统功能及设计要求，分析其功能实现的配置要求及工作原理，设计并绘制如图 5-2 所示智能灭火机器人系统框图。该系统以 STC89C52 微处理器为核心，主要包括：电源模块、电动机驱动模块 A~C 及其对应驱动对象、4 位数码管显示模块、蜂鸣器模块、无线通信模块、烟雾检测模块、火焰检测模块、光电循迹模块、红外跟踪模块和超声波测距模块等。

根据智能灭火机器人的系统组成，本着"大胆假设、小心求证"的原则，结合系统整体搭建及功能实现的必要逻辑，确定系统设计思路如下。

1）完成各电子模块的选型、采购及功能测试，熟悉各模块工作原理及使用方法。

2）确定机器人尺寸、各功能模块布局等，同步完成灭火机器人三维模型设计与运动仿真。

3）完成机器人关键结构件加工与机器人整体结构的装配。

4）利用 Proteus 仿真软件实现系统仿真电路搭建。

5）设计实现系统整体功能的流程图，并利用 Keil C51 进行程序编写。

6）完成系统整体仿真测试。

7）在仿真测试验证无误的基础上，完成灭火机器人的电气系统集成与测试。

8）完成系统整体功能的调试与实验测试。

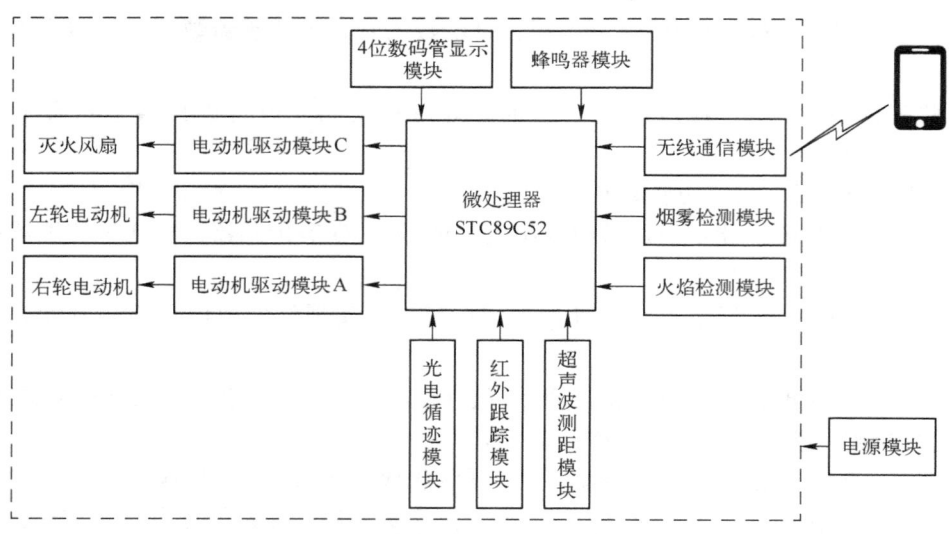

图 5-2 智能灭火机器人系统框图

5.2 结构设计与制作

5.2.1 三维模型设计和运动仿真

1. 模块选型

为了进一步确定机器人尺寸、各模块安装位置、连接方式等信息，在确定智能灭火机器人系统组成基础上，对机器人功能实现必需的电子模块、结构件、连接件等进行选型、筛选，并整理出如表 5-1 所示的系统结构相关物料清单。

表 5-1 智能灭火机器人物料清单

序号	名 称	型 号	数量	功 能 备 注	安 装 备 注
1	光电循迹模块	TCRT-5000	2	基础功能：循迹	2 个 M3×22 单通尼龙柱，2 个 M3×8 圆头金属螺丝；2 个 M3 螺母固定
2	红外传感器	FC-51	2	拓展功能：物体跟随	2 个 M3×10 圆头金属螺丝；2 个 M3 螺母；2 个 M3×3ABS 垫片固定
3	超声波模块	HC-SR04	1	基础功能：障碍检测	
4	火焰传感器	TELESKY	3	基础功能：火焰识别	3 个 M3×10 圆头金属螺丝；3 个 M3 螺母；3 个 M3×3 ABS 垫片固定
5	WiFi 模块	ESP8266	1	基础功能：WiFi 远程控制	
6	51 最小系统板	STC89C52 开发板	1	主控核心	4 个 M3×8 圆头金属螺丝；4 个 M3 螺母；4 个 M3×35 单通尼龙柱，固定电源通过 L298 输出供给 5 V
7	烟雾传感器	MQ-2	1	拓展功能：烟雾检测	4 个 M3×22 单通尼龙柱，4 个 M3×8 圆头金属螺丝；4 个 M3 螺母固定
8	电动机驱动模块	L298N	1	基础功能：电动机驱动	4 个 M3×10 圆头金属螺丝；4 个 M3 螺母；4 个 M3×3 ABS 垫片固定

（续）

序号	名　称	型　号	数量	功能备注	安装备注
9	电动机驱动模块	L9110S	1	基础功能：电动机驱动	4 个 M3×10 尼龙螺丝；4 个 M3 螺母；4 个 M3×3 ABS 垫片固定
10	风扇+电动机	微型 130 电动机	1	基础功能：灭火	1 个 M3×10 螺丝；1 个 M3×30 圆头金属螺丝；2 个 M3 螺母固定
11	直条双轴减速电动机	D32-1	2	基础功能：机器人行走	连接件和 4 个 M3×30 圆头金属螺丝；4 个 M3 螺母固定
12	充电锂电池	18650 锂电池	2	电源	
13	锂电池盒	18650 锂电池盒	1		2 个 M3×6 沉头金属螺丝；2 个 M3 螺母固定
14	电池充电器	18650 充电器	1	充电	
15	万向轮	CY-15A 小号牛眼轮	1	支撑和转向	2 个 M3×22 单通尼龙柱，2 个 M3×8 螺丝；2 个 M3 螺母固定
16	超声波支架	HC-SR04 专用	1	超声波传感器固定	2 个 M3×10 螺丝；2 个 M3 螺母固定
17	面包板	SYB-170	1	导线转接	反面的双面胶固定
18	六角单通尼龙柱	M3×22	8	元器件等固定	
19	六角单通尼龙柱	M3×35	4	元器件等固定	
20	圆头金属螺丝	M3×10	12	元器件等固定	
21	圆头金属螺丝	M3×8	12	元器件等固定	
22	圆头金属螺丝	M3×30	5	元器件等固定	
23	沉头金属螺丝	M3×6	2	元器件等固定	
24	尼龙螺丝	M3×10	4	元器件等固定	
25	金属螺母	M3	35	元器件等固定	
26	ABS 垫片	M3×3	13	隔离	
27	杜邦线	母对母 20 cm	24		
28	杜邦线	公对母 20 cm	18		
29	杜邦线	公对公 20 cm	8		
30	亚克力	车身等结构件	1 套		
31	扎带	3×80 mm	10 根		

2. 三维建模

根据智能灭火机器人功能要求，在系统组成模块选型确定的基础上，利用 SolidWorks 软件开展如图 5-3 所示的智能灭火机器人三维结构设计。

机器人利用 3 mm（实际约 2.7 mm）单层亚克力板作为底板将相关元器件固定。为提高移动灵活性，灭火机器人采用了两轮差动方式。与两只车轮相连的直条双轴减速电动机通过卡扣件固定在机器人底板上。万向轮通过尼龙柱固定在底板上，以保证行走平衡以及转向自由。机器人电源采用双节 18650 电池，且位于底板中间。超声波传感器通过其支架固定在机器人前部底板上。2 个红外传感器和 3 个火焰传感器呈环形均匀固定在机器人前端底板上。2 个光电循迹模块位于机器人最前端，且通过六角尼龙柱与底板固定，以降低传感器探头与地面的距离。灭火风扇位于超声波传感器后方，且通过若干卡扣件固定在机器人底板上。机器人核心——STC89C52控制板通过尼龙柱与底板固定。用于直条双轴减速电动机驱动的L298N驱动器和用于驱动风扇电动机的L9110S驱动器都通过螺丝固定在底板上。

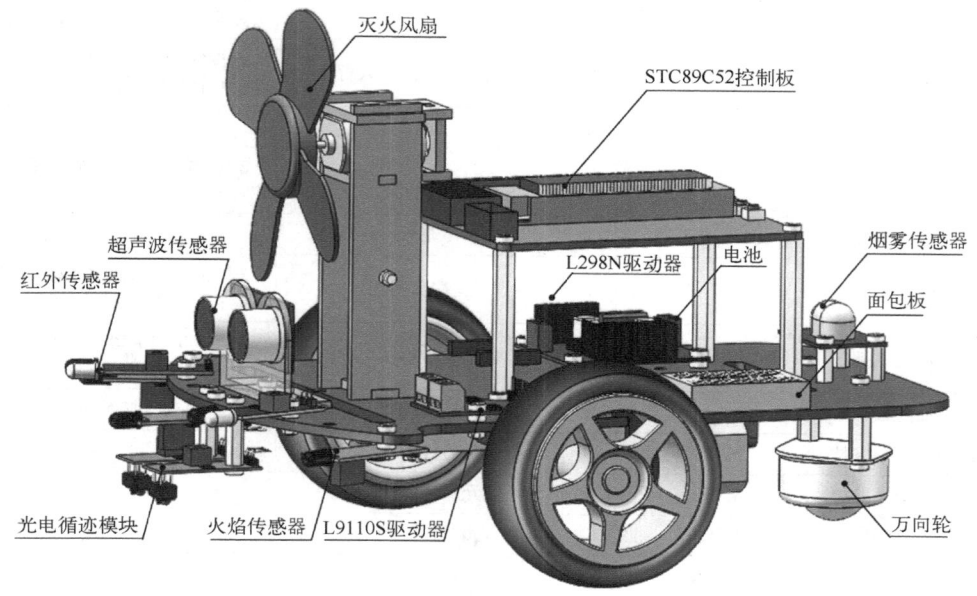

图5-3　智能灭火机器人三维结构设计

🖋 小试牛刀

尝试利用SolidWorks建模软件制作智能灭火机器人三维模型的爆炸图。

3. 运动仿真

为了验证智能灭火机器人系统结构设计的有效性，本教材在SolidWorks环境中进行了运动仿真。图5-4所示为机器人S弯道行驶运动仿真。通过运动仿真，验证了智能灭火机器人在狭小空间中灵活运动的可行性，为后续机器人装配及运动控制奠定了基础。

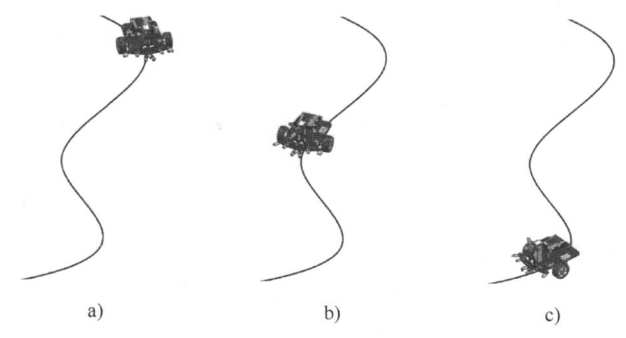

图5-4　S弯道行驶运动仿真

a）状态一　b）状态二　c）状态三

小试牛刀

尝试在 SolidWorks 建模软件中实现机器人沿圆形、椭圆形等轨迹的运动仿真。

5.2.2 关键结构件加工与装配

在完成机器人三维建模和运动仿真的基础上，即可对机器人底板和卡扣连接件进行加工。由于相关板件采用亚克力板材料，因此可以通过激光雕刻方式来完成相应加工。图 5-5 给出了智能灭火机器人底板激光雕刻图纸，图 5-6 给出了机器人其他卡扣连接件激光雕刻图纸。智能灭火机器人系统打样图纸请在本书配套资源中下载。

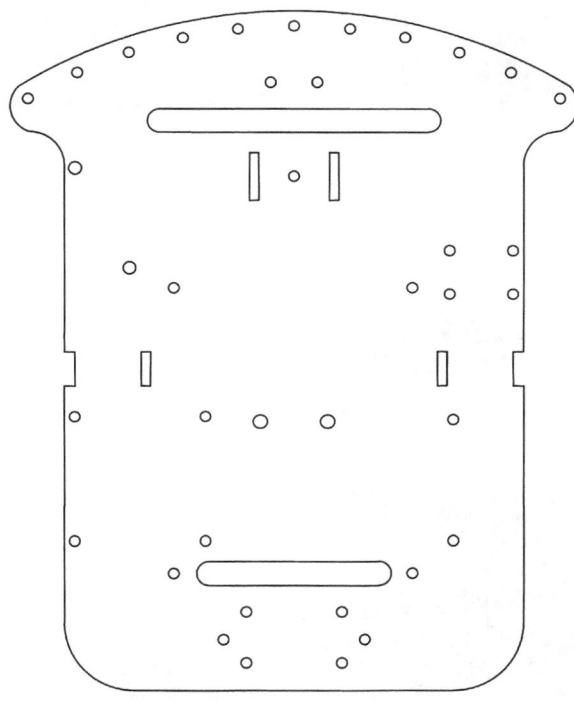

图 5-5 智能灭火机器人底板激光雕刻图纸

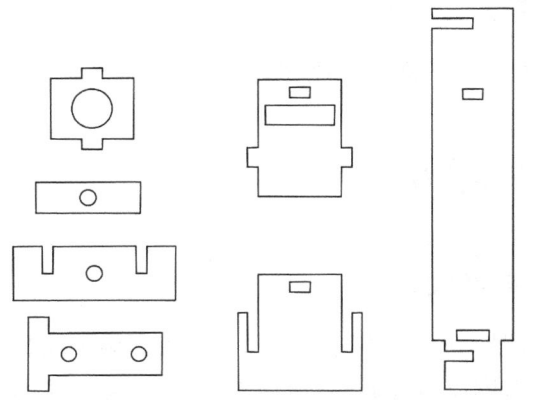

图 5-6 智能灭火机器人其他卡扣连接件激光雕刻图纸

　　智能灭火机器人的装配主要通过螺丝将相关元器件固定在其底板上，装配整体比较简单。其中比较复杂的是灭火风扇的装配，主要通过若干卡扣件将风扇电动机卡住并固定在底板上。图 5-7a 的爆炸图给出了灭火风扇固定所需要的卡扣件及其装配方位示意，图 5-7b 给出了最终的灭火风扇装配结果。整个灭火机器人的爆炸如图 5-8 所示。

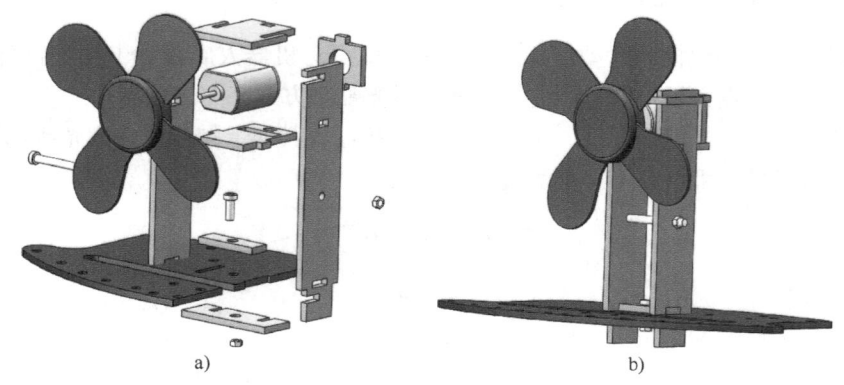

图 5-7　风扇装配示意图

a）爆炸图　b）完整图

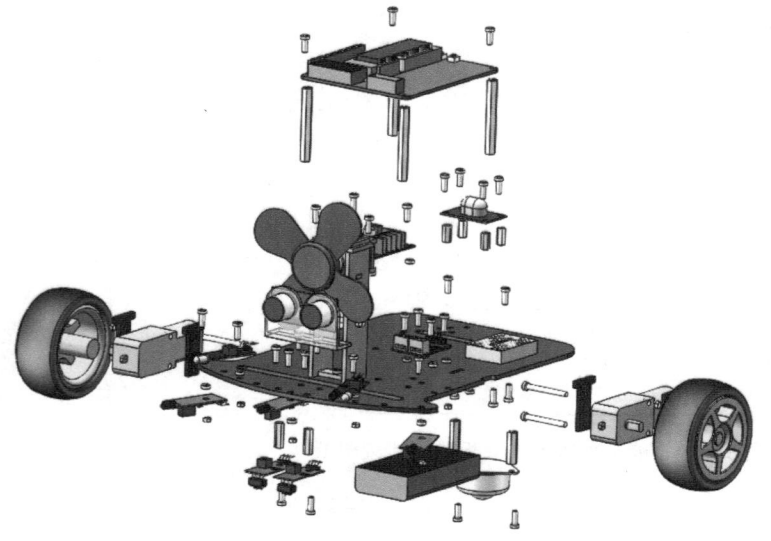

图 5-8　灭火机器人爆炸图

二维码 5-2
装配图

5.3　控制系统设计与分析

5.3.1　控制系统仿真电路设计

　　在完成了智能灭火机器人基本电气系统选型后，为了验证控制系统设计的可行性，可利用 Proteus 仿真软件对灭火机器人控制系统进行仿真分析。在 Proteus 仿真环境中，搭建如图 5-9 所示的智能灭火机器人系统仿真电路。

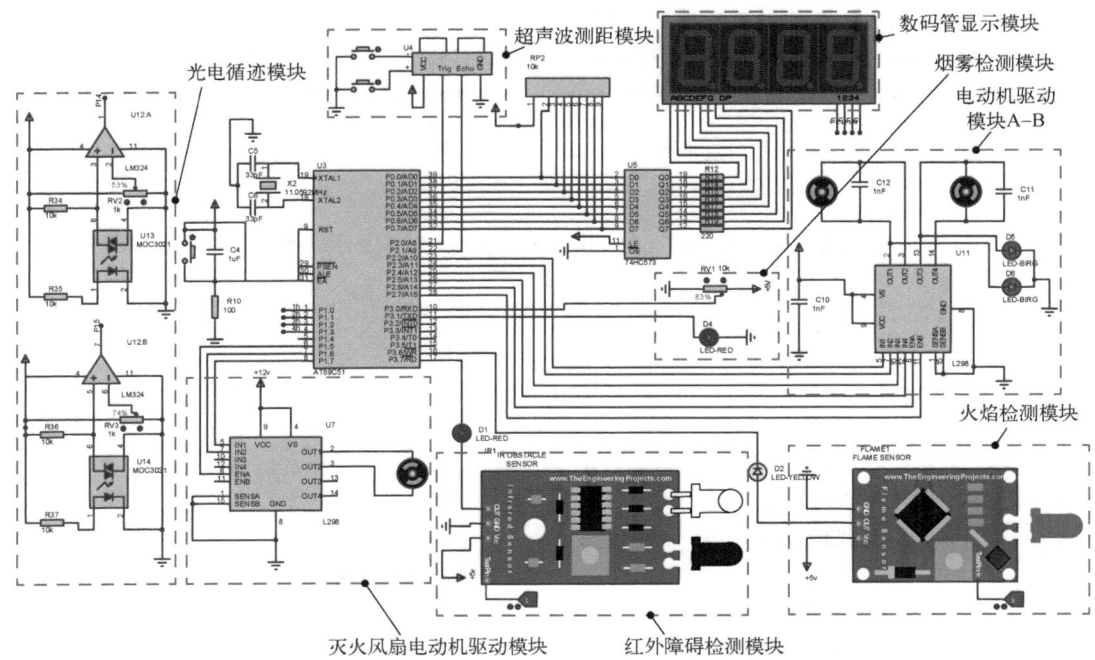

图 5-9　智能灭火机器人系统仿真电路原理图

该电路以 AT89C51 单片机（等效替代 STC89C52）为控制核心，系统仿真电路组成包括 2 路光电循迹模块、用于模拟两轮动力源的电动机驱动模块 A/B、灭火风扇电动机驱动模块、超声波测距模块、红外障碍检测模块、火焰检测模块、烟雾检测模块和数码管显示模块，涵盖了智能灭火机器人系统所有的电气模块，因此能够较为完整地进行系统仿真测试。

5.3.2　模块仿真程序设计

根据智能灭火机器人的模块组成，在完成系统仿真电路原理图搭建的基础上，利用 Keil C51 编程环境进行各模块仿真程序的编写，从而验证各模块电路连接的有效性。以模拟机器人智能避障功能为例，即机器人保持前进，超声波实时检测障碍物距离并控制前进与停止，障碍物距离可通过数码管显示，给出如图 5-10 所示相应功能实现的程序流程图。

根据所设计的主程序流程图，在 Keil C51 编程环境中编写 C 语言关键程序段如下：

```
代码                                //注释
void Conut( void)                   //超声波测距计算函数
{
   StartModule( );
   while( !RX);                     //当 RX 为零时等待
   TR0 = 1;                         //开启计数
   while( RX);                      //当 RX 为 1 时计数并等待
   TR0 = 0;                         //关闭计数
   time = TH0 * 256+TL0;            //读取声音传播的时间
```

```
TH0 = 0;
TL0 = 0;                                        //计时器清零,准备下一次测距
S = (time * 1.87)/100;                          //声速340 m/s,因往返行程,故1.87 * time/100(cm)
if(flag = = 1)                                   //超出测量
{
    flag = 0;
    display(table[0],table[0],table[0],table[0]);        //显示"0000"
}
else
  {
  if(S<15)                                       //设置避障距离15 mm/刹车距离
  Turn_Right();
  else
  Run();
  /* 显示当前距离 */
  Sint = (uint)S;                                //距离S的整数部分
  S_[0] = Sint/100;                //百位
  S_[1] = (Sint-S_[0] * 100)/10;   //十位
  S_[2] = Sint-S_[0] * 100-S_[1] * 10;  //个位
  S_[3] = (S-S_[0] * 100-S_[1] * 10-S_[2]) * 10;   //小数点后一位
  display(S_[0],S_[1],S_[2],S_[3]);}
  }
}
```

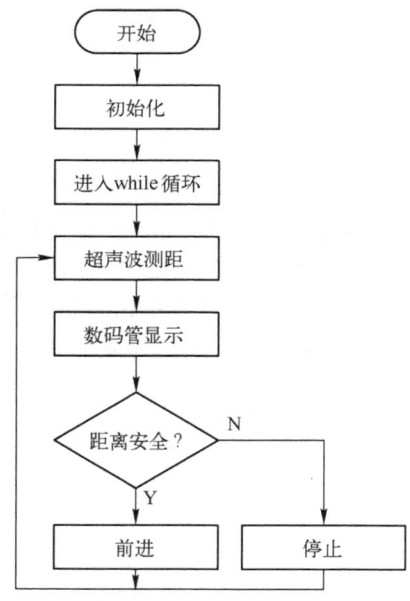

图5-10   避障功能仿真程序流程图

🐟 小试牛刀

1）尝试在 Keil C51 编程环境中编写完整程序，并在 Proteus 仿真环境中验证避障功能。

2）尝试通过编程实现驱动轮速度随障碍物距离实时调节的功能。

5.3.3　基于 Proteus 的系统仿真测试

1. 仿真操作步骤

在仿真电路搭建完成的基础上，为了实现灭火机器人系统的完整仿真测试，给出仿真操作的具体步骤如下。

1）在 Keil C51 中新建工程，工程名称为"智能灭火机器人避障测试 . uvproj"。

2）编写 C 语言程序，编译输出"智能灭火机器人避障测试 . hex"烧录文件。

3）在 Proteus 仿真环境中完成智能灭火机器人系统工程新建及原理图绘制。

4）在 Proteus 仿真电气原理图中完成程序加载。

5）单击【仿真运行开始】按钮，模拟外部障碍物的接近和远离，观察实验现象。

2. 仿真现象

如图 5-11 所示，模拟障碍物的接近与远离可以发现，当障碍物距离小于设定的安全距离时，驱动轮电动机停止运转，即灭火机器人停止前进；而当障碍物距离逐渐增大并且大于安全距离时，驱动轮电动机恢复运转，灭火机器人恢复前进。

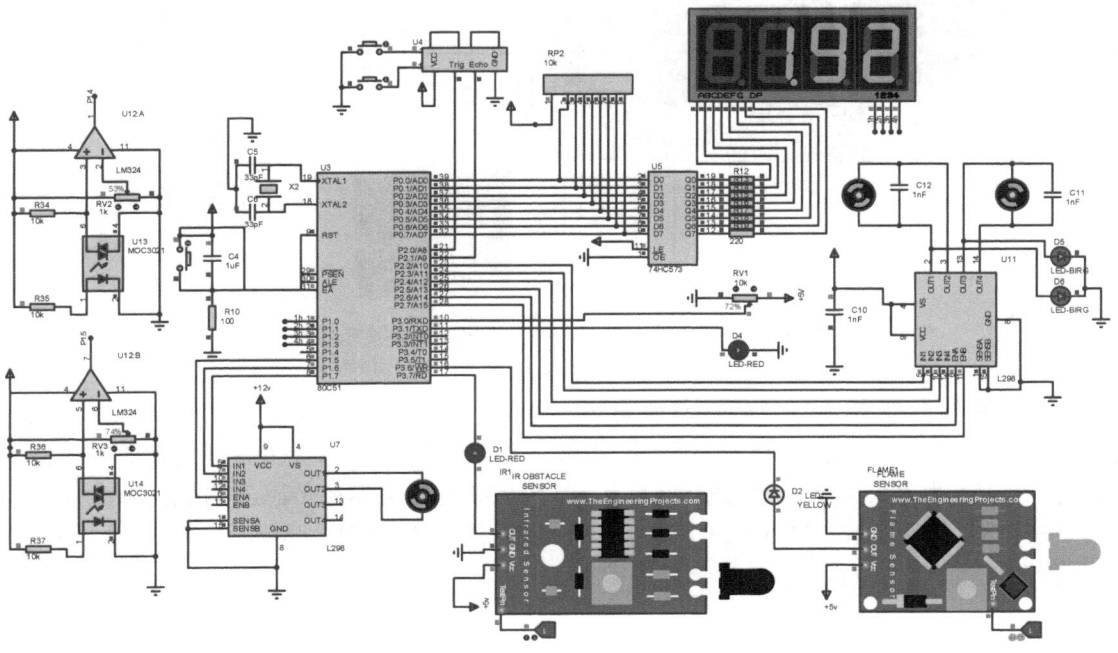

图 5-11　智能灭火机器人系统仿真实验现象

5.4 系统实验测试

5.4.1 系统各模块实验测试

在系统仿真测试验证无误的基础上，通过杜邦线将智能灭火机器人控制系统各电子模块进行如图 5-12 所示的连接。

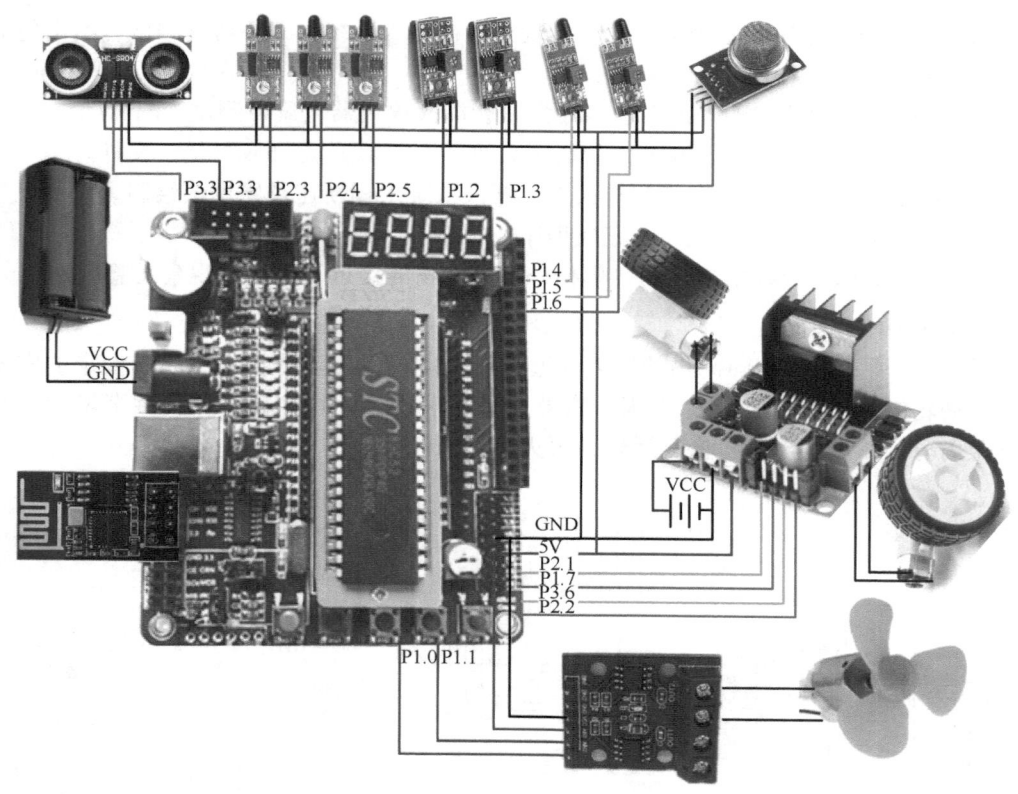

图 5-12 智能灭火机器人电子模块实物连接示意图

根据系统电子模块实物连接示意图，可以依次对各模块功能进行实验测试。图 5-13a 为动力轮电动机驱动测试，图 5-13b 为基于红外反射式传感器的障碍物检测实验，图 5-13c 为灭火风扇电动机驱动测试，图 5-13d 为光电循迹传感器测试，图 5-13e 为超声波传感器测距实验，图 5-13f 为基于红外传感器的火焰识别检测实验，图 5-13g 为烟雾传感器测试。

🖉 小试牛刀

1）尝试测试出超声波传感器的有效测距范围，单次测量结果通过数码管显示。
2）尝试通过编程实现电动机速度和方向的调节功能。

图 5-13　各电子模块实测

a）动力轮电动机驱动测试　b）红外障碍检测　c）灭火风扇电动机驱动测试　d）光电循迹传感器测试
e）超声波传感器测距　f）火焰识别检测　g）烟雾传感器测试

二维码 5-3　　　　二维码 5-4　　　　二维码 5-5　　　　二维码 5-6
电机驱动测试　　　红外障碍检测　　灭火风扇驱动测试　　寻迹模块

二维码 5-7　　　　二维码 5-8　　　　二维码 5-9　　　　二维码 5-10
超声波测距串口显示　火焰识别检测　　烟雾传感器　　远程遥控综合实验

5.4.2　系统控制程序设计

在各电子模块功能验证无误的基础上，根据智能灭火机器人系统控制要求，设计远程遥控、智能循迹、超声波避障、红外跟随、火焰识别与灭火等功能实现的控制逻辑，系统控制主程序流程如图 5-14 所示。

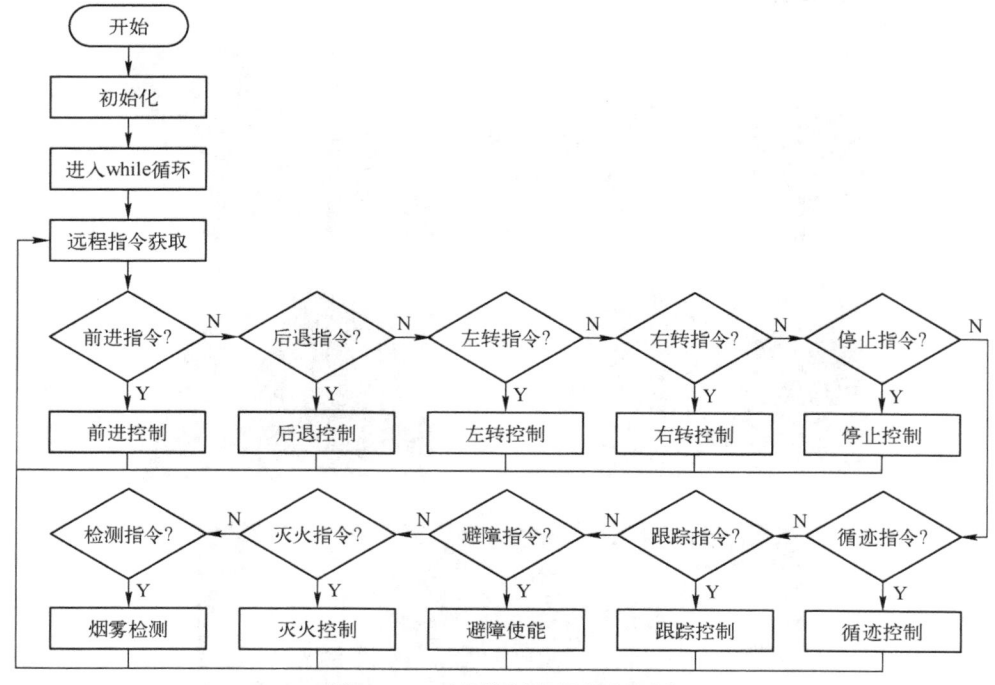

图 5-14　系统控制主程序流程图

首先对 STC89C52 系统时钟、功能引脚、ESP8266 无线通信模块和关键参数等进行初始化，然后进入 while 循环，while 循环中执行远程指令获取，并根据获取的远程指令执行相应程序，即指令检索与响应。

根据所设计的主程序流程图，在 Keil C51 编程环境中编写 C 语言主程序段如下：

```
代码                        //注释
void main( void)
{
  Uart_Init( );             //串口初始化
  delayms(200);             //延时函数
  Wifi_Init( );             //WiFi 模块初始化
  TMOD|＝0X01;
  TH0＝0XFC;                 //1 ms 定时
  TL0＝0X66;
  TR0＝1;                    //开启定时器 T0
  ET0＝1;                    //允许 T0 中断
  TI＝1;
  EA ＝1;                    //开总中断
  while (1)                  //while 循环函数
```

```
    {
        switch(Buffer[0])                    //接收数据判断
        {
            case '1':                        //接收数据"1"则前进
                Left_Motor_Run ;             //左电动机往前走
                Right_Motor_Run ;            //右电动机往前走
                break;
            case '2':                        //接收数据"2"
                Turn_Left();                 //左转
                break;
            case '3':                        //接收数据"3"
                Turn_Right();                //右转
                break;
            case '4':                        //接收数据"4"
                Go_Back();                   //后退
                break;
            case '5':                        //接收数据"5"
                Stop();                      //停止
                break;
            case '6':                        //接收数据"6"
                Track();                     //循迹
                break;
            case '7':                        //接收数据"7"
                Follow();                    //跟踪
                break;
            case '8':                        //接收数据"8"
                Smoke();                     //烟雾
                break;
            case '9':
                Fire_fighting();             //火焰
                break;
            case 'a':                        //接收数据"a"
                Avoid();                     //避障
                break;
            case 'b':                        //接收数据"b"
                Fan_Stop();                  //风扇停止
                break;
            case 'c':                        //接收数据"c"
                Fan_Rotation();
                break;
            default:                         //未接收或错误数据则返回
                break;
        }
    }
}
```

📖 小试牛刀

尝试在 Keil C51 编程环境中将程序补充完整，并在仿真环境或实物环境中完成测试。

5.4.3　系统整体实验

1. 电气系统连接

在智能灭火机器人结构装配完成的基础上，根据智能灭火机器人电气系统连接示意图，完成电气系统装配及连线，装配完成后的实物图如图 5-15 所示。

图 5-15　智能灭火机器人实物图

2. 实验步骤

1) 将仿真验证无误的烧录文件下载至 STC89C52 开发板。

2) 布置实验场地及测试环境。

3) 系统控制板连接电源，按下开发板的电源开关。

4) 执行遥控、循迹、灭火、避障等操作，观察实验现象。

3. 实验现象

根据上述实验步骤，首先进行遥控功能实验测试，将手机客户端和灭火机器人客户端连接于同一无线局域网，打开手机客户端的网络调试助手"NetAssist"，模拟远程服务器，设置对应有效的 IP 地址及端口号。待连接成功后，发送对应的控制指令即可实现灭火机器人远程控制。图 5-16 所示为智能灭火机器人远程遥控测试状态图。

下面对智能灭火机器人循迹和避障功能进行实验测试。通过远程控制指令设置机器人处于智能循迹状态。如图 5-17 所示，在机器人循迹行进的前方放置一个障碍物，当超声波传感器检测到该障碍物时，机器人立即停止，而当障碍物撤去后，机器人继续沿着当前的轨迹前进。

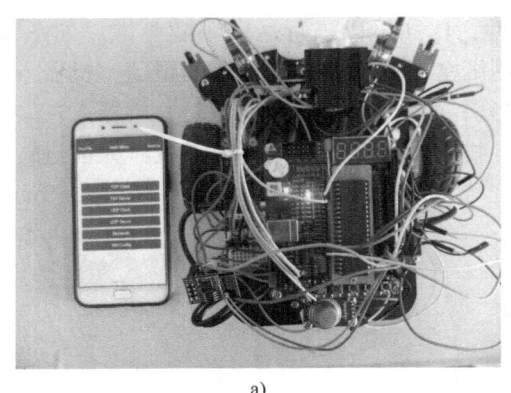 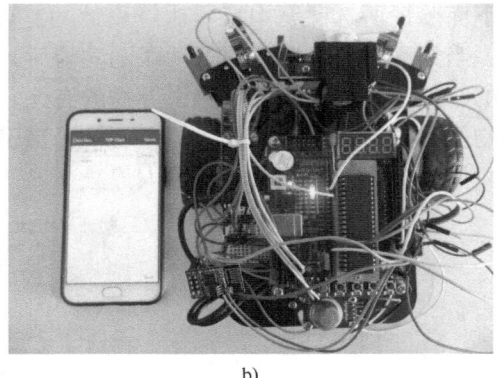

a)　　　　　　　　　　　　　　　　　　b)

图 5-16　智能灭火机器人远程遥控测试

a）状态一　b）状态二

a)　　　　　　　　　　　b)　　　　　　　　　　　c)

图 5-17　智能灭火机器人循迹及避障测试

a）状态一　b）状态二　c）状态三

　　为了验证智能灭火机器人灭火功能的有效性，可以设计火焰检测及灭火环境并进行测试。如图 5-18 所示，当机器人处于循迹行进的过程中，在机器人侧面用打火机生成火焰，机器人通过搭载的火焰识别传感器，立即检测到火焰方向，并随即转向火焰所在方向。当灭火风扇正对火焰时，打开灭火风扇直到火焰熄灭。

 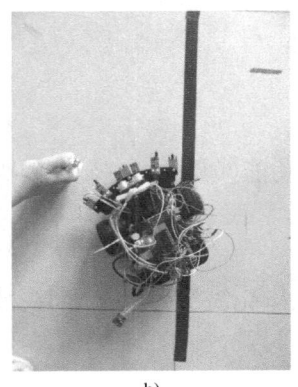 

a)　　　　　　　　　　　b)　　　　　　　　　　　c)

图 5-18　智能灭火机器人火焰检测与灭火功能测试

a）状态一　b）状态二　c）状态三

　　下面验证所选课题中拓展功能设计的有效性，比如可以进行运动跟随测试。如图 5-19 所示，当远程打开机器人的运动跟随功能后，用纸盒引导机器人实现运动跟随。机器人前端两侧的红外传感器能有效检测引导物的有无。当引导物位于机器人左侧时，机器人左转；当引导物位于机器人右侧时，机器人右转；当引导物位于机器人正前方时，机器人前进；而当机器人周围没有引导物时，机器人停止。

 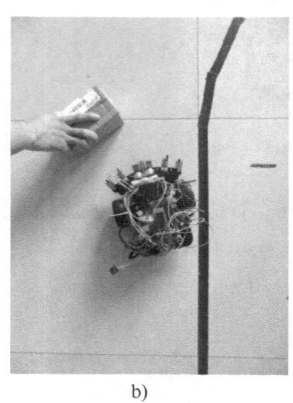 

a)　　　　　　　　　　　b)　　　　　　　　　　　c)

图 5-19　智能灭火机器人运动跟随功能测试

a) 状态一　b) 状态二　c) 状态三

5.5　拓展实践

5.5.1　设计任务

　　在上述"智能灭火机器人系统"学习基础上，重新进行选题。1~2 人为一小组，完成"智能灭火机器人系统"的升级设计，并完成以下任务。

　　1）在上述设计报告的基础上，完成所升级系统的设计报告撰写，尽可能地体现设计原理及设计制作过程。

　　2）提交系统设计实物一套。

　　3）提交系统设计源码资料一份。

5.5.2　设计要求

　　升级系统具备基础功能和拓展功能，其中，基础功能为必做，拓展功能为选做，具体要求如下。

　　❑ **基础功能**

　　远程遥控、自主巡检、多角度火焰检测与灭火、超声波避障、显示和蜂鸣器提示。

　　❑ **显示方式拓展（任选）**

　　1）LCD1602 液晶屏显示。

　　2）3.5 in 以上的触摸显示屏。

　　3）0.96 in OLED 显示屏。

4）PC 端串口调试助手、网络调试助手等。

5）手机端的网络调试助手。

❑ **循迹方式拓展（任选）**

1）摄像头循迹。

2）磁条检测循迹。

3）磁力线循迹。

4）其他。

❑ **功能拓展（任选）**

1）多传感器检测功能：通过搭载温湿度、烟雾、CO 等传感器，实现多传感器的数据采集。

2）障碍跟随功能：通过安装红外反射式传感器，实现红外障碍物检测及动态跟随的功能。

3）人机交互方式拓展：通过语音模块实现紧急状态下的无线语音传输。

4）远程网络数据上传功能：通过 Onenet、Yeelink 等物联网平台，实现传感器数据的远程上传。

5.6　附录——智能灭火机器人系统实践报告

智能灭火机器人系统实践报告

专业：＿＿＿＿＿＿＿＿＿　学号：＿＿＿＿＿＿＿＿＿　姓名：＿＿＿＿＿＿＿＿＿

一、焊接实验

阅读原理图，完成 STC89C52 开发板焊接，给出焊接过程中的图片 1 张，焊接实践完成后的图片 1 张，粘贴于图 1 中。

a)　　　　　　　　　　　　　　　　b)

图 1　焊接实践图片
a）焊接过程中的图片　b）焊接完成后的实物图

二、选题

□ 基础功能（全部需要完成）。

□ 显示方式拓展（至少选择 1 项，在对应选题前打勾）。

　　□ LCD1602 液晶屏显示。

　　□ 3.5 in 以上的触摸显示屏。

　　□ 0.96 in OLED 显示屏。

　　□ PC 端串口调试助手、网络调试助手等。

　　□ 手机端的网络调试助手。

□ 循迹方式拓展（至少选择 1 项，在对应选题前打勾）。

　　□ 摄像头循迹。

　　□ 磁条检测循迹。

　　□ 磁力线循迹。

　　□ 其他＿＿＿＿＿＿＿＿＿＿＿＿＿＿＿＿＿＿＿。

□ 功能拓展（至少选择 1 项，在对应选题前打勾）。

　　□ 多传感器检测功能：通过搭载温湿度、烟雾、CO 等传感器，实现多传感器的数据采集。

　　□ 动态跟随功能：通过安装红外反射式传感器，实现红外障碍物检测及动态跟随的功能。

　　□ 人机交互方式拓展：通过语音模块实现紧急状态下的无线语音传输。

　　□ 远程网络数据上传功能：通过 Onenet、Yeelink 等物联网平台，实现传感器数据的远程上传。

三、硬件电路分析

1. 根据选题，确定系统硬件电路组成，以 STC89C52 单片机为核心，在图 2 方框中画出其电气系统框图。

图 2　电气系统框图

2. 根据选定的拓展功能，查阅相关资料，在图 3 方框中以图文并茂的形式，阐述其基本工作原理。

图 3　拓展功能工作原理

四、程序设计

结合系统基本组成及其各功能模块工作原理，思考其编程实现，设计并给出程序流程图。

图 4　程序流程图

五、实践结果

根据所设计的程序流程图，在 Keil C51 中新建工程文件，编写 C 语言程序，实现所有基础功能和选定的拓展功能。选出能反映功能实现的代表图片，拍照并按顺序粘贴在图 5 中。

图 5　实践照片

六、实践心得

第6章

智能调度物料车系统项目设计

6.1 选题与设计分析

6.1.1 系统功能及设计要求

1. 系统功能描述

以 STC89C52 开发板为系统控制核心, 拓展必要的外部电路, 围绕多工位之间的自动物料运输, 设计一款智能调度物料车系统, 要求具备远程遥控、自主循迹、颜色识别、点对点简单任务调度、红外近距离障碍物检测与避障、超声波障碍物检测与避障、显示和蜂鸣器提示等基础功能。此外, 通过对系统功能进行拓展, 可以实现寻光与运动跟随、双向循迹、多个工位下的任务调度响应等功能。

基础功能为必做, 具体的功能描述如下。

1) 远程遥控功能: 通过无线网络模块、无线串口模块等远程通信模块实现物料车的远程运动控制, 包括机器人前进、后退、左转、右转、停止等基础运动控制, 以及所搭载舵机云台的运动控制、任务调度指令的发送和响应。

2) 自主循迹功能: 利用多个光电反射式循迹传感器, 在移动机器人前方搭建具有一定循迹宽度的循迹模块, 实现机器人沿 1~2 cm 宽度的黑色轨迹行驶。

3) 点对点简单任务调度: 如图 6-1 所示, 四轮驱动式的物料车正前方安装有多个光电反射式循迹传感器, 用于实现黑色轨迹的循迹检测; 物料车前方车底安装有颜色识别传感器, 用于实现基于颜色标记的站点识别。点对点简单任务调度规则为: 接收到调度指令后, 机器人从红色起点自主行驶至绿色终点。

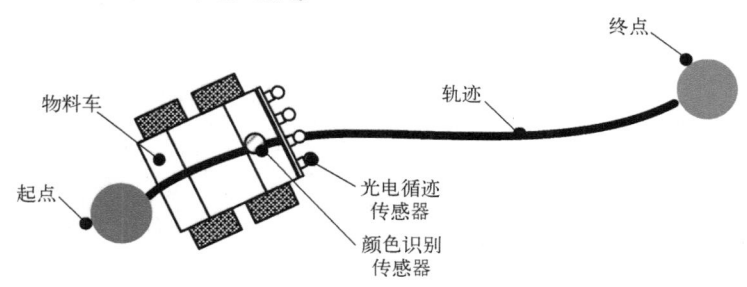

图 6-1 物料车点对点任务调度示意图

4）近距离红外障碍物检测与避障功能：物料车正前方左右两侧搭载有两只红外反射式障碍物检测传感器，用于实现车辆行进过程中的近距离障碍物检测。当障碍物距离较近时，迅速执行停车以实现避障。

5）超声波障碍物检测与避障功能：如图 6-2 所示，物料车正前方搭载有 1 个可 180°水平回转的舵机。舵机上方安装有 1 只测距范围≤4.5 m 的超声波传感器，可实现物料车正前方水平方向 180°范围内的障碍物检测，进而用于物料车的避障控制。

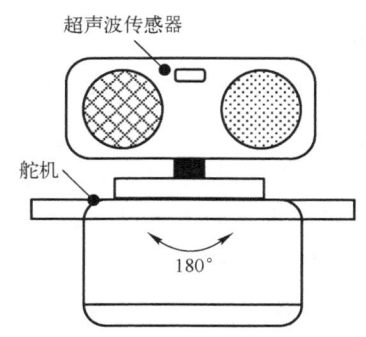

图 6-2　超声波传感器动态扫描测距示意图

6）显示功能：通过 STC89C52 开发板自带的数码管显示障碍物距离、物料车运行参数等信息。

7）蜂鸣器提示功能：通过开发板板载蜂鸣器和发光二极管进行紧急状态下的声光报警。

拓展功能为选做，具体的功能描述如下。

1）寻光跟随功能：通过在物料车正前方安装多只光敏传感器，实现光源动态追踪跟随的功能。

2）双向循迹功能：通过在物料车正后方加装多个光电循迹传感器，实现物料车的双向循迹，即在不掉头的状态下，实现前后双向的循迹行驶。

3）显示方式拓展：通过 LCD 液晶显示屏、PC 端串口调试助手等方式显示物料车运行参数等信息，进一步拓展显示的信息内容。

4）循迹方式的拓展：自主选择磁力线循迹、摄像头循迹、磁条循迹等其他循迹方法，完成元器件选型、电路搭建和编程实现。

5）多工位下的任务调度响应：如图 6-3 所示，A~E 为模拟车间内的 5 个工位，通过不同的色标板区分站点，通过调度控制逻辑设计，可实现物料车在指定工位间的物料运输。

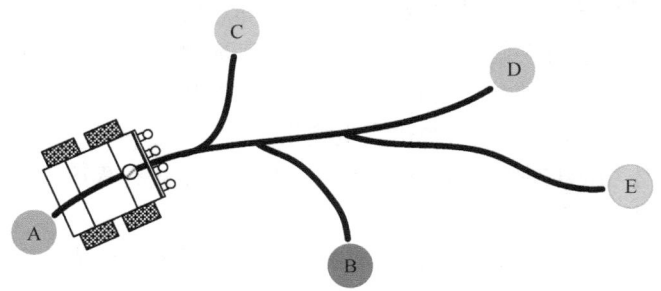

图 6-3　多工位下的物料车任务调度示意图

2. 设计要求

根据系统功能描述完成选题，基础功能为必选，拓展功能至少选择 1 项。根据选题，分析系统基本组成及工作原理，完成系统机构设计（包括三维模型设计与运动分析）与装配、系统控制电路 Proteus 仿真与分析，设计程序流程图并在 Keil C51 编程环境中编写程序，在 Proteus 仿真环境中导入程序实现系统仿真测试，完成系统电路连接与测试，最终完成实验测试。

6.1.2 系统组成及设计思路

本教材以实现基础功能 1)~7) 和拓展功能 1)、5) 为例进行系统设计。根据智能调度物料车的系统功能及设计要求，分析其功能实现的配置要求及工作原理，设计并绘制如图 6-4 所示的智能调度物料车系统框图。以 STC89C52 微处理器为核心，系统包括：电源模块、电动机驱动模块及其对应驱动的 4 只动力轮电动机、4 位数码管显示模块、蜂鸣器模块、蓝牙模块、颜色识别模块、舵机、光电循迹模块、红外跟踪模块和超声波测距模块等。

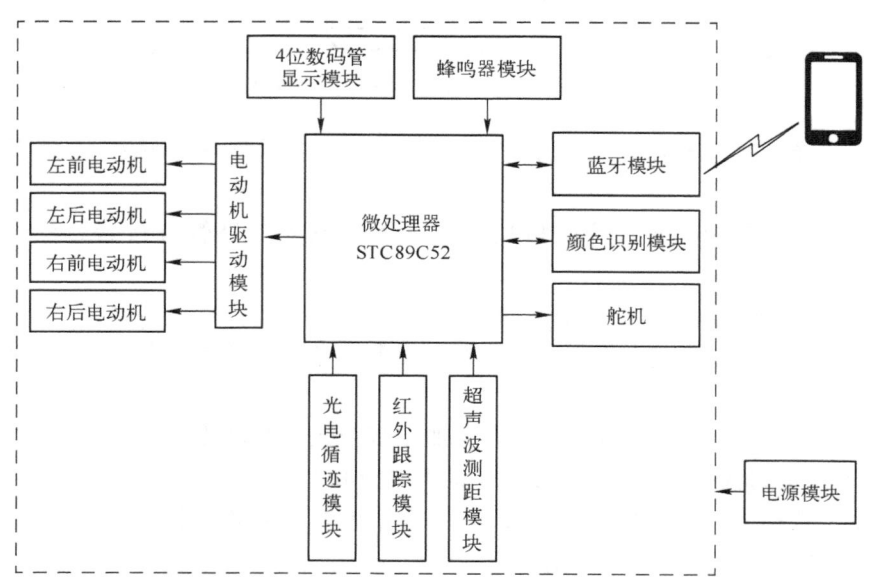

图 6-4 智能调度物料车系统框图

根据智能调度物料车系统组成，为了最大限度地确保所设计系统的有效性和合理性，结合系统整体搭建及功能实现的必要逻辑，确定如下系统设计思路。

1) 完成各电子模块的选型、采购及功能测试，熟悉各模块的工作原理及使用方法。

2) 确定物料车尺寸、各功能模块布局等，同步完成物料车三维模型设计与运动仿真。

3) 完成物料车关键结构件加工与物料车整体结构的装配。

4) 利用 Proteus 仿真软件实现系统仿真电路搭建。

5) 设计系统整体功能实现的流程图，并利用 Keil C51 进行程序编写。

6) 完成系统整体仿真测试。

7) 在仿真测试验证无误的基础上，完成物料车电气系统的集成与测试。

8) 完成系统整体功能的调试与实验测试。

6.2　结构设计与制作

6.2.1　三维模型设计和运动仿真

1. 模块选型

为了进一步确定物料车的尺寸、各模块的安装位置、连接方式等信息，在确定智能调度物料车系统组成的基础上，对物料车功能实现所必需的电子模块、结构件、连接件等进行选型、筛选，并整理出如表 6-1 所示的系统结构相关物料清单。

表 6-1　智能调度物料车物料清单

序号	名　　称	型　　号	数量	功 能 备 注	安 装 备 注
1	光电循迹模块	TCRT-5000	2	基础功能：循迹	2 个 M3×22 单通尼龙柱，2 个 M3×8 圆头金属螺丝；2 个 M3 螺母固定
2	红外传感器	FC-51	2	拓展功能：物体跟随	2 个 M3×10 圆头金属螺丝；2 个 M3 螺母；2 个 M3×3ABS 垫片固定
3	超声波模块	HC-SR04	1	基础功能：障碍检测	用 SG90 自带螺丝
4	颜色识别模块	GY-31	1	基础功能：颜色识别	4 个 M3×22 单通尼龙柱，4 个 M3×8 圆头金属螺丝；4 个 M3 螺母固定
5	光敏传感器	光敏电阻模块	2	拓展功能：光源追踪	2 个 M3×10 螺丝；2 个 M3 螺母；2 个 M3×3ABS 垫片固定
6	51 最小系统板	STC89C52 开发板	1	主控核心	4 个 M3×8 圆头金属螺丝；4 个 M3 螺母；4 个 M3×22 单通尼龙柱固定，电源通过 L298 输出供给 5 V
7	WiFi 模块	ESP8266	1	基础功能：远程控制	
8	电动机驱动模块	L298N	1	基础功能：电动机驱动	4 个 M3×10 圆头金属螺丝；4 个 M3 螺母；4 个 M3×3 ABS 垫片固定
9	直条双轴减速电动机	D32-1（含轮胎）	4	基础功能：物料车行走	连接件和 8 个 M3×30 圆头金属螺丝；8 个 M3 螺母固定
10	充电锂电池	18650 锂电池	2	电源	
11	锂电池盒	18650 锂电池盒	1	电源	2 个 M3×6 金属沉头螺丝；2 个 M3 螺母固定
12	电池充电器	18650 充电器	1	电源	
13	舵机	SG90	1	基础功能：扫描测距	自带螺丝（2 个 M2×6 螺钉，1 个 M2×3 螺丝），4 个 M2×6 螺丝和 2 个 M2×8 双通铜柱
14	六角单通尼龙柱	M3×22	10		
15	铜柱	M2×8	2		
16	金属圆头螺丝	M3×8	10		
17	金属圆头螺丝	M3×10	8		
18	金属圆头螺丝	M3×30	8		
19	金属沉头螺丝	M3×6	2		
20	金属圆头螺丝	M2×6	4		

（续）

序号	名　称	型　号	数量	功能备注	安装备注
21	金属螺母	M3	28		
22	ABS 垫片	M3×3	8	隔离	
23	杜邦线	母对母 20 cm	16		
24	杜邦线	公对母 20 cm	8		
25	杜邦线	公对公 20 cm	12		
26	亚克力板	车身等结构件	1 套		
27	扎带	3×80 mm	10 根		

2. 三维建模

根据智能调度物料车功能要求，在确定系统组成模块选型的基础上，利用 Solidworks 软件开展了如图 6-5 所示的智能调度物料车三维结构设计。

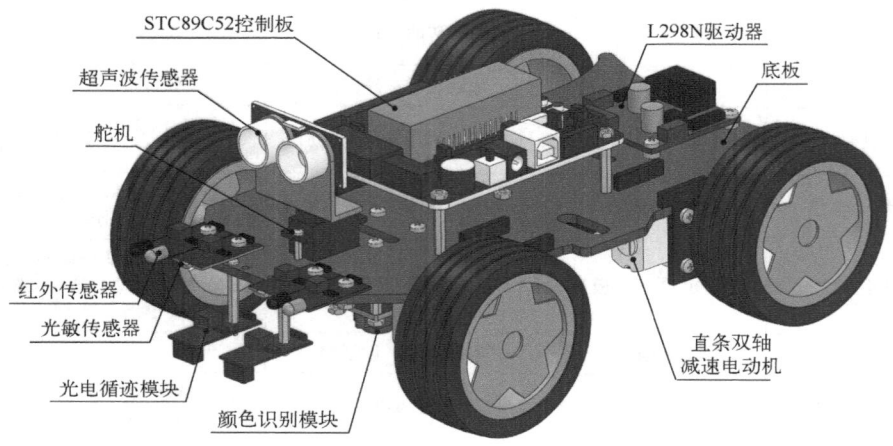

图 6-5　智能调度物料车三维结构设计

物料车利用 3 mm（实际约 2.7 mm）单层亚克力板作为底板将相关元器件固定。为了提高物料车承载能力，本书参考实际应用环境中物料车的驱动形式，采用了四轮驱动结构。物料车控制核心——STC89C52 控制板通过尼龙柱与底板固定；用于直条双轴减速电动机驱动的 L298N 驱动器通过螺丝固定在底板后方；用于避障的超声波传感器通过支架与 180° 舵机连接；用于物体跟随的两只红外传感器，和用于光源跟踪的两只光敏传感器都通过六角尼龙柱连接于车身前方两侧；用于循迹的两只光电循迹传感器通过六角尼龙柱连接于车身前方下侧。用于直条双轴减速电动机驱动的 L298N 驱动器和用于驱动风扇电动机的 L9110S 驱动器都通过螺丝固定在底板上。

🐾 **小试牛刀**

尝试通过 SolidWorks 建模软件制作智能调度物料车三维模型的爆炸图。

3. 运动仿真

为了验证智能调度物料车系统结构设计的有效性，本书在 SolidWorks 环境中进行了运动仿真。图 6-6 显示四轮驱动的物料车能够实现 S 弯道中灵活轨迹跟踪，小半径处转向也较为灵活，因而可以满足狭小空间中的物料运输用途，这为后续物料车装配及运动控制打下了基础。

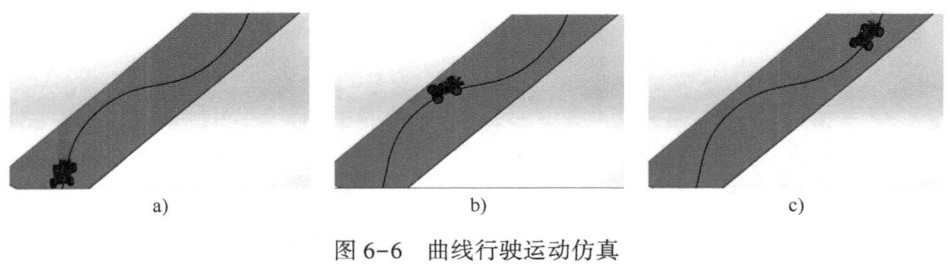

图 6-6　曲线行驶运动仿真
a) 状态一　b) 状态二　c) 状态三

小试牛刀

尝试在 SolidWorks 建模软件中实现物料车沿圆形、椭圆形等轨迹的运动仿真。

6.2.2　关键结构件加工与装配

在完成调度物料车三维建模和运动仿真的基础上，即可对物料车底板和卡扣连接件进行加工。由于相关板件采用亚克力板材料，因此可以通过激光雕刻方式来完成相应加工。图 6-7 给出了智能调度物料车底板激光雕刻图纸，图 6-8 给出了物料车卡扣连接件激光雕刻图纸。智能调度物料车系统打样图纸请在本书配套资源中下载。

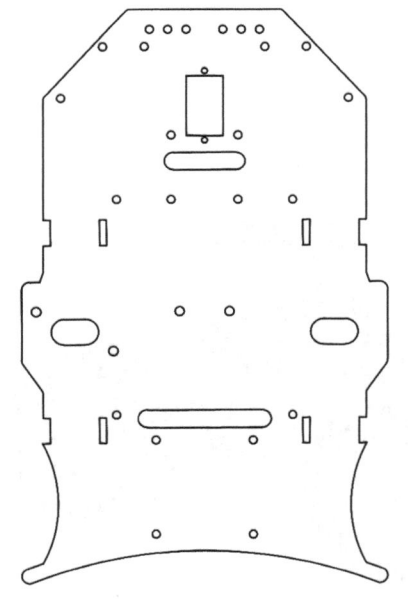

图 6-7　智能调度物料车底板激光雕刻图纸

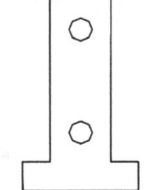

图 6-8　物料车卡扣连接件激光雕刻图纸

智能调度物料车的装配主要通过螺丝将相关元器件固定在其底板上，装配整体比较简单。其中比较复杂的是超声波传感器的装配，主要通过支架、舵机将超声波传感器固定在物料车底板上。图6-9a的爆炸图中给出了超声波传感器固定所需要的超声波传感器支架、舵机臂、舵机及螺丝等，图6-9b给出了最终的超声波传感器的装配结果。整个智能调度物料车的爆炸如图6-10所示。

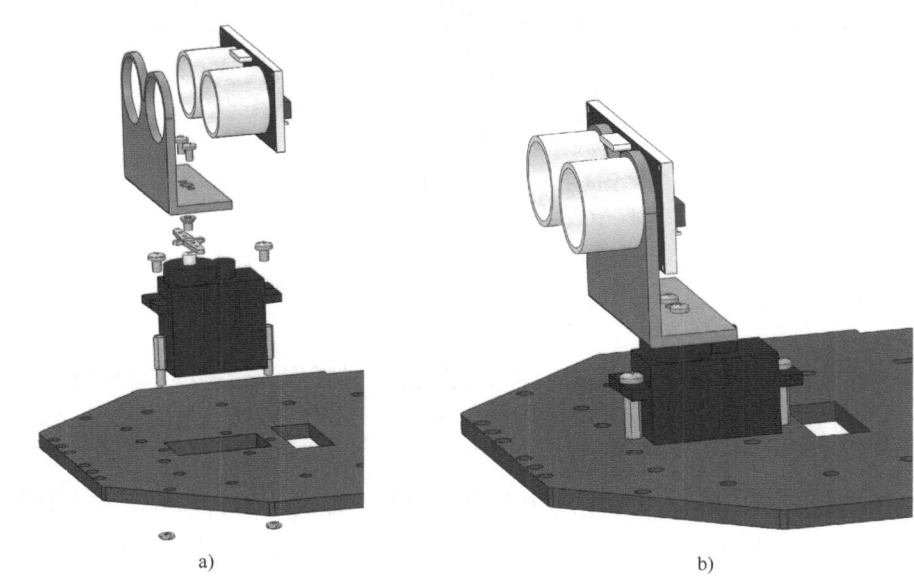

a)   b)

图6-9 超声波传感器装配示意图

a）爆炸图 b）装配图

图6-10 智能调度物料车爆炸图

6.3　控制系统设计与分析

6.3.1　控制系统仿真电路设计

在完成系统基本电气系统组成选型的基础上，为了验证控制系统设计的可行性，可利用 Proteus 仿真软件对智能调度物料车系统进行仿真分析。在 Proteus 仿真环境中，搭建如图 6-11 所示的智能调度物料车仿真电路。以 AT89C52 单片机（等效替代 STC89C52）为控制核心，系统仿真电路组成包括模拟光电循迹模块的两路循迹信号、模拟红外障碍检测模块的两路障碍物检测信号、模拟光源检测模块的两路光源信号、用于模拟四轮动力源的电动机驱动模块、超声波测距模块、舵机模块和串口通信模块，涵盖了智能调度物料车系统所有的电气模块，通过编写相应的模块功能测试程序，能够实现较为完整的系统仿真测试。

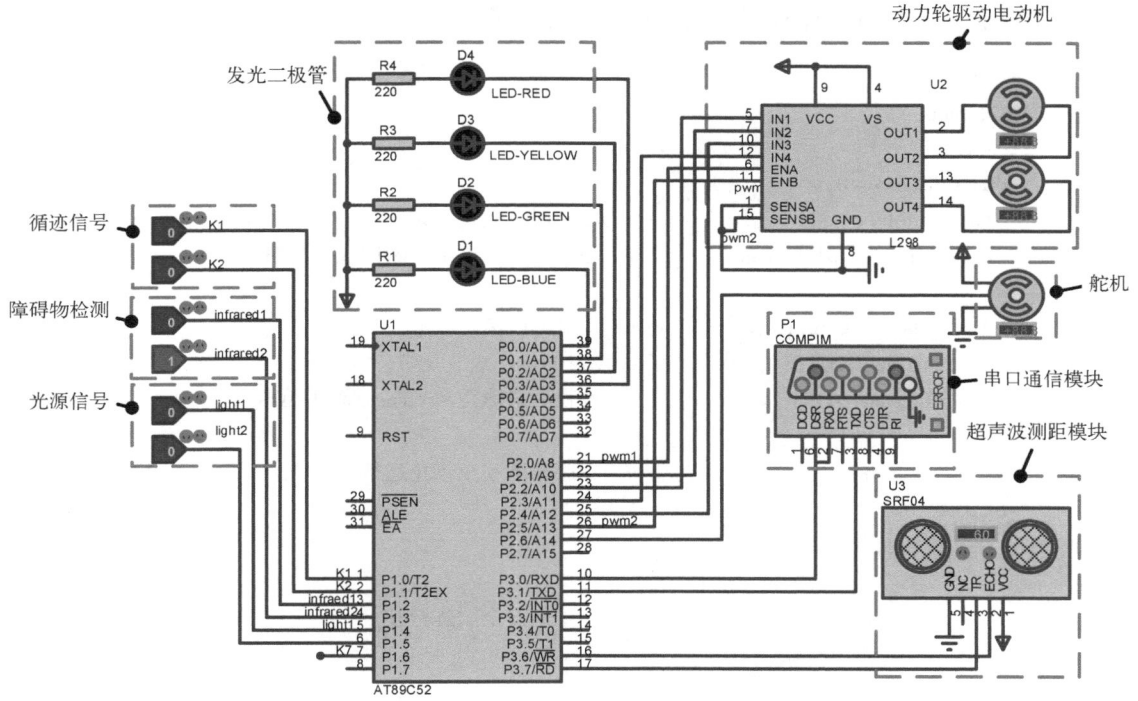

图 6-11　智能调度物料车仿真电路原理图

6.3.2　模块仿真程序设计

根据智能调度物料车系统模块组成，在完成系统仿真电路原理图搭建的基础上，在 Keil C51 编程环境中编写各模块的仿真程序，以验证各模块电路连接的有效性。以物料车通过串口接收到调度指令开始循迹运行，运动过程中执行避障功能，当到达指定地点停止为例，给出如图 6-12 所示的功能实现程序流程图。

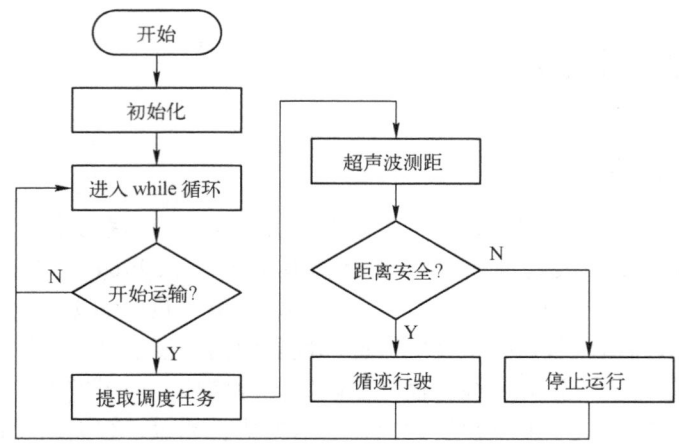

图 6-12　智能调度物料车系统模块仿真程序流程图

根据所设计的主程序流程图，在 Keil C51 编程环境中编写 C 语言关键程序段如下：

```
代码                              //注释
void main( )
{
    float distance = 0;
    Timer_Init( );                //定时计数初始化
    while( color_temp! = Green)   //利用定时器 1 中断读取当前颜色
    {
        distance = Count( );      //计算距离
        delayms( 100);            //100 ms
        if( distance<15)          //设置避障距离 15 mm/刹车距离
        {
            Stop( );              //距离不安全停止运行
        }
        else
        {
            Track( );             //距离安全循迹行驶
        }
    }
}
```

✎ 小试牛刀

1）尝试在 Keil C51 编程环境中将程序补充完整，并在 Proteus 仿真环境中实现仿真。
2）尝试通过编程实现其他模块的仿真测试。

6.3.3　基于 Proteus 的系统仿真测试

1. 仿真操作步骤

在完成仿真电路搭建的基础上，为了实现智能调度物料车系统的模块仿真测试，给出如下仿真操作的具体步骤。

1) 在 Keil C51 中新建工程，工程名称为"智能调度物料车模块测试.uvproj"。

2) 编写 C 语言程序，编译输出"智能调度物料车模块测试.hex"烧录文件。

3) 在 Proteus 仿真环境中完成智能调度物料车系统工程新建及原理图绘制。

4) 在 Proteus 仿真电气原理图中完成程序加载。

5) 单击【仿真运行开始】按钮，观察实验现象。

2. 仿真现象

图 6-13 给出了物料车检测到障碍物后进行控制的仿真现象。当障碍物距离小于设定的安全距离时，驱动轮电动机停止运转，即物料车停止前进；而当障碍物距离逐渐增大并且大于安全距离时，驱动轮电动机恢复运转，物料车恢复前进。

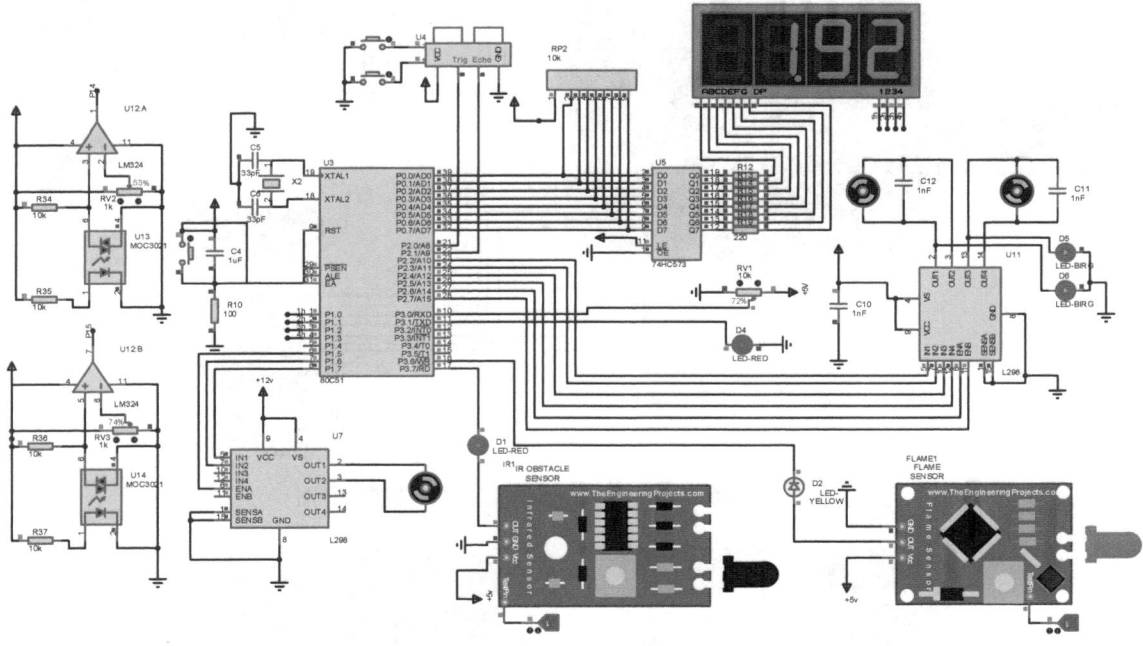

图 6-13　物料车检测到障碍物后进行控制的仿真现象

6.4　系统实验测试

6.4.1　系统各模块实验测试

在系统仿真测试验证无误的基础上，通过杜邦线将智能调度物料车系统各电子模块进行如图 6-14 所示的连接。

为了确保物料车整体实验的顺利进行，根据系统电子模块实物连接示意图，可以对各模块功能进行独立功能的实验测试。图 6-15a 为动力轮电动机驱动测试，图 6-15b 为颜色传感器的颜色识别测试，图 6-15c 为红外传感器的障碍物检测测试，图 6-15d 为超声波传感器测距实验，图 6-15e 为光敏电阻传感器的寻光测试，图 6-15f 为循迹传感器测试，

图 6-15g 为舵机的运动控制测试。

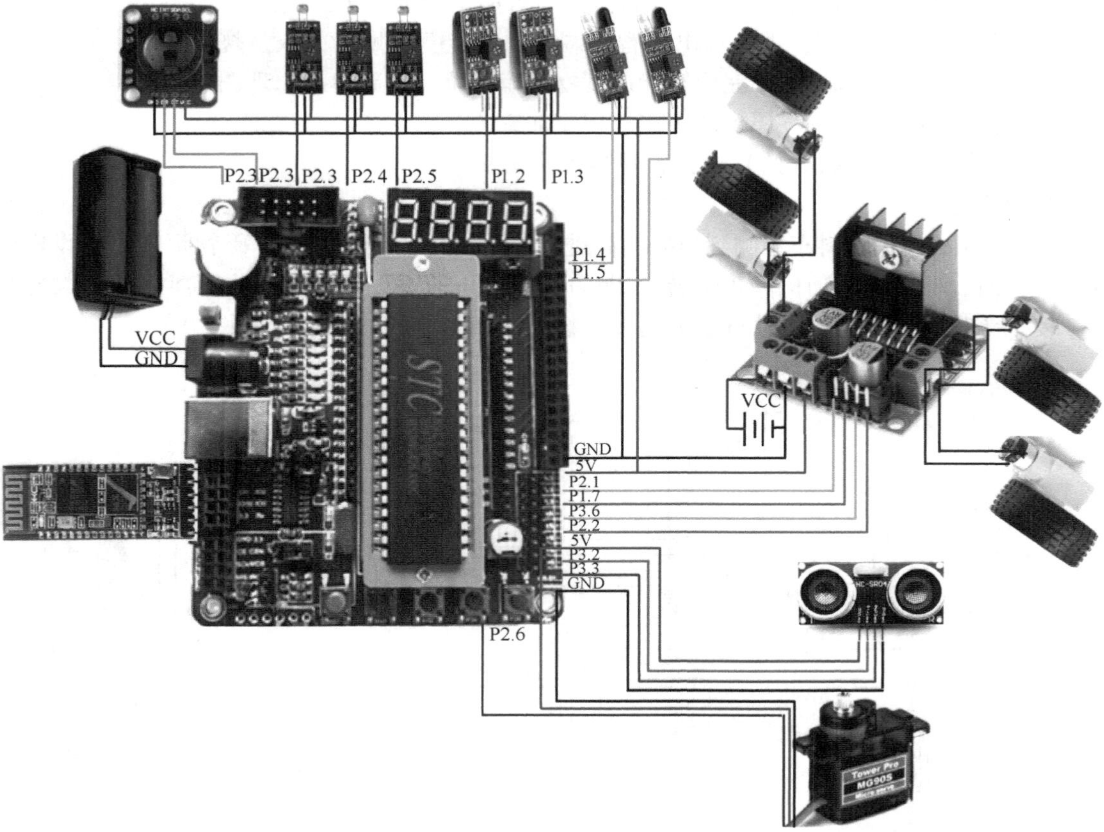

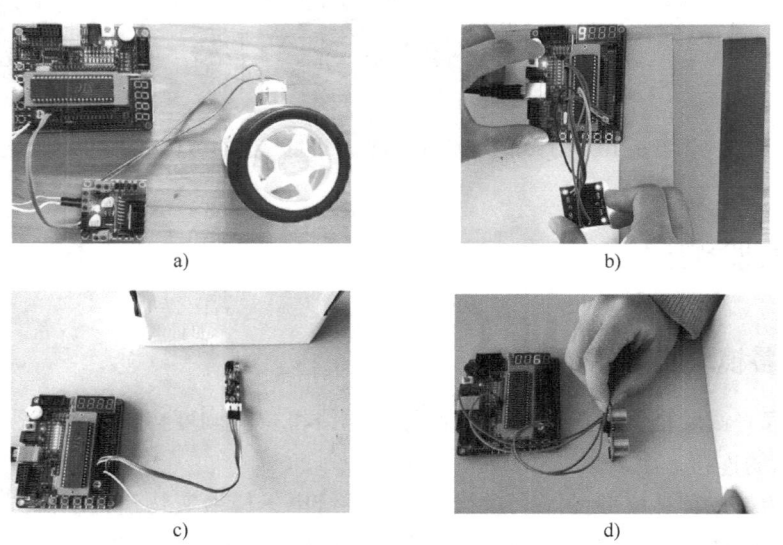

图 6-14 智能调度物料车各电子模块实物连接示意图

a)

b)

c)

d)

图 6-15 各电子模块实验测试

a）动力轮电动机驱动测试 b）颜色识别测试 c）红外障碍物检测测试 d）超声波传感器测距测试

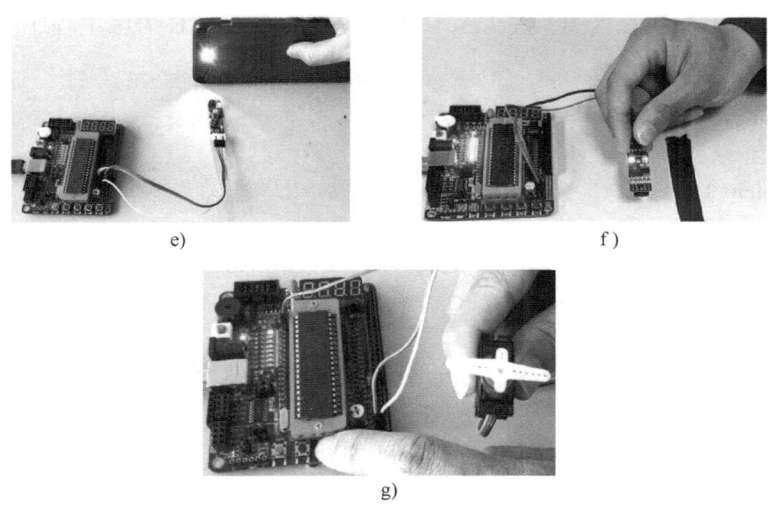

图 6-15　各电子模块实验测试（续）

e）光敏电阻传感器寻光测试　f）循迹传感器测试　g）舵机运动控制测试

小试牛刀

1）尝试通过编程实现电动机速度随障碍物距离动态变化的功能。

2）尝试通过编程实现舵机转动速度和指定转角的控制功能。

6.4.2　系统控制程序设计

在验证各电子模块独立功能无误的基础上，根据智能调度物料车系统的控制要求，设计蓝牙遥控、智能循迹、超声波避障、红外跟随等功能实现的控制逻辑。图 6-16 给出了系统控制主程序流程图。首先对 STC89C52 系统时钟、各功能引脚、串口中断和关键参数等进行初始化，然后进入 while 循环，while 循环中主要通过串口中断的响应实现指令检索与响应。

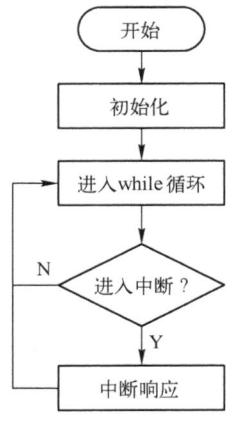

图 6-16　系统控制主程序流程图

根据所设计的主程序流程图,在 Keil C51 编程环境中编写 C 语言主程序段如下:

```
代码                                //注释
void main( void)
{
  Uart_Init( );                     //串口初始化
  delayms( 200);                    //延时函数
  Wifi_Init( );                     //WiFi 模块初始化
  while (1)                         //while 循环函数
  {
    if( Uart_flag == 1)             //初始化完 8266 后,此处才为真
    {
      Uart_SendByte( Buffer[0]);    //蓝牙接收数据后回传
    }
  }
}
```

蓝牙模块与单片机之间采用串口通信方式,因此,可以将模式切换及远程控制相关的响应程序均放在串口接收中断处理。图 6-17 为串口接收中断响应的程序流程图。

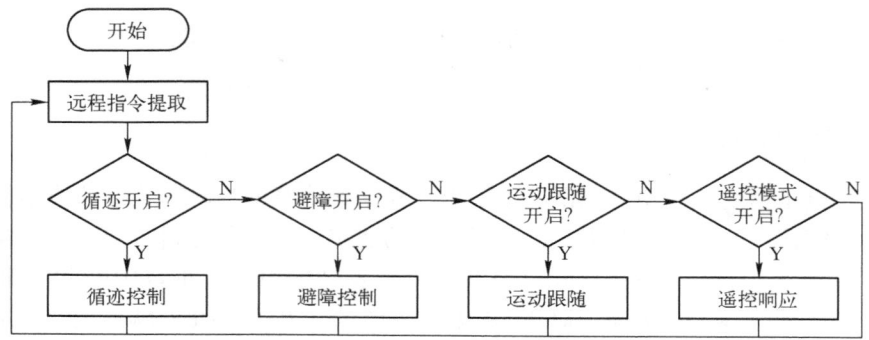

图 6-17　串口接收中断响应程序流程图

根据所设计的程序流程图,在 Keil C51 编程环境中编写 C 语言串口初始化和中断响应的函数如下:

```
代码                                //注释
void Uart_Init( void)               //串口初始化函数
{
  TMOD = 0x20;                      //定时器 1 工作在方式 2
  PCON = 0x00;                      //不倍频
  SCON = 0x50;                      //串口工作在方式 1
  TH1 = 0xFd;                       //波特率 9600 bit/s
  TL1 = 0xFd;
  TR1 = 1;                          //启动定时器 1
  ES = 1;                           //开启串口中断
  EA = 1;                           //打开总中断
```

```
}
void Uart_Interrupt（void）                //串口接收中断函数
  {
  if( RI == 1)                            //蓝牙模块接收到数据
    {
      RI = 0;                             //清除中断标志位
      if( Uart_flag == 1)                 //初始化完 8266 后,此处才为真
          {
              Buffer[ Buf_i] = SBUF;      //将接收到的字符放入 Buffer
              Buf_i++;                    //接收计数+1
              if(SBUF == 0x0a)            //'\n'ASCLL 码 0x0a 以换行结尾,遇到换行就回到 Buffer
                                          //的头部开始存储
                  {
                      Buf_i = 0;          //接收计数归零
                  }
          }
    }
  if( TI)                                 //检测发送数据完成
    {
      TI = 0;                             //清除发送中断标志位
    }
  switch( Buffer[0])
    {
      case '1':                           //开启循迹模式
        Track( );
        break;
      case '2':                           //开启避障模式
        Avoid( );
        break;
      case '3':                           //开启运动跟随模式
        Follow( );
        break;
      default:break;
    }
  yaokong( );                             //进入 WiFi

  远程遥控模式
}
```

🐌 小试牛刀

尝试在 Keil C51 编程环境中将程序补充完整，并在仿真环境或实物环境中完成测试。

6.4.3　系统整体实验

1. 电气系统连接

在智能调度物料车结构装配完成的基础上，根据智能调度物料车电气系统连接示意图，完成电气系统装配及连线，装配完成后的实物图如图6-18所示。

图6-18　智能调度物料车实物图

2. 实验步骤

1）将仿真验证无误的烧录文件下载至STC89C52开发板。

2）布置实验场地及测试环境。

3）系统控制板连接电源，按下开发板的电源开关。

4）完成手机端与车载蓝牙的配对连接。

5）执行遥控、循迹、避障和运动跟随等操作，观察实验现象。

3. 实验现象

根据上述实验步骤，首先进行遥控功能实验测试，安卓用户打开手机端"Net-Assist"，与智能调度物料车车载蓝牙配对成功后，发送对应的控制指令即可实现智能调度物料车的远程控制，图6-19所示为智能调度物料车蓝牙遥控测试状态。

a)　　　　　　　　　　　　　　　　　　b)

图6-19　智能调度物料车蓝牙遥控测试

a）状态一　b）状态二

在完成蓝牙遥控功能实验测试的基础上，切换物料车运动模式进入自动循迹。如图 6-20 所示，S 弯道下物料车的轨迹跟踪效果良好，在循迹行驶的过程中，物料车前方两只红外障碍物检测传感器实时扫描物料车周围的障碍物信息。当障碍物影响物料车的行驶时，能够及时停车以避开障碍物，而当障碍物撤去后，继续恢复当前循迹任务。

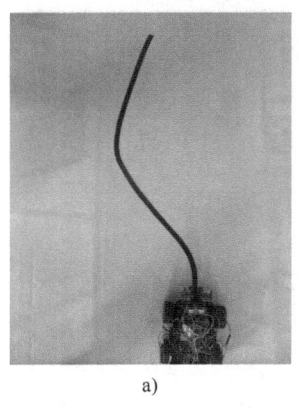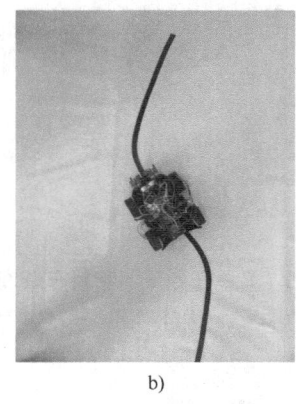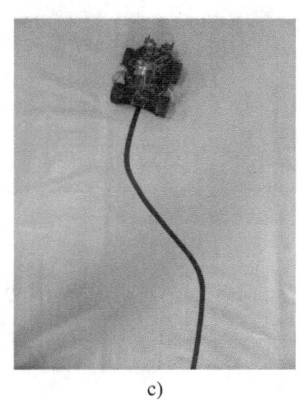

图 6-20　智能调度物料车循迹测试
a）状态一　b）状态二　c）状态三

智能调度物料车脱离轨道下的避障行驶功能实验测试如图 6-21 所示。将正常行驶的物料车强行拉出轨道，测试异常行驶状态下的物料车避障行驶功能。在物料车行进的前方放置"C 形"障碍物，当超声波传感器检测到该障碍物时，物料车立即停止，而当障碍物撤去后，物料车继续沿着当前的轨迹前进。

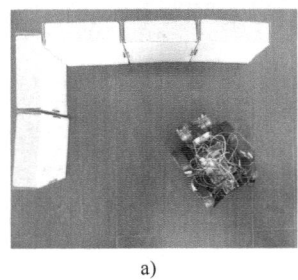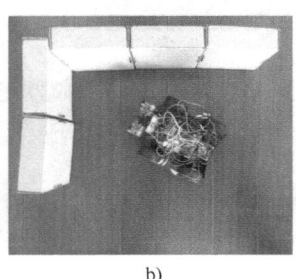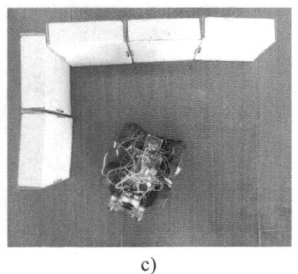

图 6-21　智能调度物料车循迹及避障测试
a）状态一　b）状态二　c）状态三

为了验证拓展功能设计的有效性，可以进行简单任务下的物料车调度实验。如图 6-22 所示，当物料车接收到从红色地点到黄色地点的调度任务时，迅速从起点出发，沿着指定轨迹自主循迹；当车载颜色传感器识别到黄色地标时，物料车迅速停车，系统调度任务执行结束。

为了进一步验证拓展功能中所设计的寻光跟随运动功能有效性，可以进行寻光跟随功能测试。如图 6-23 所示，当远程打开物料车的寻光跟随功能后，关闭室内光源，仅保留一束手电光，用光源照射物料车左右两侧和中间，物料车车载光敏传感器能有效检测光源的有无。当光源集中照射物料车左侧时，物料车左转；光源集中照射物料车右侧时，物料车右转；而当光源集中照射物料车正前方时，物料车保持直线行驶；而当物料车周围没有任何光源时，出于安全设计的考虑，物料车停止。

图 6-22　简单任务下的物料车调度实验

a）状态一　b）状态二　c）状态三

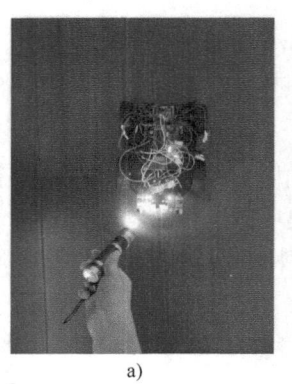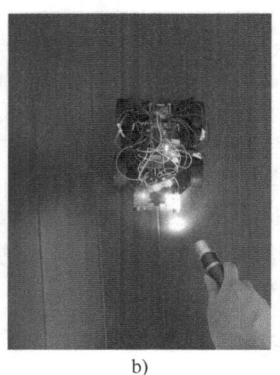

图 6-23　智能物料车寻光跟随功能测试

a）状态一　b）状态二　c）状态三

6.5　拓展实践

6.5.1　设计任务

在上述"智能调度物料车系统"学习的基础上，重新进行选题，1~2 人为一个小组，完成"智能调度物料车系统"的升级设计，并完成以下任务。

1）在上述设计报告的基础上，完成所升级系统的设计报告撰写，尽可能地体现设计原理及设计制作过程。

2）提交系统设计实物一套。

3）提交系统设计源码资料一份。

6.5.2　设计要求

升级系统具备基础功能和拓展功能，其中，基础功能为必做，拓展功能为选做，具体要求如下。

□ **基础功能**

远程遥控、自主循迹、颜色识别、点对点简单任务调度、近距离红外障碍物检测、超声波避障、显示和蜂鸣器提示。

□ **显示方式拓展（任选）**

1）LCD1602 液晶屏显示。

2）3.5 in 以上的触摸显示屏。

3）0.96 in OLED 显示屏。

4）PC 端串口调试助手、网络调试助手等。

5）手机端的网络调试助手。

□ **循迹方式拓展（任选）**

1）摄像头循迹。

2）磁条检测循迹。

3）磁力线循迹。

4）其他。

□ **功能拓展（任选）**

1）寻光跟随功能：通过在物料车正前方安装多只光敏传感器，实现光源动态追踪跟随的功能。

2）双向循迹功能：通过在物料车正后方加装多个光电循迹传感器，实现物料车的双向循迹，即在不掉头的状态下，实现前后双向的循迹行驶。

3）多工位下的任务调度响应：如图 6-3 所示，A~E 为模拟车间内的 5 个工位，通过不同的色标板区分站点，通过调度控制逻辑设计及编程，可实现物料车在指定工位间的物料运输。

6.6　附录——智能调度物料车系统实践报告

智能调度物料车系统实践报告

专业：_____　学号：_____　姓名：_____

一、焊接实验

阅读原理图，完成 STC89C52 开发板焊接，给出焊接过程中的图片 1 张，焊接实践完成后的图片 1 张，粘贴于图 1 中。

二、选题

□ 基础功能（全部需要完成）。

□ 显示方式拓展（至少选择 1 项，在对应选题前打勾）。

　　□ LCD1602 液晶屏显示。

　　□ 3.5 in 以上的触摸显示屏。

　　□ 0.96 in OLED 显示屏。

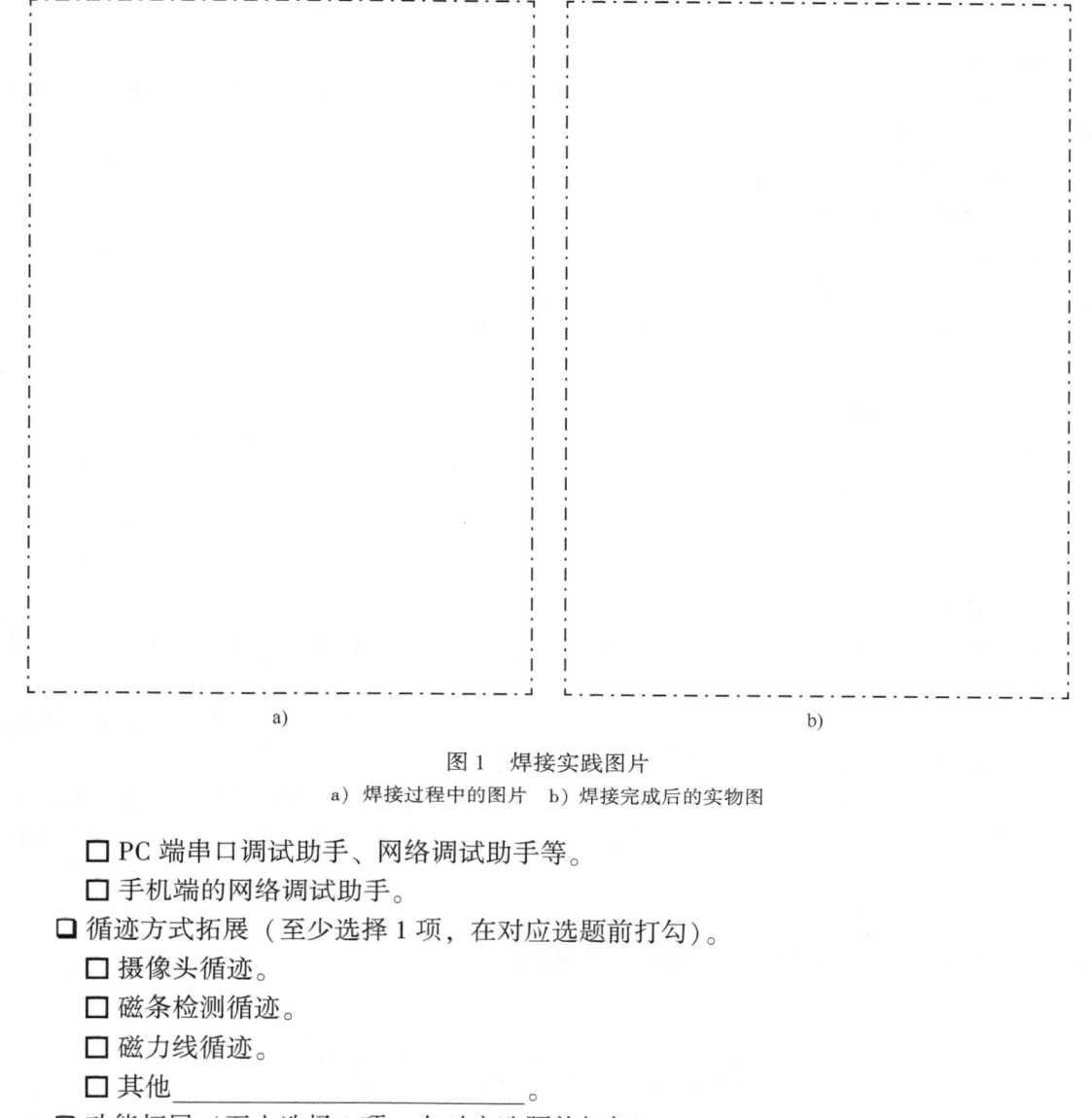

图 1　焊接实践图片

a) 焊接过程中的图片　b) 焊接完成后的实物图

　　□ PC 端串口调试助手、网络调试助手等。
　　□ 手机端的网络调试助手。
　□ 循迹方式拓展（至少选择 1 项，在对应选题前打勾）。
　　□ 摄像头循迹。
　　□ 磁条检测循迹。
　　□ 磁力线循迹。
　　□ 其他_____。
　□ 功能拓展（至少选择 1 项，在对应选题前打勾）。
　　□ 寻光跟随功能：通过在物料车正前方安装多只光敏传感器，实现光源动态追踪跟随的功能。
　　□ 双向循迹功能：通过在物料车正后方加装多个光电循迹传感器，实现物料车的双向循迹，即在不掉头的状态下，实现前后双向的循迹行驶。
　　□ 多工位下的任务调度响应：如图 6-3 所示，A～E 为模拟车间内的 5 个工位，通过不同的色标板区分站点，通过调度控制逻辑设计及编程，可实现物料车在指定工位间的物料运输。

　　三、硬件电路分析

　　1. 根据选题，确定系统硬件电路组成，以 STC89C52 单片机为核心，在图 2 方框中画出其电气系统框图。

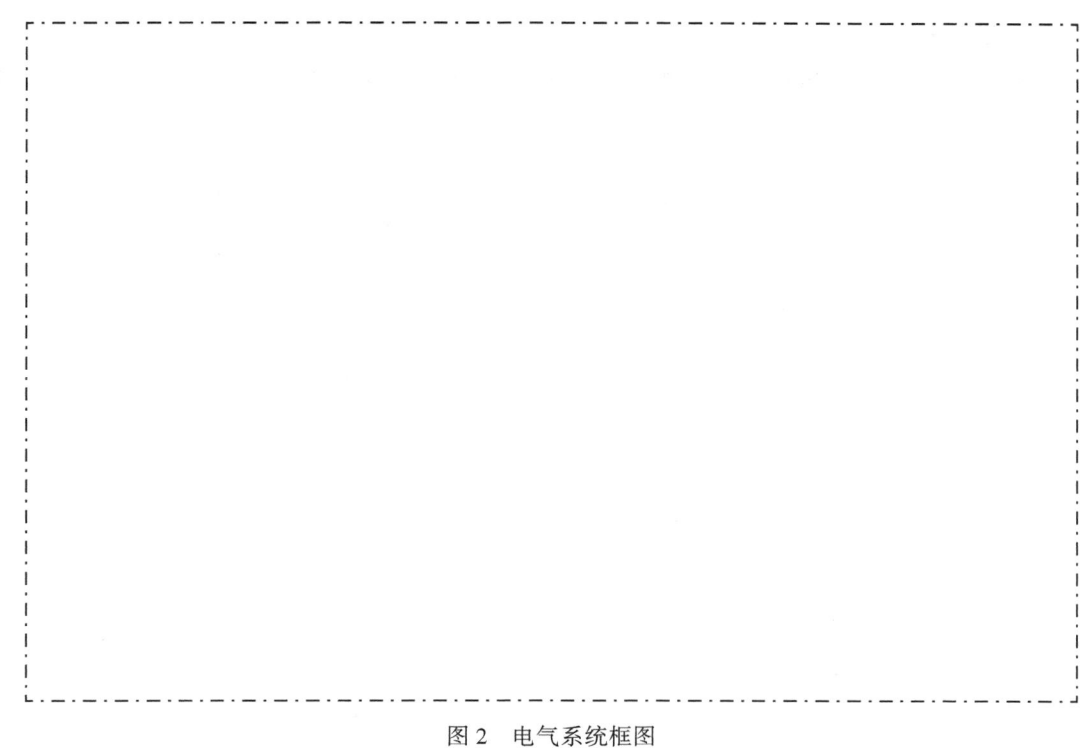

图 2　电气系统框图

2. 根据选定的拓展功能，查阅相关资料，在图 3 方框中以图文并茂的形式，阐述其基本工作原理。

图 3　拓展功能工作原理

四、程序设计

结合系统基本组成及其各功能模块工作原理，思考其编程实现，设计并给出程序流程图。

图 4   程序流程图

五、实践结果

根据所设计的程序流程图，在 Keil C51 中新建工程文件，编写 C 语言程序，实现所有基础功能和选定的拓展功能。选出能反映功能实现的代表图片，拍照并按顺序粘贴在图 5 中。

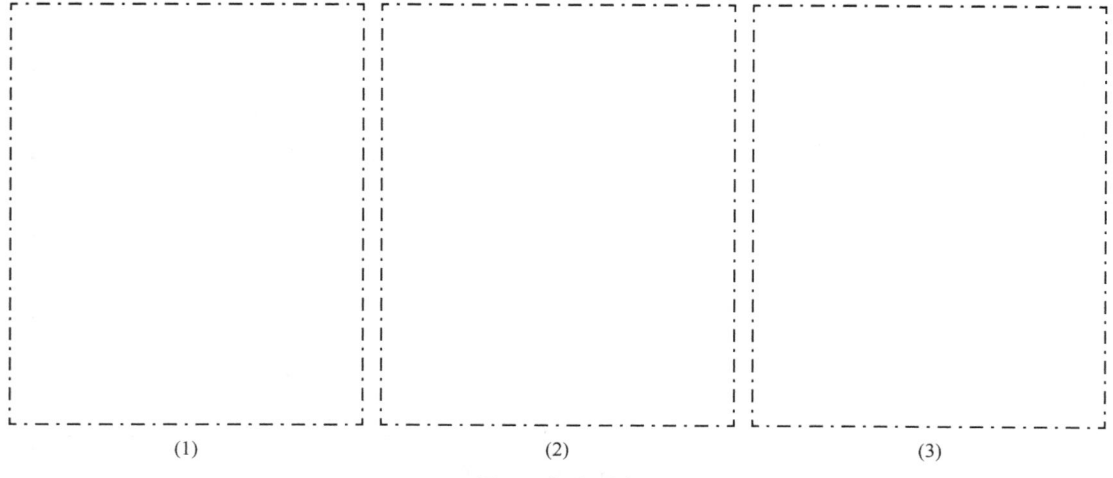

(1)   (2)   (3)

图 5   实践照片

(4)	(5)	(6)
(7)	(8)	(9)

图 5　实践照片（续）

六、实践心得

第7章
双足舞蹈机器人系统项目设计

7.1 选题与设计分析

7.1.1 系统功能及设计要求

1. 系统功能描述

以 STC89C52 开发板为系统控制核心,拓展必要的外部电路,围绕多关节型双足舞蹈机器人,设计一款具有一定观赏性和艺术性的双足舞蹈机器人系统。该机器人要求具备远程遥控、基础行走运动、舞蹈动作、超声波障碍物检测与避障、显示和蜂鸣器提示等基础功能。此外,通过对系统功能进行拓展,可以实现音乐播放、语音控制、呼吸灯、频谱 LED 灯等功能。

基础功能为必做,具体的功能描述如下。

1) 远程遥控功能:通过红外遥控、无线网络模块、无线串口模块等远程通信模块实现双足舞蹈机器人的远程运动控制,包括基础运动、舞蹈、避障等控制指令的发送和响应。

2) 基础行走运动功能:如图 7-1 所示的双足舞蹈机器人结构示意图,机器人需要有两条独立支撑腿,且每条腿至少具有两个自由度。首先对机器人行走动作进行步态设计;然后通过编程控制各关节舵机,实现舞蹈机器人稳定地前进、后退、左转、右转、停止等基础行走运动控制。

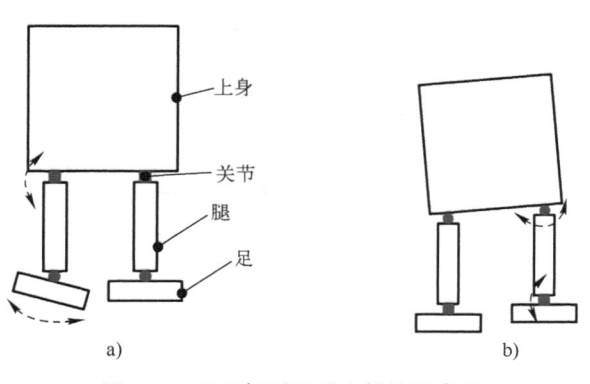

图 7-1 双足舞蹈机器人结构示意图
a) 结构一 b) 结构二

二维码 7-1
运动仿真

3）舞蹈动作：在实现机器人行走功能的基础上，设计机器人舞蹈动作，通过编程控制各关节舵机，实现双足舞蹈机器人舞蹈。

4）超声波障碍物检测与避障功能：舞蹈机器人正前方安装 1 只超声波传感器，用于机器人行走时的障碍物检测。当前进方向障碍物距离较近时，机器人停止前进，而当障碍物撤去后，机器人恢复运行。

5）显示功能：通过 STC89C52 开发板自带的数码管或者 LCD 液晶显示模块等拓展显示障碍物距离、机器人运行参数等信息。

6）蜂鸣器提示功能：通过开发板板载蜂鸣器和发光二极管进行紧急状态下的声光报警。

拓展功能为选做，具体的功能描述如下。

1）音乐播放功能：通过安装语音播放模块和扬声器，实现音乐播放功能。

2）语音控制功能：通过安装智能语音模块，实现语音训练、语音识别及控制，即通过语音对话和机器人进行互动，进而实现语音控制机器人执行行进方向切换、舞蹈模式开启等功能模式的切换。

3）显示方式拓展：通过 LCD 液晶显示屏、0.96 in OLED 显示屏、PC 端串口调试助手等方式显示舞蹈机器人运行参数等信息，进一步拓展显示的信息内容。

4）呼吸灯、频谱 LED 灯提示功能：通过安装多个 LED 指示灯，实现单个 LED 定时闪烁、多个 LED 随音乐节奏及舞蹈动作规律闪烁的效果。

2. 设计要求

根据系统功能描述完成选题，基础功能为必选，拓展功能至少选择 1 项。根据选题，分析系统基本组成及工作原理，完成系统机构设计（包括三维模型设计与运动分析）与装配、系统控制电路 Proteus 仿真与分析，设计程序流程图并在 Keil C51 编程环境中编写程序，在 Proteus 仿真环境中导入程序，实现系统仿真测试，完成系统电路连接与测试，最终完成实验测试。

7.1.2　系统组成及设计思路

本书以实现基础功能 1）~6）和拓展功能 1）、2）为例进行系统设计。分析双足舞蹈机器人系统功能实现的要求，分析系统工作原理，确定电气系统配置要求，设计并绘制如图 7-2 所示的双足舞蹈机器人系统框图。该系统以 STC89C52 微处理器为核心，系统包括：电源模块、4 路舵机模块及其对应驱动的对象、4 位数码管显示模块、蜂鸣器模块、红外遥控器及对应红外接收器、超声波测距模块、音乐播放模块和语音识别模块等。

根据双足舞蹈机器人系统组成，结合系统搭建及功能实现的合理顺序，拟定如下的系统设计思路。

1）完成各电子模块选型、采购及功能测试，熟悉各模块工作原理及使用方法。

2）确定双足舞蹈机器人结构形式、尺寸、各功能模块布局等，同步完成双足舞蹈机器人三维模型设计与运动仿真。

3）完成双足舞蹈机器人关键结构件加工与机器人整体结构的装配。

4）利用 Proteus 仿真软件实现系统仿真电路搭建。

5）设计实现系统整体功能的流程图，并利用 Keil C51 进行程序编写。

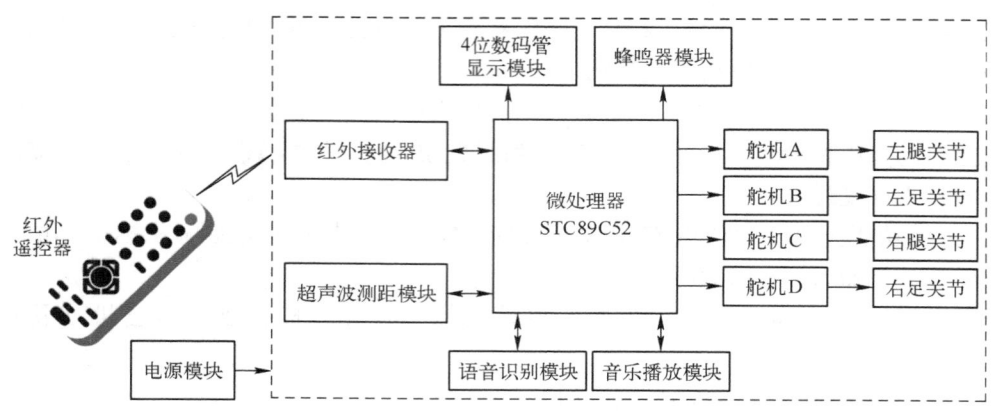

图 7-2　双足舞蹈机器人系统框图

6）完成系统整体仿真测试。

7）在仿真测试验证无误的基础上，完成双足舞蹈机器人的电气系统集成与测试。

8）完成系统整体功能的调试与实验测试。

7.2　结构设计与制作

7.2.1　三维模型设计和机器人运动步态设计

1. 模块选型

在双足舞蹈机器人系统基本组成确定的基础上，为了进一步确定舞蹈机器人的尺寸、各模块的安装位置、连接方式等信息，对机器人舞蹈功能实现所必需的电子模块、结构件、连接件等进行选型，筛选并整理出系统结构相关的物料清单，见表 7-1。

表 7-1　双足舞蹈机器人系统物料清单

序号	名　　称	型　　号	数量	功能备注	安装备注
1	超声波模块	HC-SR04	1	基础功能：障碍检测	4 个 M2×6 自攻螺丝钉
2	红外接收头	LFN-1738	1	基础功能：红外遥控	1 个 M3×22 单通尼龙柱，1 个 M3 螺母固定
3	红外遥控器	HX1838	1	基础功能：红外控制	
4	DC-DC 稳压芯片	LM2596	1	电压转换	1 个 M3×22 单通尼龙柱，1 个 M3 螺母固定
5	语音模块	LD3320	1	拓展功能：语音控制	1 个 M3×22 单通尼龙柱，1 个 M3 螺母固定
6	扩展板	UNO R3 V5	1		1 个 M3×22 单通尼龙柱，1 个 M3 螺母固定
7	51 最小系统板	STC89C52 开发板	1	主控核心	4 个 M3 螺母；4 个 M3×8 单通尼龙柱固定
8	锂电池盒	18650 锂电池盒	1		2 个 M3×6 沉头螺丝；2 个 M3 螺母固定

（续）

序号	名　称	型　号	数量	功 能 备 注	安 装 备 注
9	可充电锂电池	18650	2	电源	
10	电池充电器	18650 充电器	1	电源	
11	微型法兰轴承	F693zz	2		2 个 M3×10 螺丝；2 个 M3 螺母固定
12	舵机	SG90	4	基础功能：关节驱动	8 个 M2×6 螺钉固定（自带） 4 个 M2×5 螺丝固定（自带） 6 个 M2×6 螺钉固定
13	六角单通尼龙柱	M3×22	8		
14	六角单通尼龙柱	M3×8	4		
15	金属圆头螺丝	M3×8	13		
16	金属圆头螺丝	M3×10	2		
17	十字沉头螺丝	M3×6	6		
18	金属螺母	M3	21		
19	自攻螺丝钉	M2×6	12		
20	杜邦线	母对母 20 cm	14		
21	杜邦线	公对公 20 cm	4		
22	亚克力	机器人结构件	1 套		
	扎带	3×80 mm	10 根		

2. 三维建模

在系统组成模块选型确定的基础上，以 SolidWorks 为设计工具，针对图 7-1b 所示双足机器人模型开展三维结构设计。如图 7-3 所示，双足舞蹈机器人身体结构件主要亚克力材

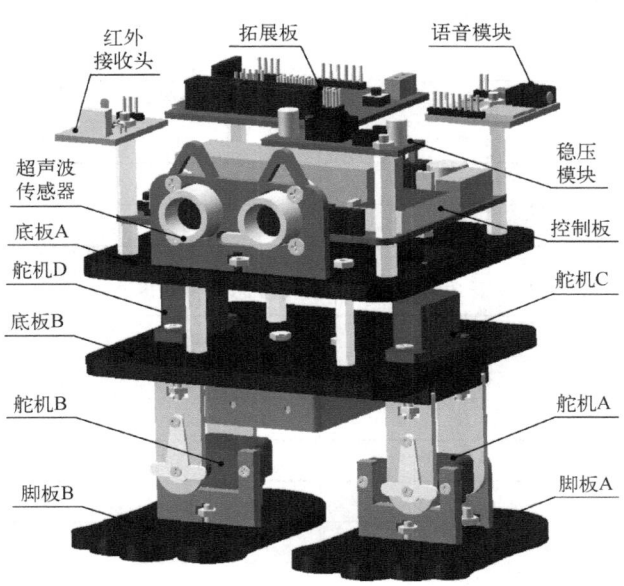

图 7-3　双足舞蹈机器人三维结构设计

质的结构件组成，亚克力板厚度为 2.6 mm。舞蹈机器人最上层为控制层，由主控核心 STC89C52 控制板、电源模块、语音模块等电子模块组成；超声波传感器通过超声波支架与机器人主体进行连接；机器人各关节驱动力由 4 只舵机提供，舵机 A、B、C、D 分别为左腿、左足、右腿和右足提供扭矩，舵机与亚克力板之间通过舵盘和螺钉进行连接；为降低机器人重心，提高机器人运动时的稳定性，电池盒安装于两腿之间，通过螺丝螺母与下层亚克力板连接。

3. 机器人运动步态设计

机器人靠 4 个舵机在空间内的转动，实现前进、后退、左转、右转的动作。在不同运动模式下，4 个舵机具有不同的转动角度要求。以 4 个舵机初始角度均为 90° 为前提，本书给出相应 4 个动作的舵机角度参考，分别见表 7-2、表 7-3、表 7-4 和表 7-5。

表 7-2   机器人前进步态舵机角度

舵机 1	舵机 2	舵机 3	舵机 4
顺时针	逆时针	顺时针	逆时针
0°	−40°	0°	−20°
30°	−40°	30°	−20°
30°	0°	30°	0°
0°	20°	0°	40°
−30°	20°	−30°	40°
−30°	0°	−30°	0°

表 7-3   机器人后退步态舵机角度

舵机 1	舵机 2	舵机 3	舵机 4
顺时针	逆时针	顺时针	逆时针
−40°	0°	−20°	0°
−40°	30°	−20°	30°
0°	30°	0°	30°
40°	0°	20°	0°
40°	−30°	20°	−30°
0°	−30°	0°	−30°

表 7-4   机器人左转步态舵机角度

舵机 1	舵机 2	舵机 3	舵机 4
顺时针	逆时针	顺时针	逆时针
−40°	0°	−20°	0°
−40°	30°	−20°	30°
0°	30°	0°	30°
30°	0°	30°	0°
0°	0°	0°	0°

表 7-5　机器人右转步态舵机角度

舵机 1	舵机 2	舵机 3	舵机 4
顺时针	逆时针	顺时针	逆时针
40°	0°	20°	0°
40°	−30°	20°	−20°
0°	−30°	0°	−20°
−30°	0°	−30°	0°
0°	0°	0°	0°

小试牛刀

尝试在 SolidWorks 建模软件中实现双足舞蹈机器人的简单运动仿真。

7.2.2　关键结构件加工与装配

在完成机器人三维建模的基础上，即可对机器人两层底板和舵机卡扣连接件进行加工。本机器人底板和卡扣件同样采用亚克力板，同样可以通过激光雕刻方式来完成相应加工。图 7-4 给出了舞蹈机器人脸型和底板 A 的激光雕刻图纸，图 7-5 给出了舞蹈机器人底板 B 的激光雕刻图纸，图 7-6 给出了舵机卡扣连接件和舞蹈机器人脚板的激光雕刻图纸。双足舞蹈机器人系统打样图纸请在本书配套资源中下载。

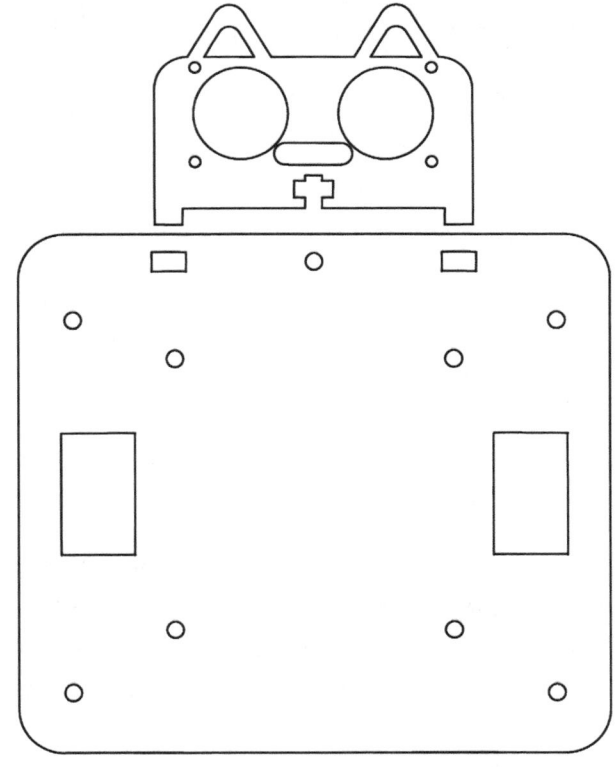

图 7-4　舞蹈机器人脸型和底板 A 的激光雕刻图纸

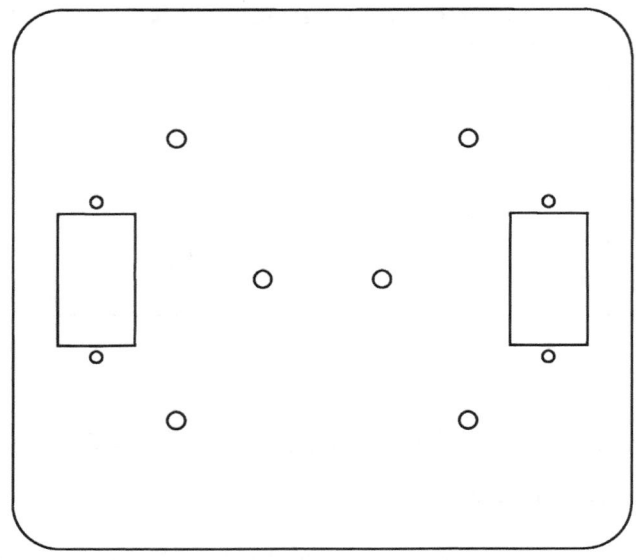

图 7-5   舞蹈机器人底板 B 的激光雕刻图纸

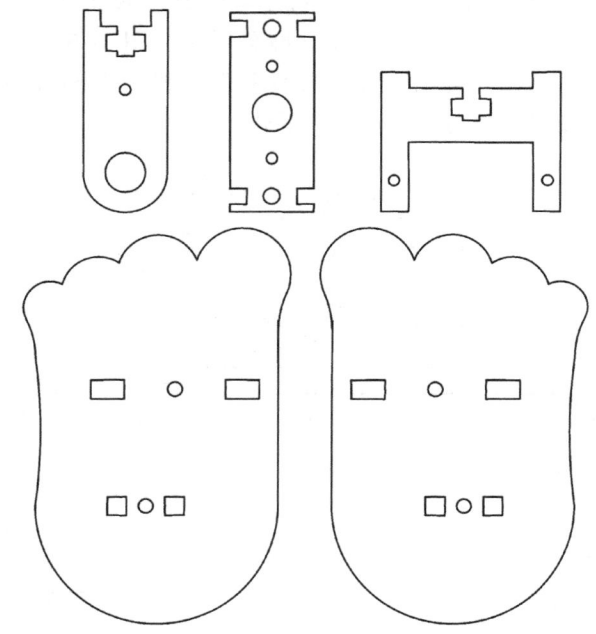

图 7-6   舵机卡扣连接件和舞蹈机器人脚板的激光雕刻图纸

作为双足舞蹈机器人的关键组件，腿部结构设计至关重要。为了尽可能保证机器人行走及舞蹈时的稳定性，两条腿设计成短粗型，两只足设计成蹼式，装配时主要利用舵机卡扣连接件将舵机与底板 B 和脚板固定。图 7-7a 的爆炸图中给出了舞蹈机器人腿部固定所需要的卡扣件及其装配方位示意，图 7-7b 给出了最终的腿部装配结果。整个舞蹈机器人的爆炸图如图 7-8 所示。

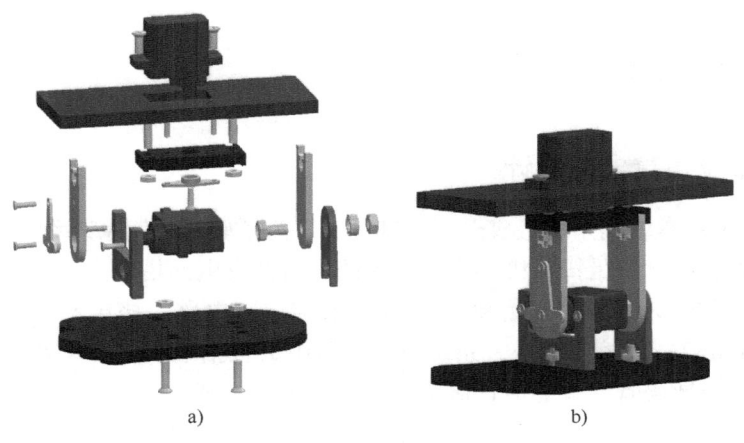

a)　　　　　　　　　　b)

图 7-7　腿部装配示意图

a）爆炸图　b）完整图

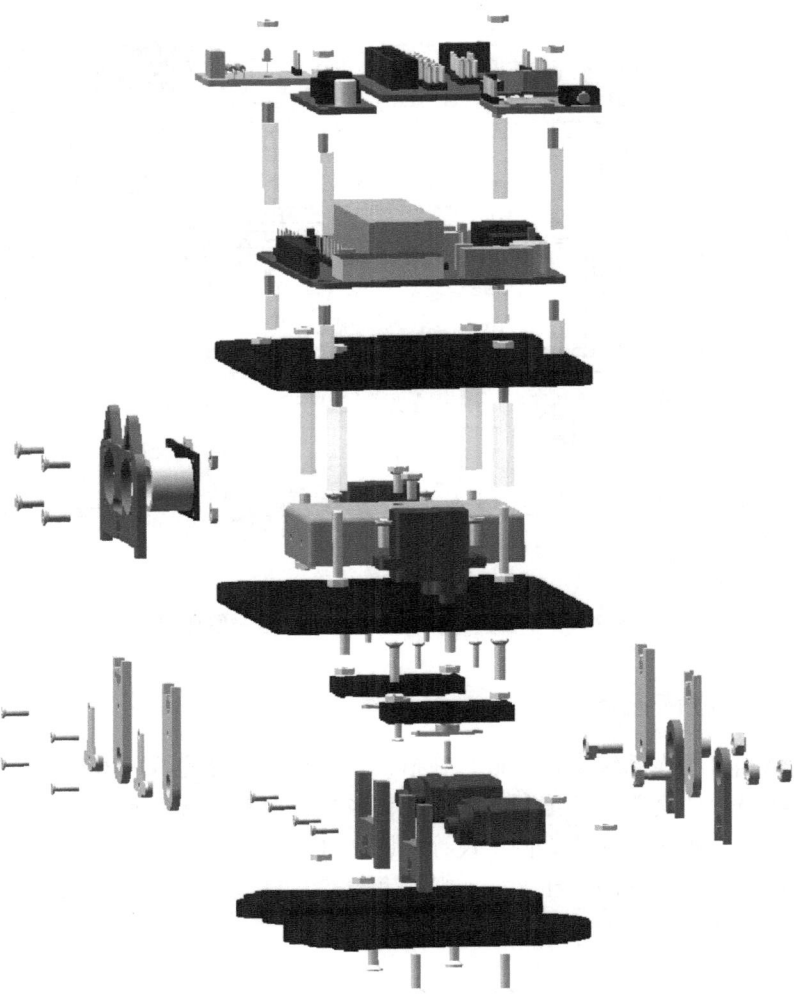

图 7-8　双足舞蹈机器人爆炸图

7.3　控制系统设计与分析

7.3.1　控制系统仿真电路设计

在完成了系统基本电气系统组成选型的基础上，为了验证控制系统设计的可行性，可以利用 Proteus 仿真软件对双足舞蹈机器人控制系统进行仿真电路搭建及测试。在 Proteus 仿真环境中，搭建如图 7-9 所示的双足舞蹈机器人系统仿真电路。该电路以 AT89C51 单片机（等效替代 STC89C52）为控制核心，系统仿真电路组成包括红外遥控模块、红外接收模块、4 路舵机、4 位 8 段数码管、智能语音模块和超声波模块。其中，红外遥控模块由 16 路按键模块和单片机 U2 共同组成；红外接收晶体管由光耦模块等效替代；智能语音模块通过串口和串口调试助手进行模拟；系统仿真电路涵盖了双足舞蹈机器人系统所有的电气模块，通过编写相应的模块功能测试程序，可以实现较为完整的系统仿真测试。

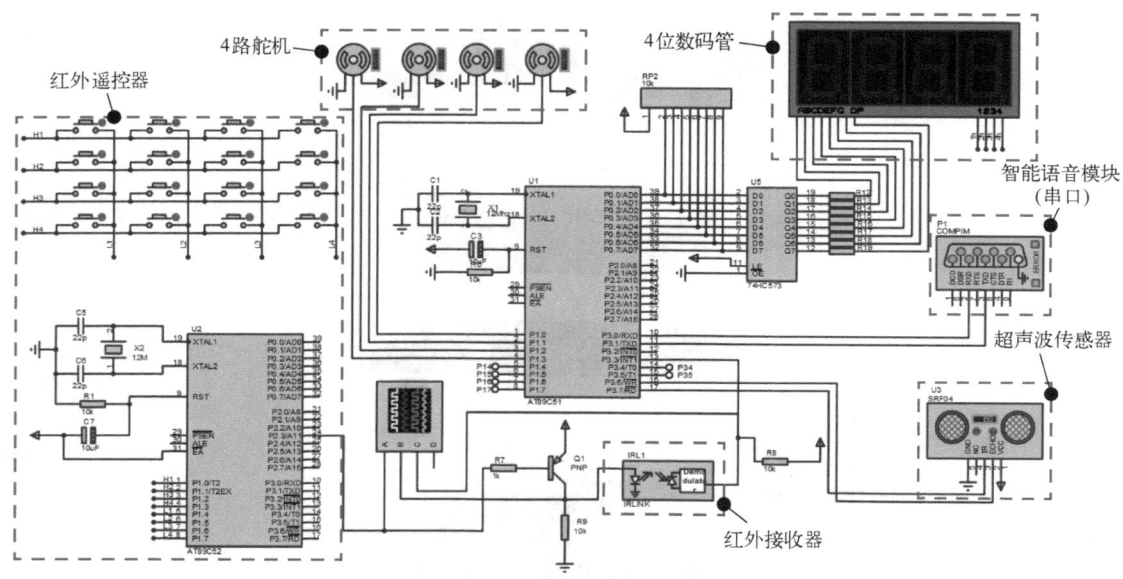

图 7-9　双足舞蹈机器人系统仿真电路原理图

7.3.2　模块仿真程序设计

根据双足舞蹈机器人系统模块组成，在搭建系统仿真电路完成的基础上，以 Keil C51 为编程环境进行各模块仿真程序的编写，从而验证各模块电路连接的有效性。以舞蹈机器人可实现红外遥控下的基础运动功能为例，设计如图 7-10 所示的系统仿真程序流程图。

根据所设计的程序流程图，在 Keil C51 编程环境中编写如下 C 语言关键程序段：

```
代码                          //注释
void main( void )
{
    Infrared_Init( );          //红外解码初始化
```

```
    Standing( );                          //初始站立动作
    while( Infrared_OK)                    //成功接收到红外编码并成功解码
    {
        Infrared_OK = 0;                   //清零防止重复进入
        Dig_data[0] = Infrared_Code[2]>>4;
        Dig_data[1] = Infrared_Code[2]&0x0f;
        Dig_data[2] = Infrared_Code[3]>>4;
        Dig_data[3] = Infrared_Code[3]&0x0f;
    }
    switch( Dig_data[0])
    {
        case  1:
            Turn_Right( );
            break;
        case 3:
            Go_Back( );
            break;
        case 6:
            Go_Straight( );
            break;
        case 7:
            Turn_Left( );
            break;
        default:
            break;
    }
}
```

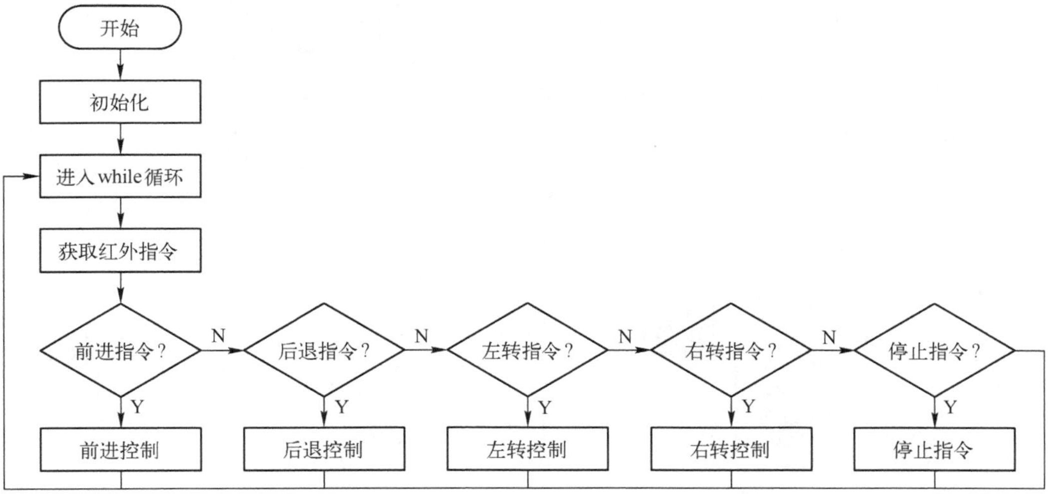

图 7-10　舞蹈机器人红外遥控仿真程序流程图

✎ 小试牛刀

1）尝试在 Keil C51 编程环境中将程序补充完整，并在 Proteus 仿真环境中实现仿真。

2）尝试通过编程实现其他模块的仿真测试。

7.3.3 基于 Proteus 的系统仿真测试

1. 仿真操作步骤

在仿真电路搭建完成的基础上，为了实现双足舞蹈机器人的模块仿真测试，给出仿真操作的具体步骤如下。

1）在 Keil C51 中新建工程，工程名称为"双足舞蹈机器人模块测试.uvproj"。

2）编写 C 语言程序，编译输出"双足舞蹈机器人模块测试.hex"烧录文件。

3）在 Proteus 仿真环境中完成双足舞蹈机器人系统工程新建及原理图绘制。

4）在 Proteus 仿真电气原理图中完成程序加载。

5）单击【仿真运行开始】按钮，观察实验现象。

2. 仿真现象

如图 7-11 所示，超声波传感器实时采集当前障碍物的距离信息并通过 4 位数码管显示。当按下红外遥控器按键 KEY1 时，4 只舵机执行前进动作组，此时，调整超声波传感器数据模拟障碍物接近。当距离小于安全距离时，舵机停止动作，而当障碍物距离大于安全距离后，继续恢复执行前进动作组。当按下红外遥控器按键 KEY2～KEY5 时，4 只舵机分别执行左转、右转、后退和停止动作组。通过该仿真测试，验证红外遥控功能、舞蹈机器人基础运动功能、避障功能和显示功能实现的可行性，为后续实物连接和实验打下研究基础。

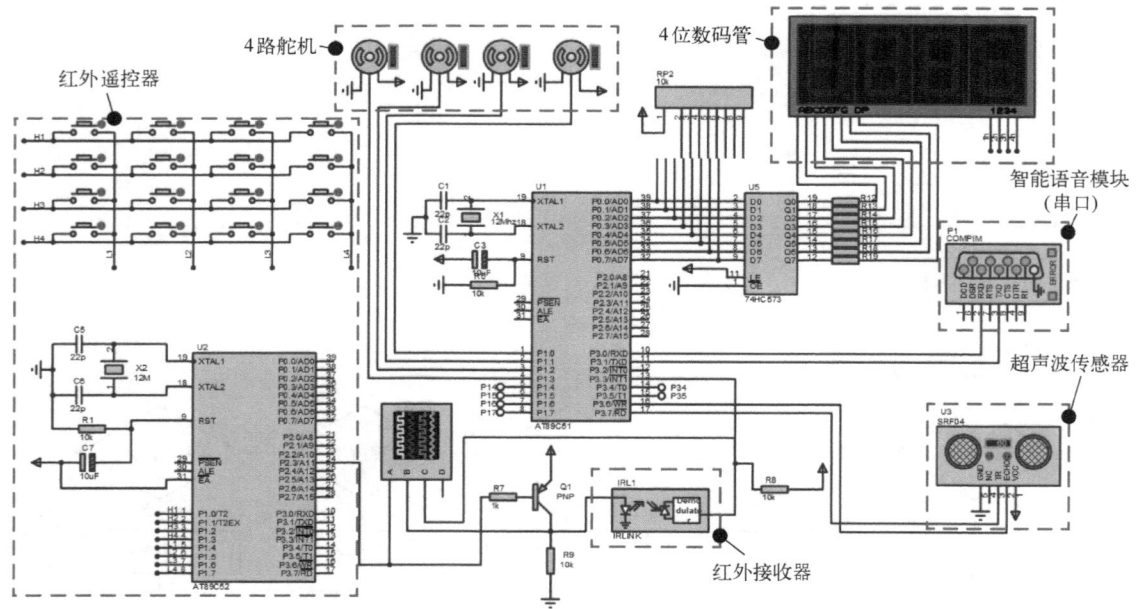

图 7-11 双足舞蹈机器人系统模块仿真实验现象

7.4 系统实验测试

7.4.1 系统各模块实验测试

在系统各模块仿真测试验证无误的基础上，通过杜邦线将双足舞蹈机器人控制系统各电子模块进行连接，连接示意图如图 7-12 所示。

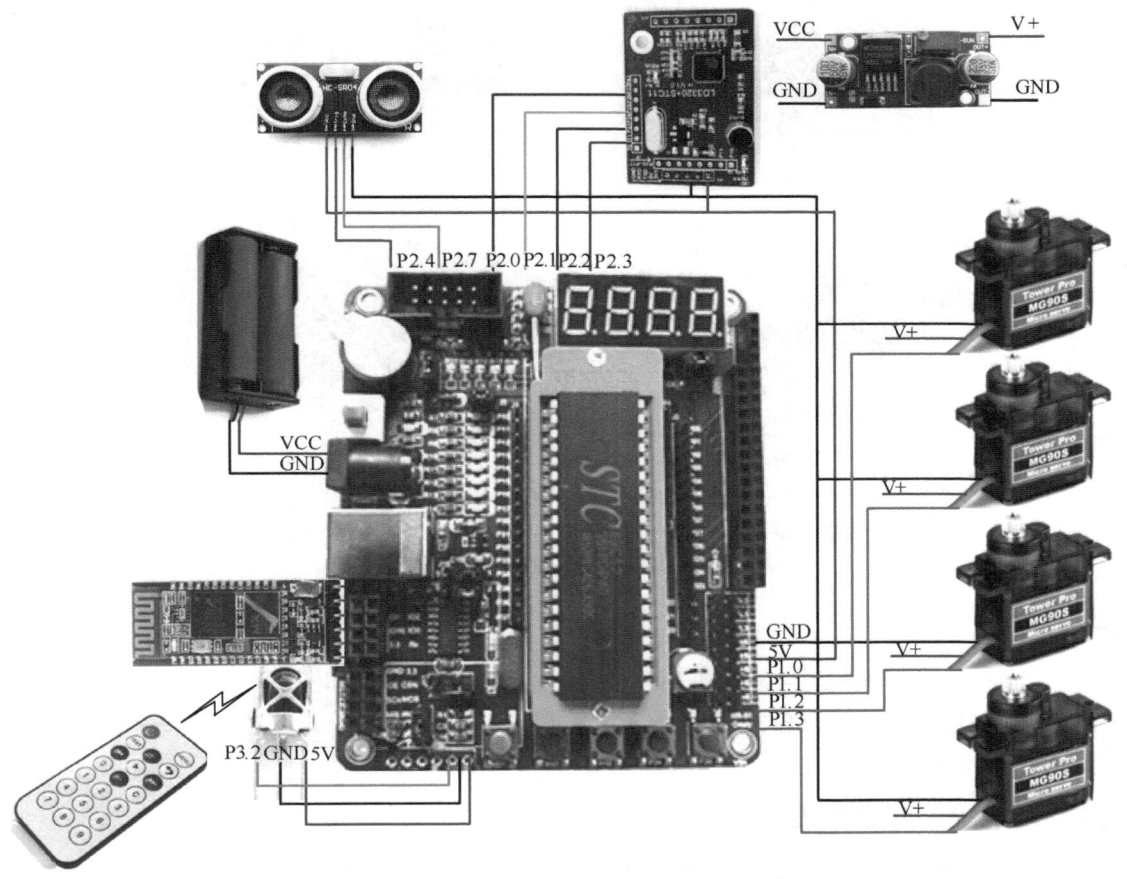

图 7-12 双足舞蹈机器人各电子模块实物连接示意图

为了确保舞蹈机器人系统功能的完整实现，根据系统电子模块实物连接示意图，可以对各模块功能进行独立功能的实验测试。由于 4 只舵机扭矩较大，需要较大的输入电流，因此，设计采用 LM2596S 可调稳压模块独立供电。图 7-13a 为稳压模块输出电压测试；图 7-13b 为红外遥控功能的实验测试；图 7-13c 为语音模块的功能测试；图 7-13d 为舵机控制测试；图 7-13e 为超声波传感器的测距实验，图 7-13f 为蓝牙模块的远程数据传输功能测试。

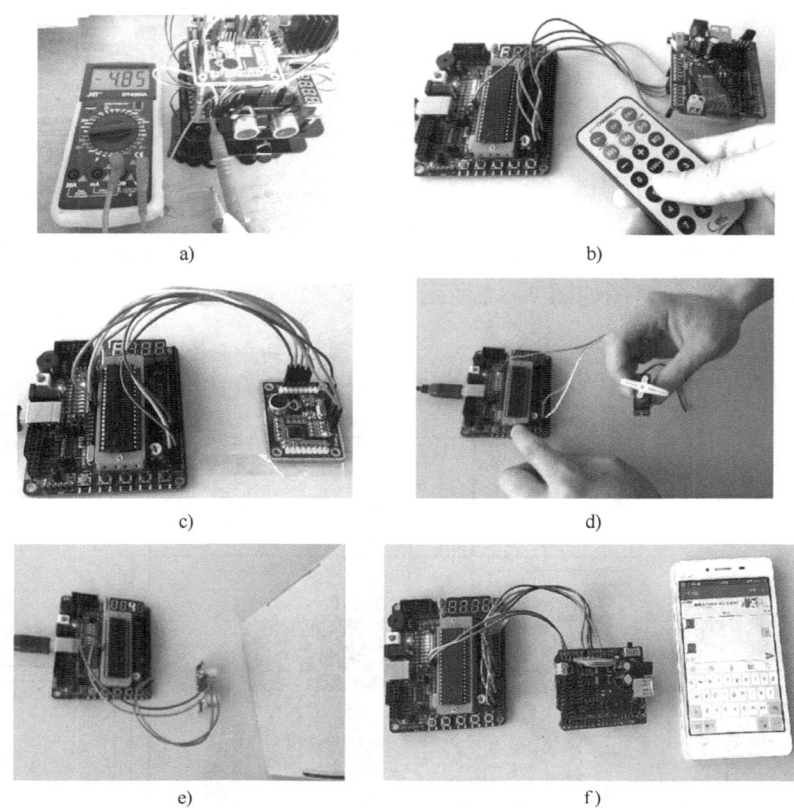

图 7-13　各电子模块实验测试
a）稳压模块测试　b）红外遥控测试　c）语音模块测试　d）舵机控制测试
e）超声波传感器测距测试　f）蓝牙控制测试

🗡 **小试牛刀**

1）尝试通过编程实现 4 只舵机同时控制，且 4 只舵机转速和转角各不相同。

2）尝试通过编程实现障碍物小于安全距离时，所有舵机停止动作，而当障碍物撤去后，舵机恢复动作。

7.4.2　系统控制程序设计

在各电子模块独立功能验证无误的基础上，根据双足舞蹈机器人系统功能实现的控制要求，设计红外遥控、智能语音控制、基础行走动作、舞蹈动作、避障等功能实现的控制逻辑，设计并绘制如图 7-14 所示的系统控制主程序流程图。首先对 STC89C52 系统时钟、各功能引脚、中断资源和关键参数等进行初始化，然后进入 while 循环，while 循环中主要判断系统是否接收到红外控制指令或语音控制指令，并对相应指令做出响应。

根据所设计的主程序流程图，在 Keil C51 编程环境中编写 C 语言主程序段如下：

```
代码                          //注释
void main( void)
{
  System_Init( );             //串口初始化
```

```
while( 1 )                          //while 循环函数
{
  if( IR_Ctrl_OK = = 1 )
  {
    IR_Ctrl( ) ;                    //红外控制
    R_Flag = 0 ;
  }
  if( Vol_Ctrl_OK = = 1 )
  {
    Vol_Ctrl( ) ;                   //语音控制
  }
  Server_Action_Update( ) ;         //舵机角度及速度控制量调节
  Display( ) ;                      //显示输出数据刷新
}
```

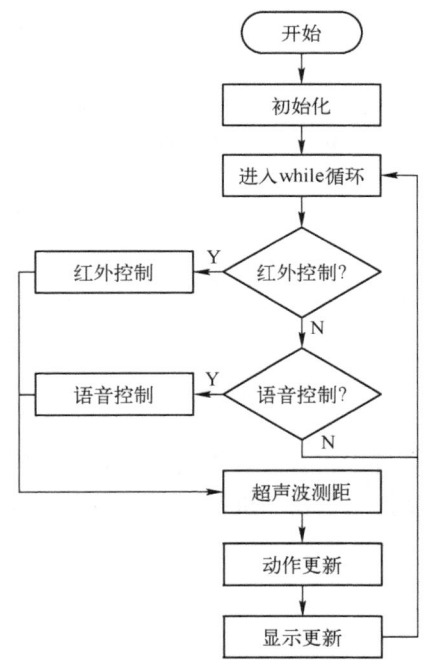

图 7-14 系统控制主程序流程图

    红外控制和语音控制程序段主要针对所获取指令，提取出舞蹈机器人的运动参数，即 4
只舵机的转角和转速。因此，语音控制指令响应的程序流程图与图 7-10 所示的红外控制指
令响应程序流程图类似。

    双足舞蹈机器人能否稳定地行走是系统完整功能实现的关键，需要设计者针对装配完成
的机器人耐心调试，得到每一组稳定的控制量。定义机器人 4 只舵机控制量 server_a_val ~
sever_d_val 为全局变量，给出如下前进、左转、右转、后退控制函数。

```
代码                                //注释
void Go_Straight( )                 // * * * 前进控制函数 * * *
```

```
    {
        Action(55,4);Action(45,3);Action(50,1);Action(60,2);
        Action(70,4);Action(70,3);Action(65,1);Action(45,2);
    }
    void Go_Back( )                        // * * * 后退控制函数 * * *
    {
        Action(70,3);Action(65,4);Action(70,1);Action(65,2);
        Action(50,3);Action(55,4);Action(50,1);Action(50,2);
    }
    void Turn_Right( )                     // * * * 左转控制函数 * * *
    {
        Action(58,1);Action(50,2);Action(50,3);Action(40,4);
        Action(58,1);Action(50,2);Action(65,3);Action(70,4);
    }
    void Turn_Right( )                     // * * * 右转控制函数 * * *
    {
        Action(58,1);Action(50,2);Action(50,3);Action(40,4);
        Action(58,1);Action(50,2);Action(65,3);Action(70,4);
    }
    void Standing( )                       // * * * 立正停止控制函数 * * *
    {
        Action(60,1);Action(50,2);Action(60,3);Action(60,4);
    }
```

✎ 小试牛刀

1）尝试在 Keil C51 编程环境中将程序补充完整，并完成实验测试。
2）尝试修改各舵机的角度控制量及舵机转速，得到一组最稳定的舵机控制量。

7.4.3 系统整体实验

1. 电气系统连接

根据双足舞蹈机器人三维爆炸图完成机械结构装配。4 只舵机安装前需要将舵机转角调整至合适的安装位置。根据双足舞蹈机器人电气系统连接示意图，完成电气系统装配及连线，装配完成后的实物图如图 7-15 所示。

2. 实验步骤

1）将仿真验证无误的烧录文件下载至 STC89C52 开发板。
2）布置实验场地及测试环境。
3）系统控制板连接电源，按下开发板的电源开关。
4）完成手机端与机器人蓝牙模块的配对连接。
5）执行红外遥控、语音控制、避障等操作，观察实验现象。

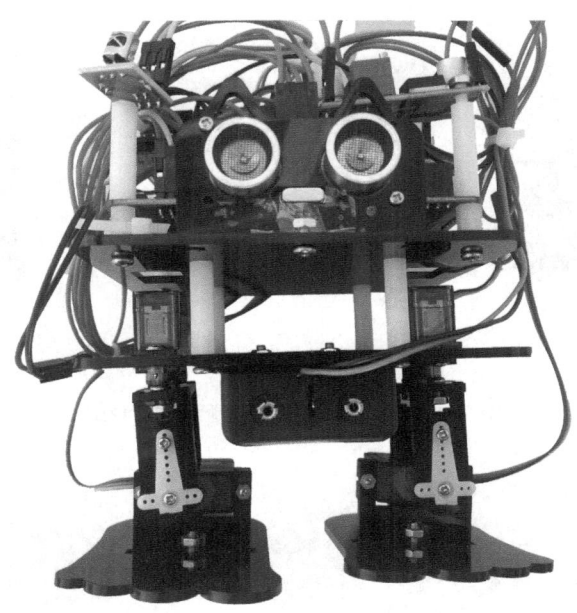

图 7-15　双足舞蹈机器人实物图

3. 实验现象

根据上述实验步骤，可以进行基于红外遥控器的遥控功能实验测试。按下对应的前进、后退、左转、右转和停止按键，舞蹈机器人执行相应的动作组。图 7-16 所示为双足舞蹈机器人红外遥控下的运动控制序列图。

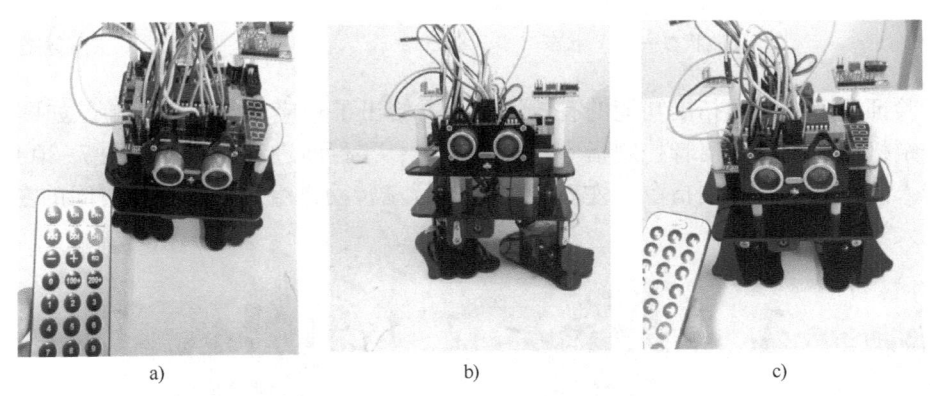

a)　　　　　　　　　　　　b)　　　　　　　　　　　　c)

图 7-16　双足舞蹈机器人红外遥控测试
a）状态一　b）状态二　c）状态三

在完成红外遥控功能测试的基础上，可以进一步进行舞蹈功能测试。如图 7-17 所示，按下舞蹈功能按键，舞蹈机器人做出规律性的舞蹈动作。得益于各关节舵机控制量的优化调节，机器人始终保持稳定姿态，同时板载 LED 随舞蹈节奏的变化产生频谱闪烁。

双足舞蹈机器人前进及舞蹈模式下的避障行驶功能实验测试如图 7-18 所示。开启前进模式，在移动机器人前方放置障碍物，当超声波传感器检测到该障碍物时，机器人立即后退避让，同时蜂鸣器发出闪鸣；而当障碍物撤去后，舞蹈机器人恢复前进，蜂鸣器停止鸣响。

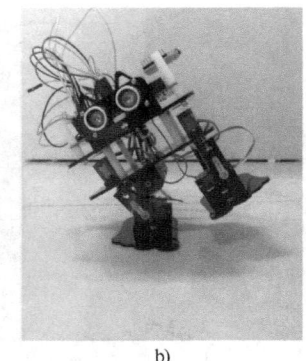

a)   b)   c)

图 7-17 双足舞蹈机器人舞蹈功能测试

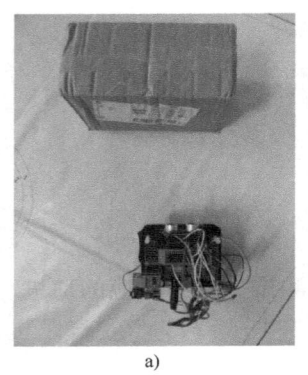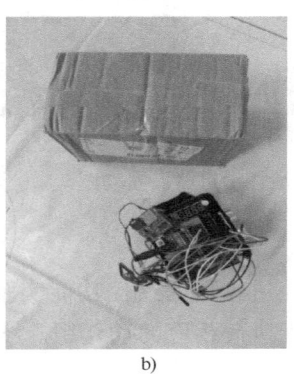

a)   b)   c)

图 7-18 双足舞蹈机器人避障功能测试
a) 状态一 b) 状态二 c) 状态三

二维码 7-4
舞蹈动作

　　为了验证所选课题中拓展功能的有效性，本书给出了相应语音控制实验。如图 7-19 所示，当舞蹈机器人接收到语音控制指令"前进"时，执行前进动作组；如图 7-20 所示，当舞蹈机器人接收到语音控制指令"左转"时，执行左转动作组，经过一段时间的左转步态，舞蹈机器人转向左侧。

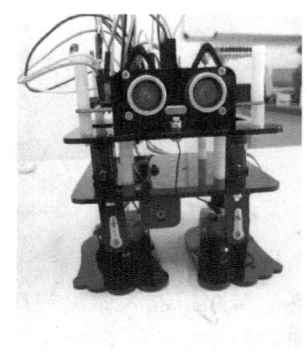

a)   b)   c)

图 7-19 舞蹈机器人语音控制前进功能测试
a) 状态一 b) 状态二 c) 状态三

二维码 7-5
避障测试

　　　　a)　　　　　　　　　　　b)　　　　　　　　　　　c)

图 7-20　舞蹈机器人语音控制左转功能测试

a）状态一　b）状态二　c）状态三

二维码 7-6
前进转动测试

7.5　拓展实践

7.5.1　设计任务

　　在学习上述"双足舞蹈机器人系统"的基础上，重新进行选题。1~2 人为一个小组，完成"双足舞蹈机器人系统"的升级设计，并完成以下任务。

　　1）在上述设计报告的基础上，完成所升级系统的设计报告撰写，尽可能体现设计原理及设计制作过程。

　　2）提交系统设计实物一套。

　　3）提交系统设计源码资料一份。

7.5.2　设计要求

　　升级系统具备基础功能和拓展功能，其中，基础功能为必做，拓展功能为选做，具体要求如下。

　　❑ **基础功能**

　　远程遥控、基础行走运动、舞蹈、超声波障碍物检测与避障、显示和蜂鸣器提示。

　　❑ **显示方式拓展（任选）**

　　1）LCD1602 液晶屏显示。

　　2）3.5 in 以上的触摸显示屏。

　　3）0.96 in OLED 显示屏。

　　4）PC 端串口调试助手、网络调试助手等。

　　5）手机端的网络调试助手。

　　6）蓝牙模块配合手机蓝牙调试助手。

　　❑ **功能拓展（任选）**

　　1）音乐播放功能：通过安装语音播放模块和扬声器，实现音乐播放功能。

　　2）语音控制功能：通过安装智能语音模块，实现语音训练、语音识别及控制，即通过语音对话和机器人进行互动，进而实现语音控制机器人执行行进方向切换、舞蹈模式开启等功能模式的切换。

3）呼吸灯、频谱 LED 灯提示功能：通过安装多个 LED 指示灯，实现单个 LED 定时闪烁、多个 LED 随音乐节奏及舞蹈动作规律闪烁的效果。

7.6 附录——双足舞蹈机器人系统实践报告

双足舞蹈机器人系统实践报告

专业：_____ 学号：_____ 姓名：_____

一、焊接实验

阅读原理图，完成 STC89C52 开发板焊接，给出焊接过程中的图片 1 张，焊接实践完成后的图片 1 张，粘贴于图 1 中。

a)

b)

图 1 焊接实践图片

a）焊接过程中的图片　b）焊接完成后的实物图

二、选题

☐ 基础功能（全部需要完成）。

☐ 显示方式拓展（至少选择 1 项，在对应选题前打勾）。

　　☐ LCD1602 液晶屏显示。

　　☐ 3.5in 以上的触摸显示屏。

　　☐ 0.96in OLED 显示屏。

　　□ PC 端串口调试助手、网络调试助手等。

　　□ 手机端的网络调试助手。

　　□ 蓝牙模块配合手机蓝牙调试助手。

□ 功能拓展（至少选择 1 项，在对应选题前打勾）。

　　□ 音乐播放功能：通过安装语音播放模块和扬声器，实现音乐播放功能。

　　□ 语音控制功能：通过安装智能语音模块，实现语音训练、语音识别及控制，即通过语音对话和机器人进行互动，进而实现语音控制机器人执行行进方向切换、舞蹈模式开启等功能模式的切换。

　　□ 呼吸灯、频谱 LED 灯提示功能：通过安装多个 LED 指示灯，实现单个 LED 定时闪烁、多个 LED 随音乐节奏及舞蹈动作规律闪烁的效果。

三、硬件电路分析

1. 根据选题，确定系统硬件电路组成，以 STC89C52 单片机为核心，在图 2 方框中画出其电气系统框图。

图 2　电气系统框图

2. 根据选定的拓展功能，查阅相关资料，在图 3 方框中以图文并茂的形式，阐述其基本工作原理。

图 3　拓展功能工作原理

四、程序设计

结合系统基本组成及其各功能模块工作原理，思考其编程实现，设计并给出程序流程图。

图 4　程序流程图

五、实践结果

根据所设计的程序流程图，在 Keil C51 中新建工程文件，编写 C 语言程序，实现所有基础功能和选定的拓展功能。选出能反映功能实现的代表图片，拍照并按顺序粘贴在图 5 中。

(1)

(2)

(3)

(4)

(5)

(6)

(7)

(8)

(9)

图 5　实践照片

六、实践心得

第8章

智能家居系统项目设计

8.1 选题与设计分析

8.1.1 系统功能及设计要求

1. 系统功能描述

以 STC89C52 开发板为系统控制核心，拓展必要的外部电路，模拟现代智能家居系统控制模块及控制方法，设计一款智能家居控制系统，要求具备基于互联网的远程遥控、人员入侵报警、消防状态远程监测功能。此外，通过对系统功能进行拓展，可以实现环境质量远程监测及上传、语音传输、视频传输、基于红外通信的家用电器设备远程控制等功能。

基础功能为必做，具体的功能描述如下。

1）基于互联网的远程遥控功能：通过有线网络通信模块或无线网络通信模块搭建家居系统互联网客户端。如图 8-1 所示，远程控制对象包括门禁、客厅及其他房间的照明灯、风扇、电动窗帘、电热水器等开关控制型的家用电器设备，即可以通过网络通信模块实现大门的启闭控制、卧室风扇和照明灯的启闭控制、电动窗帘的启闭控制和电热水器的远程预热开启和关闭控制。

2）人员入侵报警功能：如图 8-1 所示，在客厅顶部安装人体红外感应模块，家庭成员外出后开启人员入侵报警功能，可及时检测未经许可的人员非法入侵，并通过网络通信模块实时上传。

3）消防状态远程监测功能：如图 8-1 所示，在客厅、卧室、厨房等处安装有烟雾检测和火焰检测传感器，从而实时检测家庭消防安全状态。当发生火灾时，传感器可及时检测到异常，并通过网络通信模块实时上传。

拓展功能为选做，具体的功能描述如下。

1）环境质量检测及上传功能：通过安装温湿度检测传感器实现环境中的温湿度检测；通过安装甲醛检测传感器实现环境中的甲醛含量检测；通过安装其他类型的环境质量检测传感器实现环境质量检测，检测结果通过网络通信模块实时上传。

2）语音传输功能：通过安装语音模块实现远程语音传输功能。当有访客到访时，可以发起远程语音对话，经户主确认并授权后远程开启门禁系统；而当有非法人员入侵时，可通过语音进行警告驱离。

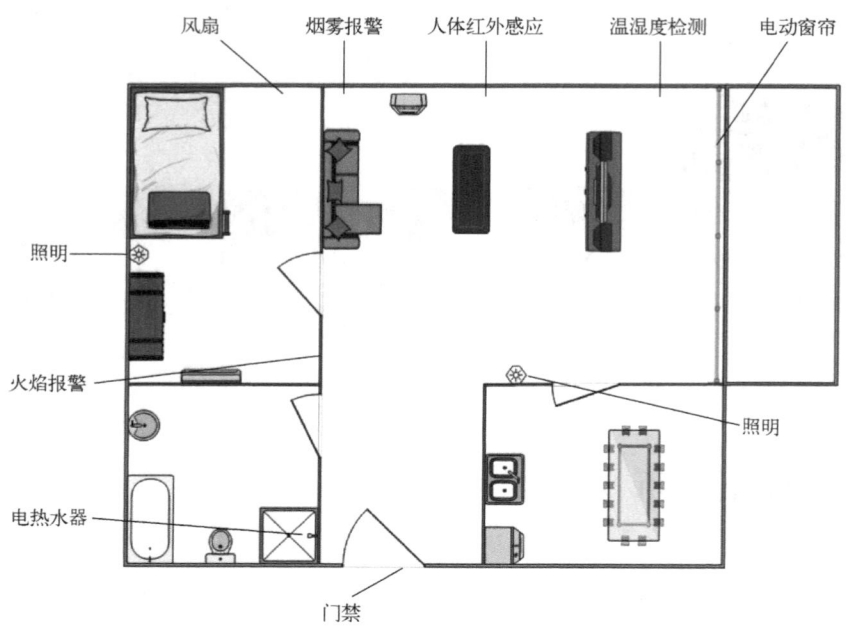

图 8-1　智能家居系统结构示意图

3）视频传输功能：通过安装摄像头，实时上传家庭录像。

4）基于红外通信的家用电器设备远程控制功能：通过安装红外接收管，学习空调、电视机等家用电器的红外遥控指令，然后通过发射二极管发送遥控指令，实现家用电器的远程控制。

2. 设计要求

根据系统功能描述完成选题，基础功能为必选，拓展功能至少选择 1 项。根据选题，分析系统基本组成及工作原理，完成系统机构设计（包括三维模型设计与运动分析）与装配、系统控制电路 Proteus 仿真与分析，设计程序流程图并在 Keil C51 编程环境中编写程序，在 Proteus 仿真环境中导入程序实现系统仿真测试，完成系统电路连接与测试，最终完成实验测试。

8.1.2　系统组成及设计思路

本书以实现基础功能 1）~3）和拓展功能 1）为例进行系统设计。根据智能家居系统功能实现的要求，分析系统工作原理，确定电气系统基本组成，设计并绘制如图 8-2 所示的智能家居控制系统框图。以 STC89C52 微处理器为核心，系统包括：电源模块、舵机模块及其驱动对象——大门、双路电动机驱动模块及其对应驱动对象、多路开关型照明系统、4 位数码管显示模块、蜂鸣器模块、烟雾检测模块、火焰检测模块和温湿度检测模块等。

根据智能家居系统组成，为了尽量节省系统的设计时长，统筹安排系统设计的各项任务，结合系统搭建及功能实现的合理顺序，拟定如下系统设计思路。

1）完成各电子模块的选型、采购及功能测试，熟悉各模块工作原理及使用方法，由于网络通信内容相对复杂，难度较大，因此需要提前做好网络通信模块的通信链路搭建及测试。

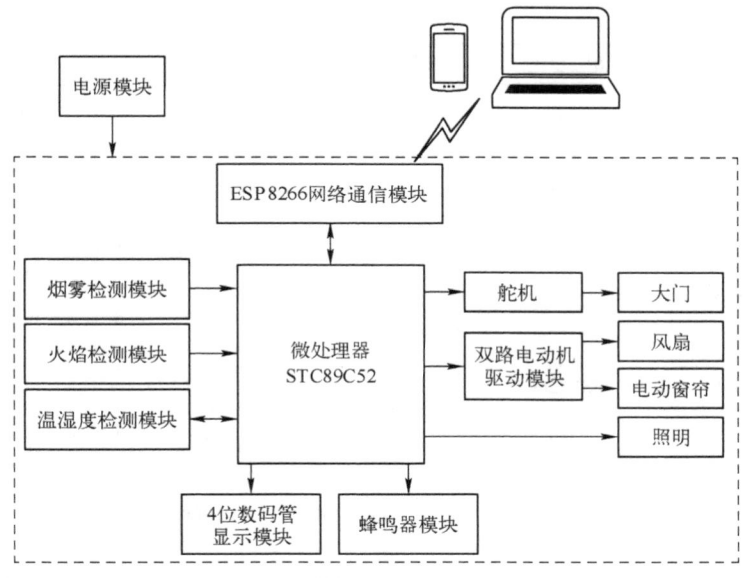

图 8-2　智能家居控制系统框图

2）确定智能家居系统的结构形式、尺寸、各功能模块布局及连接方式等，完成系统三维模型的设计及装配仿真。

3）完成智能家居系统关键结构件的加工与智能家居系统整体结构的装配。

4）利用 Proteus 仿真软件实现系统仿真电路搭建。

5）分析系统整体功能实现控制逻辑，设计系统控制流程图，并利用 Keil C51 编写程序。

6）根据系统功能实现要求，完成系统整体仿真测试。

7）在仿真测试验证无误的基础上，完成智能家居电气系统的集成与测试。

8）完成系统整体功能的调试与实验测试。

8.2　结构设计与制作

8.2.1　三维模型设计

1. 模块选型

为了进一步确定智能家居系统的结构尺寸、各电路集成块的安装位置、连接方式等设计要素，在确定智能家居系统基本组成的基础上，进一步对智能家居系统功能实现所必需的电子模块、结构件、连接件等进行选型，筛选并整理出如表 8-1 所示的系统相关物料清单。

表 8-1　智能家居系统物料清单

序号	名　称	型　号	数量	功能备注	安装备注
1	单片机最小系统	STC89C52	1	主控核心	4个 M3×8 单通尼龙柱，4个 M3×8 圆头金属螺丝；4个 M3 螺母

（续）

序号	名 称	型 号	数量	功 能 备 注	安 装 备 注
2	温湿度传感器	DHT11	1	基础功能：温湿度检测	1个M3×10圆头金属螺丝；1个M3螺母；1个M3×3 ABS垫片
3	继电器模块	SRD-05VDC-SL-C	1	基础功能：照明控制	4个M3×10圆头金属螺丝；4个M3螺母
4	火焰检测模块	KY-026	1	基础功能：火灾检测	1个M3×10圆头金属螺丝；1个M3×3 ABS垫片；1个M3螺母
5	烟雾检测模块	MQ-2	1	基础功能：火灾预测	8个M2×6圆头金属螺丝和4个M2×6双通铜柱
6	无线通信模块	ESP8266	1	基础功能：网络通信	
7	舵机	SG90	1	基础功能：门禁驱动	4个M2×6圆头金属螺丝和2个M2×6双通铜柱
8	人体感应模块	HC-SR501	1	基础功能：人员入侵检测	2个M2×16圆头金属螺丝，2个M2螺母
9	电动机驱动模块	L298N	1	基础功能：电动机驱动	1个M2×10圆头金属螺丝；1个M2螺母；1个M3×3 ABS垫片固定
10	风扇电动机	微型130电动机（含风扇）	1	基础功能：风扇	2个M2×6圆头金属螺丝；2个M2螺母，卡座
11	窗帘电动机	微型130电动机	1	基础功能：电动窗帘	2个M2×6圆头金属螺丝；2个M2螺母，卡座
12	LED灯	5V LED灯带3528	1	基础功能：照明	扎带
13	电池	9V	1	电源	
14	电池盒	9V电池盒	1	电源	3个M2×6圆头金属螺丝；3个M2螺母
15	电源适配器	5V2A	1	电源	
16	六角单通尼龙柱	M3×8	4		
17	双通铜柱	M2×6	6		
18	圆头金属螺丝	M3×10	6		
19	圆头金属螺丝	M3×8	15		
20	螺母	M3	21		
21	圆头金属螺丝	M2×6	19		
22	圆头金属螺丝	M2×10	1		
23	圆头金属螺丝	M2×16	2		
24	螺母	M2	22		
25	ABS垫片	M3×3	3		
26	面包板	SYB-170	1	导线转接	用背面的双面胶固定
27	杜邦线	母对母20 cm	24		
28	杜邦线	公对公20 cm	8		
29	杜邦线	公对母20 cm	18		

（续）

序号	名　　称	型　　号	数量	功能备注	安装备注
30	吸管	空心直径 2 mm	1	窗帘杆	
31	亚克力板	结构件	1 套		
32	扎带	3 * 80 mm	4 根		

2. 三维建模

根据智能家居系统的功能要求，在确定系统组成模块选型的基础上，利用 Solidworks 软件开展如图 8-3 所示的智能家居系统模型的三维结构设计。

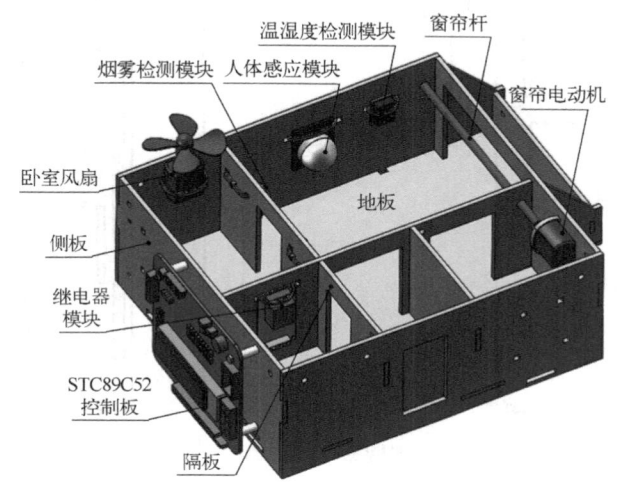

图 8-3　智能家居系统模型的三维结构设计

智能家居系统模型主要包括四周侧板、地板和隔板等结构件，且都为亚克力材质，各结构件之间主要通过卡扣、螺丝等来连接。亚克力板厚度为 3 mm（实际约 2.7 mm）。STC89C52 控制板通过 4 根尼龙柱与侧板连接。为降低各电子模块安装的复杂性，卧室风扇、烟雾检测模块、火焰检测模块、人体感应模块、温湿度检测模块、窗帘电动机、大门和继电器模块均通过塑料扎带与相邻侧板连接。电源模块位于地板下方，电源模块与各电子模块之间的连接，以及各电子模块与主控板之间的连接导线均位于地板下方，从而避免空中走线引起的操作不便，提高模型实物连接后的美观度。

🐎 **小试牛刀**

尝试通过 SolidWorks 建模软件制作智能家居系统三维模型的爆炸图。

8.2.2　关键结构件加工与装配

在完成智能家居系统模型三维建模的基础上，即可对家居模型侧板、地板和隔板进行加工，且通过激光雕刻亚克力板来完成。图 8-4 给出了智能家居模型侧板雕刻图纸，图 8-5 给出了智能家居模型地板雕刻图纸，图 8-6 给出了智能家居模型的隔板雕刻图纸。智能家居系统打样图纸请在本书配套资源中下载。

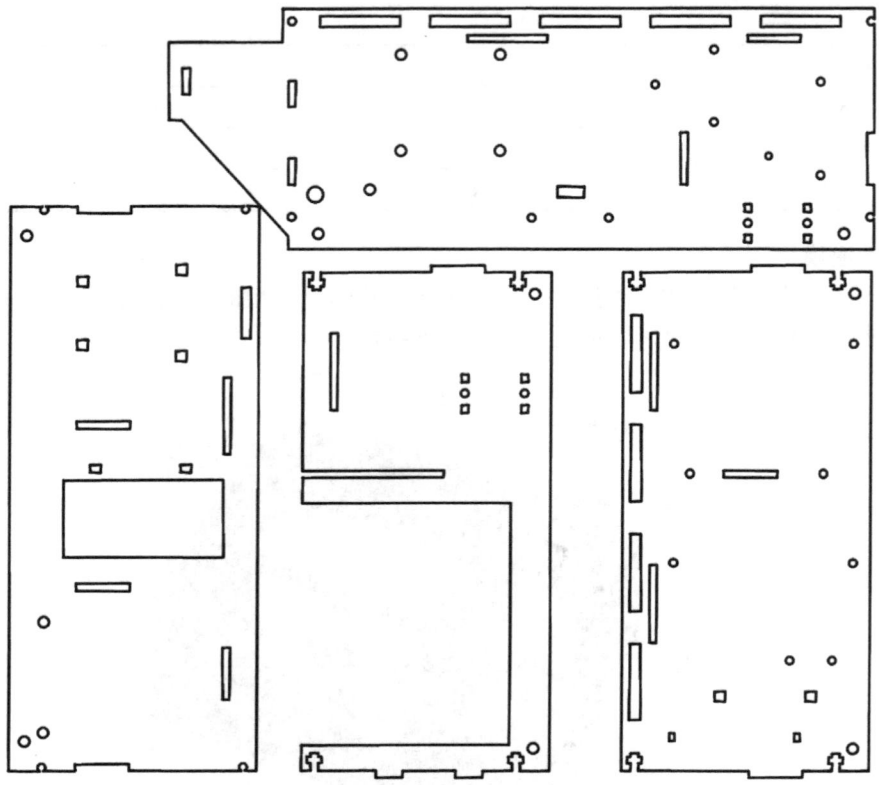

图 8-4 智能家居模型侧板雕刻图纸

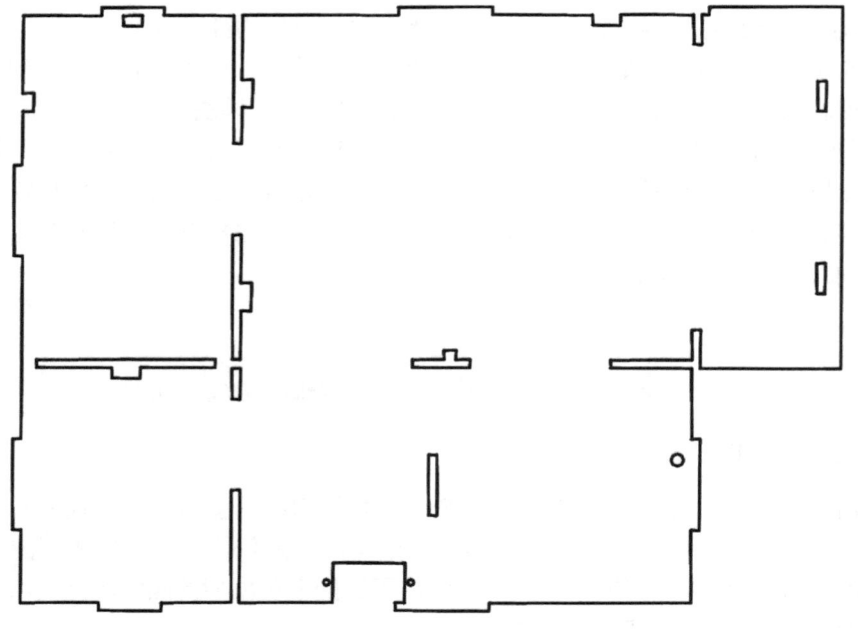

图 8-5 智能家居模型地板雕刻图纸

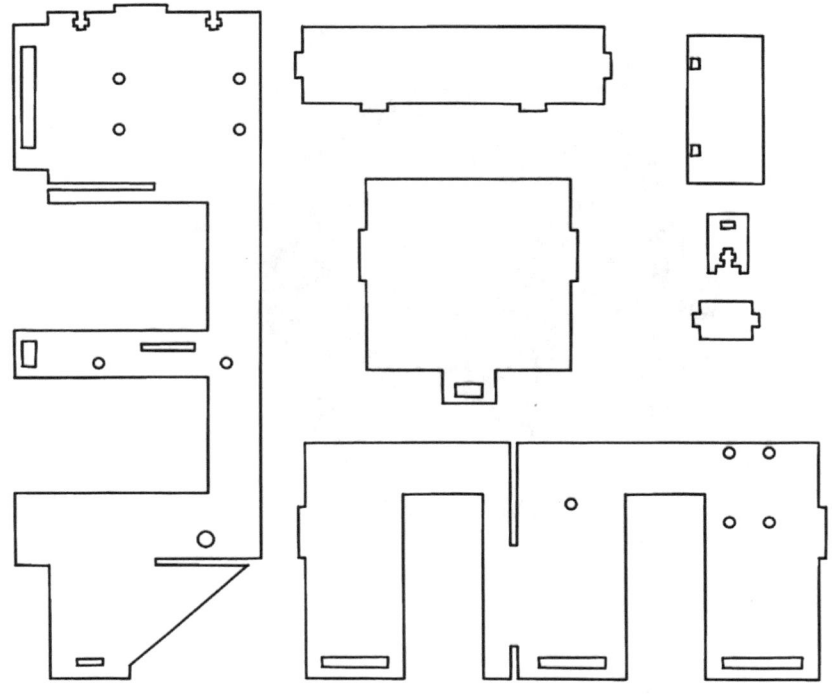

图 8-6　智能家居模型隔板雕刻图纸

　　如前所述，智能家居系统模型的装配主要通过卡扣和螺丝等进行连接。其中比较复杂的是确定侧板、地板和隔板相互之间的装配关系。图 8-7a 的爆炸图给出了家居模型装配时上述三者的空间对应关系，图 8-7b 给出了最终的家居模型装配结果。整个智能家居模型的爆炸如图 8-8 所示。

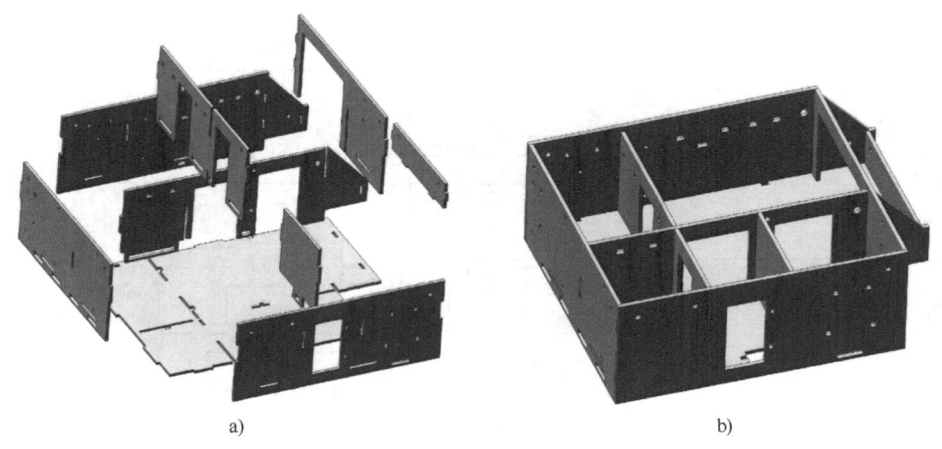

a)　　　　　　　　　　　　　　b)

图 8-7　智能家居模型装配示意图

a) 爆炸图　b) 装配图

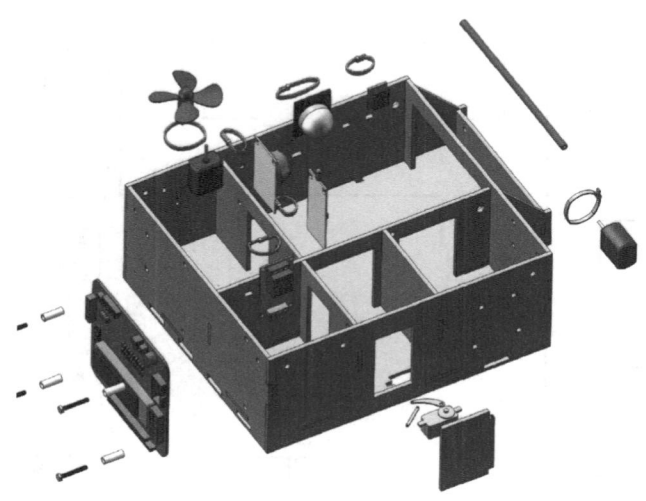

图 8-8 智能家居系统爆炸图

8.3 控制系统设计与分析

8.3.1 控制系统仿真电路设计

在完成系统基本电气系统组成选型的基础上，为了验证控制系统设计的可行性，可利用 Proteus 仿真软件对智能家居控制系统进行仿真分析。在 Proteus 仿真环境中，搭建如图 8-9

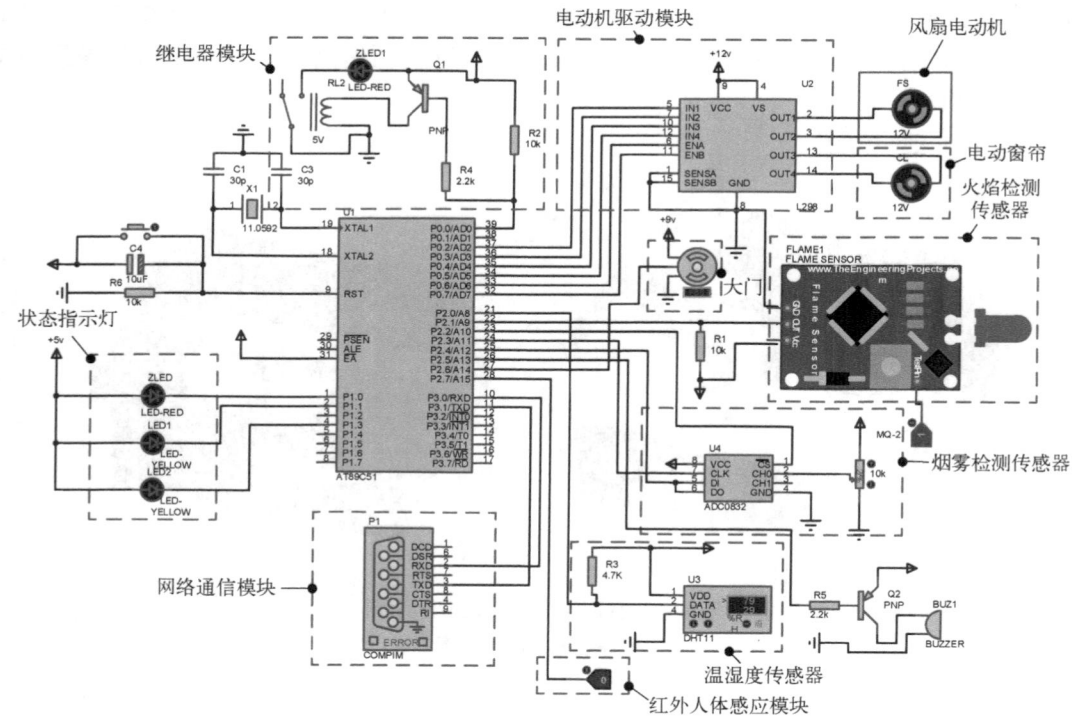

图 8-9 智能家居系统仿真电路原理图

所示的智能家居系统仿真电路。以 AT89C51 单片机（等效替代 STC89C52）为控制核心，系统仿真电路组成包括继电器模块、电动机驱动模块、风扇电动机、电动窗帘对应的执行电动机、火焰检测传感器、烟雾检测传感器、温湿度传感器和网络通信模块等。其中，由于 ESP8266 网络通信模块采用串口透传，因此在 Proteus 仿真环境中采用串口进行了替代；系统仿真电路包括了智能家居系统所有的电气模块，通过编写系统功能测试程序，可以实现完整的系统仿真测试。

8.3.2　模块仿真程序设计

根据智能家居系统控制要求，在完成系统仿真电路原理图搭建的基础上，以 Keil C51 为编程环境，编写系统仿真程序。以智能家居系统实现烟雾检测、火焰检测及远程报警功能为例，设计如图 8-10 所示系统仿真程序流程图。

根据所设计的程序流程图，在 Keil C51 编程环境中编写 C 语言关键程序段如下：

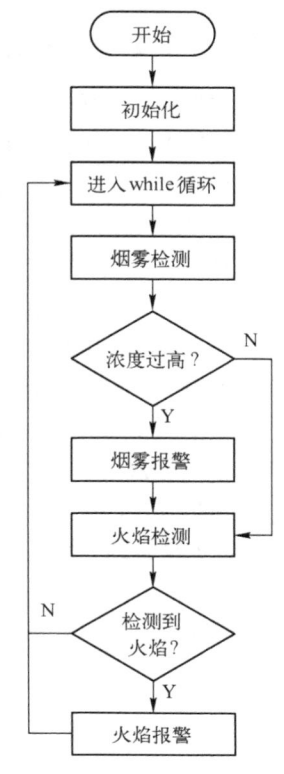

图 8-10　智能家居系统消防
检测程序流程图

```
代码                              //注释
void main( void)
{
  system_init( );
  while(1)
  {
    if( Smoke = = 0)
    {
      Beep = 1;
      ESP8266_Sent( "Smokewarning" );
    }
    if( Fire = = 1)
    {
      Beep = 1;
      ESP8266_Sent( "Firewarning" );
    }
  }
}
```

小试牛刀

尝试在 Keil C51 编程环境中将程序补充完整，并在 Proteus 仿真环境中实现仿真。

8.3.3 基于 Proteus 的系统仿真测试

1. 仿真操作步骤

在仿真电路搭建完成的基础上，为了实现智能家居系统的仿真测试，给出仿真操作的具体步骤如下。

1）在 Keil C51 中新建工程，工程名称为"智能家居系统测试 . uvproj"。

2）编写 C 语言程序，编译输出"智能家居系统测试 . hex"烧录文件。

3）在 Proteus 仿真环境中完成智能家居系统工程新建及原理图绘制。

4）在 Proteus 仿真电气原理图中完成程序加载。

5）单击【仿真运行开始】按钮。

6）打开串口调试助手，设置通信参数，输入远程控制指令，观察实验现象。

2. 仿真现象

图 8-11 给出了火焰检测传感器和烟雾检测传感器实时采集环境中的火灾信息。当环境中烟雾浓度增加到一定值，或火焰检测传感器识别到火焰时，蜂鸣器发出鸣响，同时远程发送火灾信息至用户端。通过该仿真测试，在脱离硬件装置情况下验证智能家居消防预警系统功能实现的可行性，为后续实物连接和实验测试打下了基础。

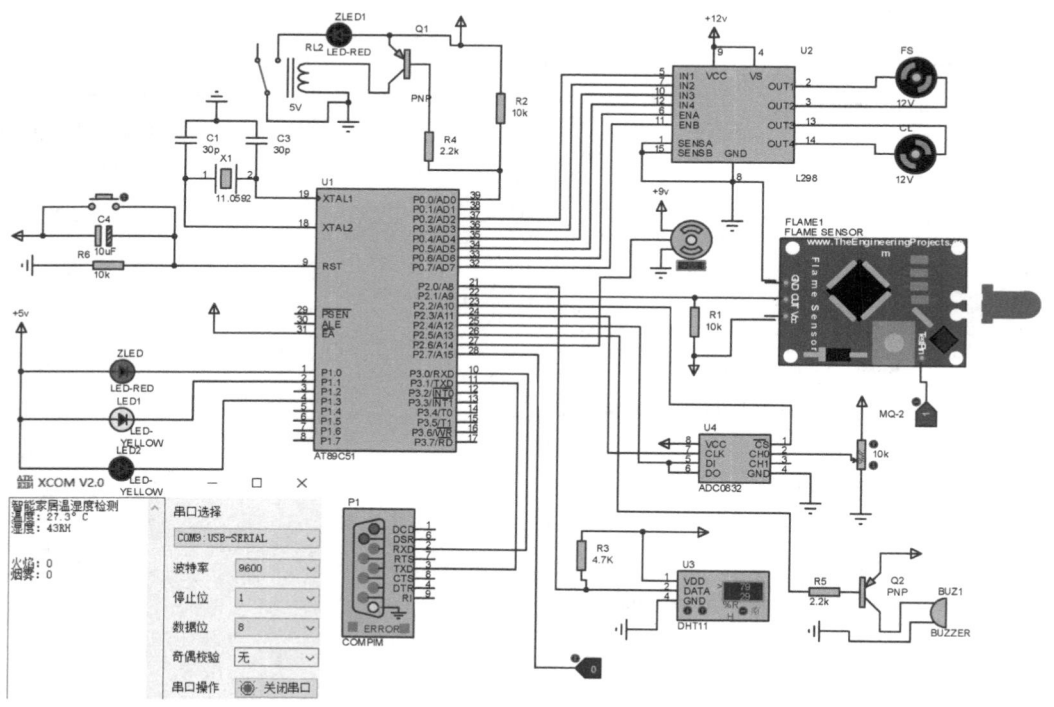

图 8-11　智能家居系统仿真实验现象

✎ **小试牛刀**

尝试实现照明灯、风扇、大门等电器的远程控制。

8.4　系统实验测试

8.4.1　系统各模块实验测试

在系统各模块仿真测试验证无误的基础上，通过杜邦线连接智能家居系统各电子模块，电路连接示意图如图 8-12 所示。

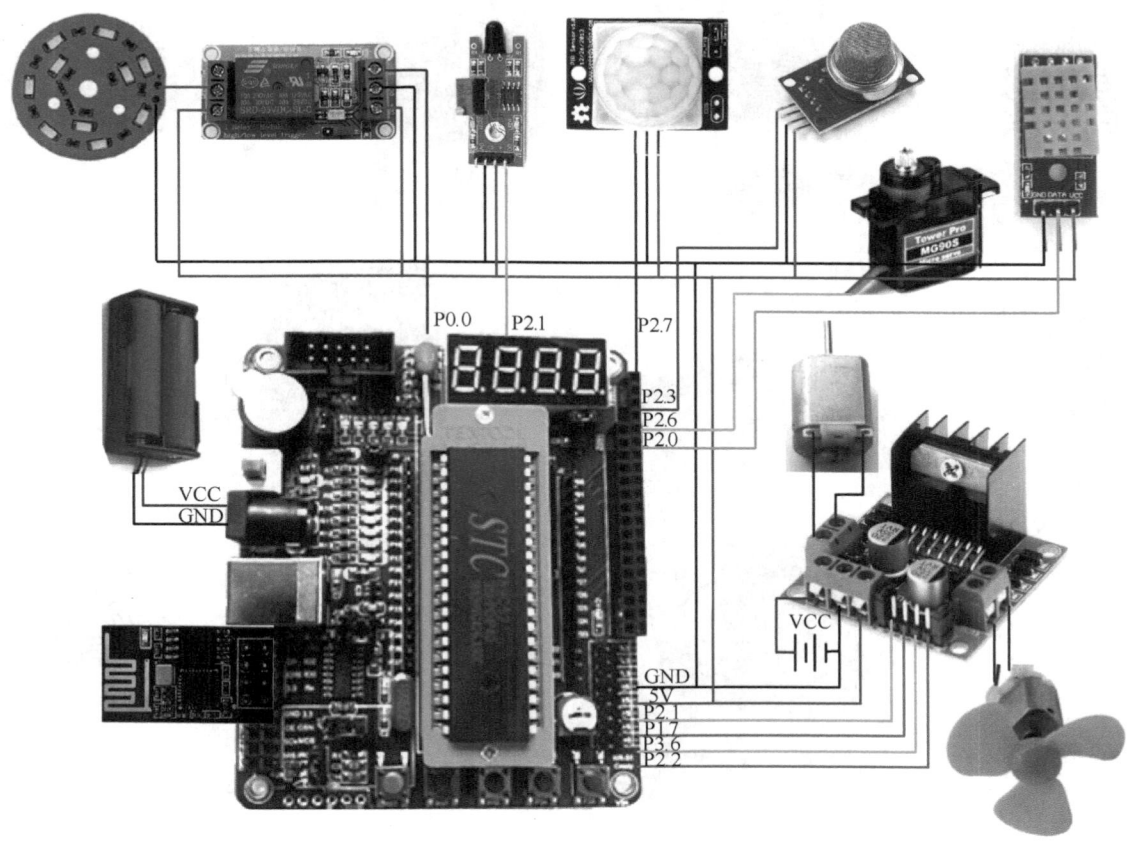

图 8-12　智能家居系统各电子模块实物连接示意图

为了确保智能家居系统功能的完整实现，根据系统电子模块实物连接示意图，可以对各电子模块功能进行独立的实验测试。图 8-13a 为网络通信下的舵机远程控制测试；图 8-13b 为照明系统的远程控制测试；图 8-13c 为烟雾检测实验；图 8-13d 为蜂鸣器远程控制测试；图 8-13e 为火焰检测传感器的识别测试，图 8-13f 为远程风扇控制测试，图 8-13g 为红外人体感应测试。

此外，也可以针对远程温湿度数据采集上传、远程电动窗帘的启闭控制等功能进行实验测试。

二维码 8-1
舵机远程
控制测试

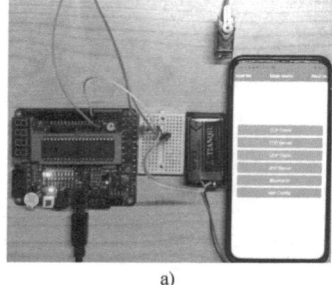

a)

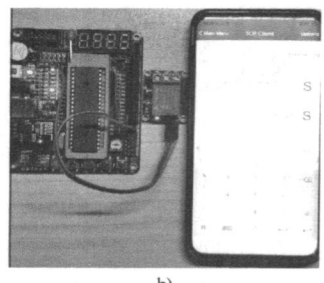

b)

二维码 8-2
照明继电器
控制测试

二维码 8-3
烟雾测试

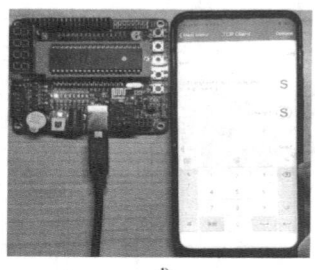

c)

d)

二维码 8-4
蜂鸣器远程
控制测试

二维码 8-5
火焰识别
测试

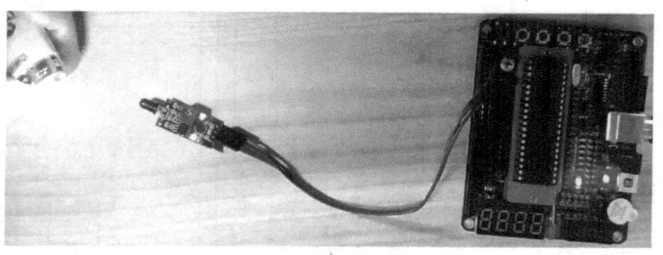

e)

f)

二维码 8-6
远程风扇
控制测试

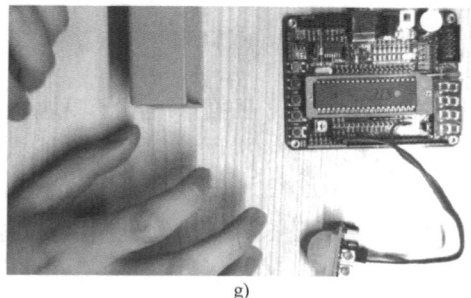

g)

图 8-13　智能家居系统各电子模块实验测试

a）舵机远程控制测试　b）照明系统远程控制测试　c）烟雾测试　d）蜂鸣器远程控制测试
e）火焰识别测试　f）远程风扇控制测试　g）红外人体感应测试

📖 **小试牛刀**

根据电子模块实物连接示意图完成实物连接，并尝试通过编程实现以下功能。

1）在门禁未经授权开启的状态下，若出现人员入侵，蜂鸣器发出鸣响，同时通过网络通信模块上传入侵信息。

2）当环境内烟雾浓度过高，或者火焰检测传感器识别到火焰信息时，及时远程上传火灾报警信息。

8.4.2 系统控制程序设计

在各电子模块独立功能验证无误的基础上，根据智能家居系统功能实现的控制要求，设计网络通信建立、远程门禁控制、远程照明控制、远程风扇控制、远程电动窗帘控制、远程温湿度采集及上传、远程消防状态监控及上传等功能实现的控制逻辑，设计并绘制如图 8-14 所示的系统控制主程序流程图。首先对 STC89C52系统时钟、各功能引脚、中断资源和关键参数等进行初始化；然后等待网络通信建立成功，随后进入 while 循环。while 循环中主要等待远程控制指令，根据控制指令执行系统响应，并且实时采集温湿度数据、烟雾传感器信息和火焰检测传感器信息，并将上述信息通过网络实时上传。

根据所设计的主程序流程图，在 Keil C51 编程环境中编写 C语言主程序段如下：

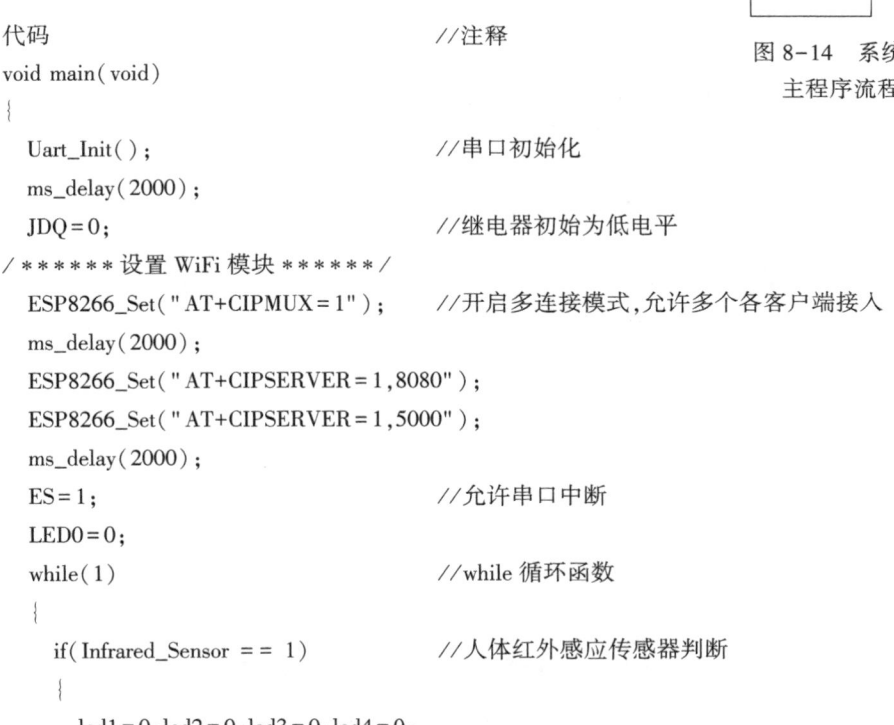

图 8-14 系统控制
主程序流程图

```
代码                                   //注释
void main( void)
{
  Uart_Init( );                        //串口初始化
  ms_delay(2000);
  JDQ = 0;                             //继电器初始为低电平
/******设置 WiFi 模块******/
  ESP8266_Set( "AT+CIPMUX=1" );        //开启多连接模式,允许多个各客户端接入
  ms_delay(2000);
  ESP8266_Set( "AT+CIPSERVER=1,8080" );
  ESP8266_Set( "AT+CIPSERVER=1,5000" );
  ms_delay(2000);
  ES = 1;                              //允许串口中断
  LED0 = 0;
  while(1)                             //while 循环函数
  {
    if( Infrared_Sensor == 1)         //人体红外感应传感器判断
    {
      led1 = 0;led2 = 0;led3 = 0;led4 = 0;
```

```
        led5 = 0;led6 = 0;led7 = 0;led8 = 0;    //有人则 LED 亮
    }
    else
    {
      led1 = 1;led2 = 1;led3 = 1;led4 = 1;
      led5 = 1;led6 = 1;led7 = 1;led8 = 1;    //无人则 LED 灭
    }
      delay(5);                               //延时函数
      if( Smoke = = 0&&Fire = = 0)            //火焰传感器与烟雾传感器并行运行
      {
        BEEP = 0;                             //检测烟雾及火焰则蜂鸣器响
      }
      else
      {
        BEEP = 1;                             //未检测烟雾及火焰则蜂鸣器不响
      }
      if( ( Receive_table[ 0 ] = ='+') &&( Receive_table[ 1 ] = ='I') &&( Receive_table[ 1 ] = ='P') )
      { //MCU 接收到的数据为字符为'D'时进入判断控制
        if( ( Receive_table[ 3 ] = ='D') &&( Receive_table[ 6 ] = =',') )
        {
          if( Receive_table[ 9 ] = ='0')
          LED0 = 1;
          if( Receive_table[ 9 ] = ='1')
          BEEP = 0;                           //蜂鸣器开
          if( Receive_table[ 9 ] = ='2')
          Fan_Rotation( );                    //风扇转动
          if( Receive_table[ 9 ] = ='3')
          Light = 1;                          //照明灯
          if( Receive_table[ 9 ] = ='4')
          Action( 30);                        //舵机转动
          if( Receive_table[ 9 ] = ='5')
          Curtain_Rotation( );                //窗帘转动
          if( Receive_table[ 9 ] = ='6')
          Curtain_Stop( );                    //窗帘停止
        }
      }
    }
  }
```

🐭 小试牛刀

1) 尝试在 Keil C51 编程环境中将程序补充完整，并完成实验测试。

2) 尝试在 OneNet 物联网平台实现智能家居系统远程控制。

8.4.3　系统整体实验

1. 电气系统连接

根据智能家居系统三维爆炸图完成机械结构装配；根据智能家居系统电气连接示意图完成电气系统装配及连线，装配完成后的实物图如图 8-15 所示。

2. 实验步骤

1）将仿真验证无误的烧录文件下载至 STC89C52 开发板。

2）系统控制板连接电源，按下开发板的电源开关。

3）完成手机端网络调试助手与 WiFi 的连接。

4）发送远程控制指令，观察系统响应情况。

图 8-15　智能家居系统实物图

3. 实验现象

根据上述实验步骤，可以依次进行远程无线网络通信下的智能家居系统控制实验测试。如图 8-16 所示，发送对应的设备控制指令，智能家居系统执行相应动作。此外，室内温湿度传感器采集的温湿度数据可通过无线网络实时上传至手机客户端，通过上述实验测试，可以进一步验证系统设计的有效性。

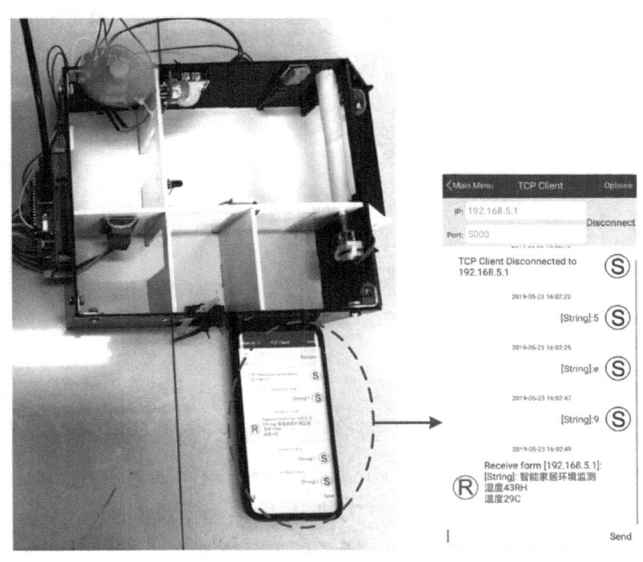

图 8-16　智能家居系统远程控制实验

8.5　拓展实践

8.5.1　设计任务

在学习上述"智能家居系统"的基础上，重新进行选题。1～2 人为一个小组，完成

"智能家居系统"的升级设计，并完成以下任务。

1）在上述设计报告的基础上，完成所升级系统的设计报告撰写，尽量体现设计原理及设计制作过程。

2）补全源码，完成实物装配及调试，提交系统设计实物一套。

3）提交系统设计源码资料一份。

8.5.2　设计要求

升级系统具备基础功能和拓展功能，其中，基础功能为必做，拓展功能为选做，具体要求如下。

❑ 基础功能

1）基于互联网的远程遥控功能：通过有线网络通信模块或无线网络通信模块搭建家居系统互联网客户端，远程控制对象包括门禁、客厅及其他房间的照明灯、电风扇、电动窗帘、电热水器等开关控制型的家用电器设备，即可以通过网络通信模块实现大门的启闭控制、卧室风扇和照明灯的启闭控制、电动窗帘的启闭控制和电热水器的远程预热开启和关闭控制。

二维码 8-7
基于互联网的
远程遥控功能

2）人员入侵报警功能：在客厅顶部安装人体红外感应模块，家庭成员外出后开启人员入侵报警功能。可及时检测未经许可的人员非法入侵，并通过网络通信模块实时上传。

二维码 8-8
人员入侵
报警功能

3）消防状态远程监测功能：在客厅、卧室、厨房等处安装有烟雾检测和火焰检测传感器，从而实时检测家庭消防安全状态。当发生火灾时，传感器可及时检测到异常，并通过网络通信模块实时上传。

二维码 8-9
消防状态远程
监测功能

❑ 显示方式拓展（任选）

1）LCD1602 液晶屏显示。

2）3.5 in 以上的触摸显示屏。

3）0.96 in OLED 显示屏。

4）PC 端串口调试助手、网络调试助手等。

5）手机端的网络调试助手。

❑ 功能拓展（任选）

1）环境质量检测及上传功能：通过安装温湿度检测传感器实现环境中的温湿度检测；通过安装甲醛检测传感器实现环境中的甲醛含量检测；通过安装其他类型的环境质量检测传感器实现环境质量检测。检测结果通过网络通信模块实时上传。

2）语音传输功能：通过安装语音模块实现远程语音传输功能。当有访客到访时，可以发起远程语音对话，经户主确认并授权后远程开启门禁系统；而当有非法人员入侵时，可通过语音进行警告驱离。

3）视频传输功能：通过安装摄像头，实时上传家庭录像。

4）基于红外通信的家用电器设备远程控制功能：通过安装红外接收管，学习空调、电视机等家用电器的红外遥控指令，并通过发射二极管发送遥控指令，实现家用电器的远程控制。

8.6　附录——智能家居系统实践报告

智能家居系统实践报告

专业：_____　学号：_____　姓名：_____

一、焊接实验

阅读原理图，完成 STC89C52 开发板焊接，给出焊接过程中的图片 1 张，焊接实践完成后的图片 1 张，粘贴于图 1 中。

a)　　　　　　　　　　　　　　　　　　b)

图 1　焊接实践图片

a）焊接过程中的图片　b）焊接完成后的实物图

二、选题

☐ 基础功能（全部需要完成）。

☐ 显示方式拓展（至少选择 1 项，在对应选题前打勾）。

　☐ LCD1602 液晶屏显示。

　☐ 3.5 in 以上的触摸显示屏。

　☐ 0.96 in OLED 显示屏。

　☐ PC 端串口调试助手、网络调试助手等。

　　□ 手机端的网络调试助手。

　□ 功能拓展（至少选择 1 项，在对应选题前打勾）。

　　□ 环境质量检测及上传功能：通过安装温湿度检测传感器实现环境中的温湿度检测；通过安装甲醛检测传感器实现环境中的甲醛含量检测；通过安装其他类型的环境质量检测传感器实现环境质量检测。检测结果通过网络通信模块实时上传。

　　□ 语音传输功能：通过安装语音模块实现远程语音传输功能。当有访客到访时，可以发起远程语音对话，经户主确认并授权后远程开启门禁系统；而当有非法人员入侵时，可通过语音进行警告驱离。

　　□ 视频传输功能：通过安装摄像头，实时上传家庭录像。

　　□ 基于红外通信的家用电器设备远程控制功能：通过安装红外接收管，学习空调、电视机等家用电器的红外遥控指令，并通过发射二极管发送遥控指令，实现家用电器的远程控制。

三、硬件电路分析

　1. 根据选题，确定系统硬件电路组成，以 STC89C52 单片机为核心，在图 2 方框中画出其电气系统框图。

图 2　电气系统框图

2. 根据选定的拓展功能，查阅相关资料，在图 3 方框中以图文并茂的形式，阐述其基本工作原理。

图 3　拓展功能工作原理

四、程序设计

结合系统基本组成及其各功能模块的工作原理，思考其编程实现，设计并给出程序流程图。

图 4　程序流程图

五、实践结果

根据所设计的程序流程图,在 Keil C51 中新建工程文件,编写 C 语言程序,实现所有基础功能和选定的拓展功能。选出能反映功能实现的代表图片,拍照并按顺序粘贴在图 5 中。

(1)	(2)	(3)
(4)	(5)	(6)
(7)	(8)	(9)

图 5　实践照片

六、实践心得

参 考 文 献

[1] 郭天祥. 新概念 51 单片机 C 语言教程——入门、提高、开发、拓展全攻略 [M]. 2 版. 北京：电子工业出版社，2018.

[2] 周润景，李楠. 基于 PROTEUS 的电路设计、仿真与制板 [M]. 2 版. 北京：电子工业出版社，2018.

[3] 彭伟. 单片机 C 语言程序设计实训 100 例：基于 8051+Proteus [M]. 北京：电子工业出版社，2018.

[4] 凌志浩，张建正. AT89C52 单片机原理与接口技术 [M]. 北京：高等教育出版社，2011.

[5] 陈海宴. 51 单片机原理及应用 [M]. 北京：北京航空航天大学出版社，2017.

[6] 温宏愿，周军，刘小军. C51/C52 单片机原理与应用技术 [M]. 西安：西安电子科技大学出版社，2019.

[7] 刘大铭，白娜，车进，等. 单片机原理与实践——基于 STC89C52 与 Proteus 的嵌入式开发技术 [M]. 北京：清华大学出版社，2018.

[8] 陈忠平. 基于 Proteus 的 51 系列单片机设计与仿真 [M]. 北京：电子工业出版社，2015.

[9] 朱清慧，张凤蕊，翟天嵩，等. Proteus 教程：电子线路设计、制版与仿真 [M]. 北京：清华大学出版社，2016.

[10] 吴险峰. 51 单片机项目教程：C 语言版 [M]. 北京：人民邮电出版社，2016.

[11] 张玲玲，李景福，俞良英，等. 单片机项目式教程：基于 Proteus 虚拟仿真技术 [M]. 天津：天津大学出版社，2011.

[12] 张平，赵光霞. AT89S52 单片机基础项目教程 [M]. 2 版. 北京：北京理工大学出版社，2012.